全国中医药行业高等教育"十二五"规划教材

全国高等中医药院校规划教材（第九版）

卫生管理学

（供卫生管理、公共管理、医疗保险等专业用）

主　编　王长青（南京中医药大学）

副主编　何　宁（天津中医药大学）

　　　　施晓芬（上海中医药大学）

　　　　王素珍（江西中医药大学）

　　　　熊官旭（云南中医学院）

　　　　杨敬宇（甘肃中医药大学）

中国中医药出版社

·北　京·

图书在版编目（CIP）数据

卫生管理学/王长青主编 . —北京：中国中医药出版社，2015.12
全国中医药行业高等教育"十二五"规划教材
ISBN 978 - 7 - 5132 - 2618 - 9

Ⅰ . ①卫… Ⅱ . ①王… Ⅲ . ①卫生管理学 - 高等学校 - 教材
Ⅳ . ①R19

中国版本图书馆 CIP 数据核字（2015）第 133007 号

中 国 中 医 药 出 版 社 出 版
北京市朝阳区北三环东路 28 号易亨大厦 16 层
邮政编码 100013
传真 010 64405750
北京中艺彩印包装有限公司印刷
各地新华书店经销
*
开本 787 × 1092 1/16 印张 17 字数 381 千字
2015 年 12 月第 1 版 2015 年 12 月第 1 次印刷
书 号 ISBN 978 - 7 - 5132 - 2618 - 9
*
定价 43.00 元
网址 www.cptcm.com

全国中医药行业高等教育"十二五"规划教材
全国高等中医药院校规划教材（第九版）
专家指导委员会

全国中医药行业高等教育"十二五"规划教材
全国高等中医药院校规划教材（第九版）

《卫生管理学》编委会

主　编　王长青（南京中医药大学）

副主编　何　宁（天津中医药大学）

施晓芬（上海中医药大学）

王素珍（江西中医药大学）

熊官旭（云南中医学院）

杨敬宇（甘肃中医药大学）

编　委（以姓氏笔画为序）

马月丹（辽宁中医药大学）

王　丽（安徽医科大学）

司建平（河南中医学院）

刘维蓉（贵阳中医学院）

杨　义（成都中医药大学）

李　娜（湖北中医药大学）

佟　欣（黑龙江中医药大学）

张胜利（福建中医药大学）

徐　州（南京中医药大学）

梁　瑜（山西中医学院）

前 言

"全国中医药行业高等教育'十二五'规划教材"（以下简称："十二五"行规教材）是为贯彻落实《国家中长期教育改革和发展规划纲要（2010—2020)》《教育部关于"十二五"普通高等教育本科教材建设的若干意见》和《中医药事业发展"十二五"规划》的精神，依据行业人才培养和需求，以及全国各高等中医药院校教育教学改革新发展，在国家中医药管理局人事教育司的主持下，由国家中医药管理局教材办公室、全国中医药高等教育学会教材建设研究会，采用"政府指导，学会主办，院校联办，出版社协办"的运作机制，在总结历版中医药行业教材的成功经验，特别是新世纪全国高等中医药院校规划教材成功经验的基础上，统一规划、统一设计、全国公开招标、专家委员会严格遴选主编、各院校专家积极参与编写的行业规划教材。鉴于由中医药行业主管部门主持编写的"全国高等中医药院校教材"（六版以前称"统编教材"），进入2000年后，已陆续出版第七版、第八版行规教材，故本套"十二五"行规教材为第九版。

本套教材坚持以育人为本，重视发挥教材在人才培养中的基础性作用，充分展现我国中医药教育、医疗、保健、科研、产业、文化等方面取得的新成就，力争成为符合教育规律和中医药人才成长规律，并具有科学性、先进性、适用性的优秀教材。

本套教材具有以下主要特色：

1. 坚持采用"政府指导，学会主办，院校联办，出版社协办"的运作机制

2001年，在规划全国中医药行业高等教育"十五"规划教材时，国家中医药管理局制定了"政府指导，学会主办，院校联办，出版社协办"的运作机制。经过两版教材的实践，证明该运作机制科学、合理、高效，符合新时期教育部关于高等教育教材建设的精神，是适应新形势下高水平中医药人才培养的教材建设机制，能够有效解决中医药事业人才培养日益紧迫的需求。因此，本套教材坚持采用这个运作机制。

2. 整体规划，优化结构，强化特色

"'十二五'行规教材"，对高等中医药院校3个层次（研究生、七年制、五年制）、多个专业（全覆盖目前各中医药院校所设置专业）的必修课程进行了全面规划。在数量上较"十五"（第七版）、"十一五"（第八版）明显增加，专业门类齐全，能满足各院校教学需求。特别是在"十五""十一五"优秀教材基础上，进一步优化教材结构，强化特色，重点建设主干基础课程、专业核心课程，增加实验实践类教材，推出部分数字化教材。

3. 公开招标，专家评议，健全主编遴选制度

本套教材坚持公开招标、公平竞争、公正遴选主编的原则。国家中医药管理局教材办公室和全国中医药高等教育学会教材建设研究会，制订了主编遴选评分标准，排除各种可能影响公正的因素。经过专家评审委员会严格评议，遴选出一批教学名师、教学一线资深教师担任主编。实行主编负责制，强化主编在教材中的责任感和使命感，为教材质量提供保证。

4. 进一步发挥高等中医药院校在教材建设中的主体作用

各高等中医药院校既是教材编写的主体，又是教材的主要使用单位。"'十二五'行规教材"，得到各院校积极支持，教学名师、优秀学科带头人、一线优秀教师积极参加，凡被选中参编的教师都以高涨的热情、高度负责、严肃认真的态度完成了本套教材的编写任务。

5. 继续发挥教材在执业医师和职称考试中的标杆作用

我国实行中医、中西医结合执业医师资格考试认证准入制度，以及全国中医药行业职称考试制度。2004 年，国家中医药管理局组织全国专家，对"十五"（第七版）中医药行业规划教材，进行了严格的审议、评估和论证，认为"十五"行业规划教材，较历版教材的质量都有显著提高，与时俱进，故决定以此作为中医、中西医结合执业医师考试和职称考试的蓝本教材。"十五"（第七版）行规教材、"十一五"（第八版）行规教材，均在 2004 年以后的历年上述考试中发挥了权威标杆作用。"十二五"（第九版）行业规划教材，已经并继续在行业的各种考试中发挥标杆作用。

6. 分批进行，注重质量

为保证教材质量，"十二五"行规教材采取分批启动方式。第一批于 2011 年 4 月，启动了中医学、中药学、针灸推拿学、中西医临床医学、护理学、针刀医学 6 个本科专业 112 种规划教材，于 2012 年陆续出版，已全面进入各院校教学中。2013 年 11 月，启动了第二批"'十二五'行规教材"，包括：研究生教材、中医学专业骨伤方向教材（七年制、五年制共用）、卫生事业管理类专业教材、中西医临床医学专业基础类教材、非计算机专业用计算机教材，共 64 种。

7. 锤炼精品，改革创新

"'十二五'行规教材"着力提高教材质量，锤炼精品，在继承与发扬、传统与现代、理论与实践的结合上体现了中医药教材的特色；学科定位更准确，理论阐述更系统，概念表述更为规范，结构设计更为合理；教材的科学性、继承性、先进性、启发性、教学适应性较前八版有不同程度提高。同时紧密结合学科专业发展和教育教学改革，更新内容，丰富形式，不断完善，将各学科的新知识、新技术、新成果写入教材，形成"十二五"期间反映时代特点、与时俱进的教材体系，确保优质教材进课堂。为提高中医药高等教育教学质量和人才培养质量提供有力保障。同时，"十二五"行规教材还特别注重教材内容在传授知识的同时，传授获取知识和创造知识的方法。

综上所述，"十二五"行规教材由国家中医药管理局宏观指导，全国中医药高等教育学会教材建设研究会倾力主办，全国各高等中医药院校高水平专家联合编写，中国中医药出版社积极协办，整个运作机制协调有序，环环紧扣，为整套教材质量的提高提供了保障，打造"十二五"期间全国高等中医药教育的主流教材，使其成为提高中医药高等教育教学质量和人才培养质量最权威的教材体系。

"十二五"行规教材在继承的基础上进行了改革和创新，但在探索的过程中，难免有不足之处，敬请各教学单位、教学人员及广大学生在使用中发现问题及时提出，以便在重印或再版时予以修正，使教材质量不断提升。

国家中医药管理局教材办公室

全国中医药高等教育学会教材建设研究会

中国中医药出版社

2014 年 12 月

编写说明

本教材是全国中医药行业高等教育"十二五"国家级规划教材,供中医药院校卫生管理、公共管理、医疗保险等专业课堂教学使用,亦可供社会医学与卫生事业管理研究生或卫生管理工作者参考使用。

卫生管理学是管理学的一门分支学科,是以增进社会全体成员的健康水平为目的,以研究如何制定适宜的卫生政策、建立系统的卫生组织机构、设计公平的卫生保健制度、提出高效的资源配置方法等为手段,以实施全新的卫生管理体制和运行机制等为载体,进而实现使卫生事业步入科学化、规范化管理的一门应用学科。

健康是人全面发展的基础,是经济社会发展的基石。卫生事业在经济社会发展全局中居于重要的地位。2009年我国启动了新一轮医药卫生体制改革,明确了到2020年健全基本医疗卫生制度,实现人人享有基本医疗卫生服务的目标。这为卫生管理学的学科建设提供了新的时代背景和发展机遇,也为本教材的编写提供了新的视角。

本书在总结卫生管理学科发展的基础上,紧密结合我国医药卫生体制改革的实际,以我国卫生管理实践为基础,以卫生管理的问题为导向,力求反映学科的理论性、时代性、规范性、系统性、创新性。在教材体例和内容安排上,探索理论与实践相结合,传统与创新相结合,理论讲解与研究方法培养相结合,努力体现本教材的实用性、指导性与专业性的统一。

本教材第一章卫生管理学概论由南京中医药大学王长青编写,第二章中国卫生事业发展简史由黑龙江中医药大学佟欣编写,第三章卫生工作方针与政策法规由天津中医药大学何宁编写,第四章卫生管理体制与运行机制由云南中医学院熊官旭编写,第五章基本医疗卫生保障制度与公立医院改革由福建中医药大学张胜利编写,第六章卫生管理政策和第七章卫生管理工具由山西中医学院梁瑜编写,第八章卫生规划管理由辽宁中医药大学马月丹编写,第九章卫生资源管理由甘肃中医药大学杨敬宇编写,第十章医政管理与医疗服务监管由上海中医药大学施晓芬编写,第十一章中医药管理由河南中医学院司建平编写,第十二章食品药品监督管理由江西中医药大学王素珍编写,第十三章疾病预防控制与卫生应急管理由贵阳中医学院刘维蓉编写,第十四章社区卫生服务管理由成都中医药大学杨义编写,第十五章农村卫生管理由南京中医药大学徐州编写,第十六章妇幼卫生管理由湖北中医药大学李娜编写,第十七章卫生科教管理由安徽医科大学王丽编写。本书由南京中医药大学王长青、天津中医药大学何宁等专家统稿并定稿。

任何一本教材的学术成果都得益于前辈们的工作基础,在本书编写过程中,我们引用了许多前辈、专家的理论成果,因为有了前辈、各位同仁卓有成效的工作,才使我们今天这本教材得以问世。在此,谨向各位前辈、专家表示由衷的敬意。

中国中医药出版社对本书的编辑、出版予以了大力支持,各主编、副主编以及全体编委单位亦对本书编写提供了许多帮助,一并表示衷心的感谢!

　　编写出既反映卫生事业发展，又适合课堂理论教学的教材是一项十分艰巨的任务，我们深感责任重大。尽管我们在编写过程中反复修改，但肯定仍有疏漏和错误之处，恳请广大读者提出批评意见，以便再版时完善和提高。

王长青

2015 年 10 月

目　录

第一篇　绪论篇

第二篇　基础理论篇

第一篇　绪论篇

第一章　卫生管理学概论

学习目标：通过本章学习，学生应该了解卫生管理学科的基本概念、学科内涵和基本特征。熟悉对卫生管理学有贡献的相关学科。掌握卫生管理的基本理念、主要内容和常用方法。理解中国特色社会主义卫生事业的性质以及未来改革发展的基本原则和方向。

第一节　卫生管理学学科界定

人类在抗拒、适应、征服和改造自然的实践中孕育、发展、完善了管理学。管理学是一门综合的学科，是从人类的管理实践中形成和发展起来的，由社会科学、自然科学和技术科学相互渗透而形成，特别是在全球已进入高度信息化、知识管理的大数据高度共享的今天，管理学越来越展现出它在推动社会进步中的时代魅力。

管理者是管理活动的主体。管理者的任务就是要设计并维持一种适宜并富有激励性的组织环境、制度安排、人文氛围，从而影响和协调不同社会成员的努力，对每个人都能够为了集体目标的有效实现提供有益的理论贡献和实践指导。

根据管理学的一般原理，尽管不同组织的管理要受到成员、资源、目标和环境等组织要素的特点的影响，但其管理的基本职能和任务是相似的，因而存在管理学中通用的基本原理和方法。但同时必须承认，随着生产率的提高，社会分工的演进，基于行业特征的管理学分支学科应运而生，并伴随着行业的进步不断成熟和完善，从而形成了管理学基础理论与部门、行业管理学科交相辉映、相互补充的学科体系。

卫生事业是社会事业这个大系统中的重要领域，事关民族兴盛、涉及千家万户，承载社会公平。卫生事业的发展催生了卫生管理学的建立，卫生管理学的发展又反哺了卫生事业的进步。

一、概念

卫生管理学是管理学的一门分支学科，是以增进社会全体成员的健康水平为目的，以研究如何制定适宜的卫生政策、建立合理的卫生组织架构、设计公平的卫生保健制度、提出高效的资源配置方法等为手段，以实施全新的卫生管理体制和运行机制等为载体，进而实现卫生事业步入科学化、规范化管理的一门应用学科。

二、我国卫生管理学学科内涵和基本特征

卫生管理学是研究卫生事业发展规律的学科。我国卫生管理学的学科内涵在于以促进我国经济社会协调发展为根本，以实现社会全体成员健康需求为目标，以中国的国情为基础，以国际卫生改革发展的成功经验为参考，研究适合中国国情的卫生事业管理的基本理论、政策、方法、组织、资源、信息等内容，它的要意在于用中国式卫生管理的理念、方法来解决中国卫生事业发展的问题。

卫生管理学是运用管理科学的理论和方法来探索如何通过最佳的卫生服务，最大限度地保障人民健康的一门应用科学。因此，它具有下列特征。

（一）交叉性

在人类历史上，自从有了生产活动，就有了管理活动。管理活动的出现促使人们对来自生产活动的经验加以总结，进而形成了管理学这门科学严谨的学科。随着经济社会的发展，劳动生产率的提高，社会分工的演进，人类管理活动不断向多样化、专业化、精细化发展。管理学的理论与各行各业丰富多彩的实践活动的对接，孕育、产生、发展出了一系列管理学的分支学科，其中，管理学理论与卫生管理这个领域的交叉，促使产生了卫生管理学的萌芽。

（二）桥梁性

卫生管理学来源于管理学，同时它又区别于部门管理学，它是介于管理学基础与部门管理学之间的一门桥梁学科。管理学是从管理的一般意义上研究管理学的基础理论，部门管理学则是研究具体部门管理发展与运行规律，如医院管理学等。管理学是卫生管理学学科之源，部门管理学是卫生管理学学科之流。

（三）应用性

卫生管理是通过对卫生资源有效计划、组织、领导、协调、控制等过程，从而达到组织的卫生管理目标。"有效"是指既要注重公平，又要关注效率；既要注重效率，又要关注效果。所有这些要求，都说明卫生管理是一门具有明显应用性的学科体系。

（四）发展性

任何学科都是发展变化着的，特别是在当今中国社会经济迅速发展，卫生事业改革

加速推进，地区发展状况尚不平衡，人民群众健康需求日益增长，社会成员个人诉求多样化的今天，卫生管理学科要因需而变，因时而变，因地而变，因人而变。

（五）独特性

一门学科的形成和发展，离不开独特的社会环境、制度土壤、文化根基。我们今天讲授的卫生管理学是研究与中国国情相适应的卫生管理理论，研究与我国社会制度相适应的卫生组织管理的方法，即研究中国特色卫生事业发展规律的科学，所以，它具有学科的独特性。

三、对卫生管理学有贡献的相关学科

卫生管理学作为一门具有交叉性、桥梁性、应用性、发展性和独特性的管理学科，它是在管理科学、经济学、法学、社会学、心理学、公共卫生学、数理与统计学等相关学科基础上建立起来的。对它有主要科学贡献的领域包括管理学、卫生经济学、心理学、社会学、社会医学、流行病学、卫生法学等。

（一）管理学

管理学是研究各领域、各项管理工作中普遍适用的原理和方法的科学，它是所有部门或者行业管理学的根基。如果说部门或者行业管理学是一栋大楼中五光十色的不同房间，那么，管理学就是大楼的基础。卫生管理学是管理学在卫生事业领域中的具体应用。计划、组织、领导、控制、创新等管理学的基本手段同样是卫生管理的基本手段，对提高卫生事业的管理水平具有重大影响。

（二）心理学

心理学是一门对人和其他动物的行为进行测量和解释，有时还包括对行为进行改变的科学，它关注的是研究和理解个体的行为。心理学中的学习心理、人格心理等知识要素，都对卫生管理学做出了贡献，并将为该领域补充新的知识。心理学中不断成熟的学习理论、情绪调控、需要和动机、工作满意度、决策过程、绩效评估、态度测量、员工选择等理论与方法将使卫生管理学获得新的科学营养。

（三）卫生经济学

卫生经济学是经济学一门分支学科，是卫生服务领域中的经济学。它是运用经济学的原理和方法研究卫生服务过程中的经济活动和经济关系，以达到最优地筹集、开发、分配和使用卫生资源，提高卫生服务的社会效益和经济效益。卫生经济学是近年来卫生管理过程中十分活跃的一门学科。它对于卫生管理的贡献特别体现在卫生管理决策的数据化、精细化、科学化，使普通的数据在卫生管理的过程中绽放出科学的光彩。

（四）卫生法学

依法行政是现代社会文明进步的标志。卫生行业是一个高风险的特殊服务领域，对法制精神的敬畏显得十分重要和迫切。卫生法学是医学等学科知识和法学结合的一门交叉学科，其主要任务是将医药卫生与法学的基本理论结合起来，以解决医学实践中的法律问题，改进疾病防治措施，促进卫生事业发展。法制管理是卫生管理的手段之一，卫生法律、法规是卫生管理工作的活动准则，是实施卫生管理工作的具体依据。因而，卫生法学紧紧伴随着卫生管理的过程。

（五）社会医学

社会医学与卫生事业管理相伴相生，在原有的学科体系分类中，相互结合为一个学科，随着研究范围的不断扩大，研究深度的不断增加，在 20 世纪 80 年代后期才分为两个学科。这两个学科基本任务相近之处都是根据人群的健康需求，合理配置和利用卫生资源，组织卫生服务，提高卫生事业的管理水平。不同之处是社会医学是在医学模式不断发展变化的指导下，侧重研究社会因素与疾病之间的相互联系及其规律，提出用社会医学的处方改善卫生服务策略与措施；卫生管理学则是主要研究卫生管理的方针政策、组织结构、保障制度、运行机制。因此，两门学科既有区别，又相互联系，理论可以相互借鉴，方法可以相互共享。

（六）卫生统计与流行病学

卫生统计与流行病学是用卫生统计学的方法和工具，研究人群中疾病与健康状况的分布及其影响因素，提出防治疾病及促进健康的策略和措施的科学。卫生统计与流行病学既是预防医学的一门基本课程，也是现代医学中一门具有广泛应用性的方法学科。卫生管理学经常运用卫生统计与流行病学方法评价、分析卫生事业领域中某些问题和现象，从而提出相应的对策与建议。如社区卫生诊断，传染病、慢性病的防治等都要运用流行病学方法，卫生统计与流行病学是卫生管理学常用的研究方法之一。

四、学习卫生管理学的意义

正值中国卫生事业处于大发展、大改革之际，作为未来医药卫生领域的管理者、研究者和创新者，学好卫生管理学，掌握和熟悉我国卫生工作的方针政策、卫生领域的管理体制及运行机制，了解卫生事业各子系统的基本管理理论、基本知识，可以帮助我们掌握从事卫生管理实际工作所需要的人文技能、技术技能和创新技能。

德鲁克认为，管理人员的管理对象涉及到人，而人是一种独一无二的特殊资源，他要求使用他的"人"有特殊的品质。今天学习卫生管理学的学生，就是明天在卫生管理领域使用人这个特殊资源的"人"，要使用好这个特殊资源，首先自己必须具备特殊的品质，练就特殊品质需要持之以恒的学习和长期的实践，学好"卫生管理学"无疑是练就特殊品质的第一步。

第二节　卫生管理的理念、内容与方法

一、卫生管理的基本理念

（一）系统的理念

卫生管理是一个复杂的系统。在管理理念上，它体现了一定历史阶段的政治制度、社会观念、科学技术的进步程度；在管理对象上，涉及卫生系统内部和外部人、财、物、时间、信息、知识的管理；在管理效果评估中，它既关注效率，更追求公平。所以，系统化的思维是卫生管理的基本理念之一。

（二）改革的理念

随着经济社会的发展，科学技术的进步，社会成员对优质卫生服务的向往，卫生管理具备了良好的外部发展环境。中国卫生事业既充满机遇，又面临挑战，在纷繁复杂的卫生管理实践中，必须坚持三个不变，一是坚持走适合中国国情的卫生改革发展道路不能变；二是向全体社会成员提供优质卫生服务的公益性宗旨不能变；三是发挥我国特有的制度优势，吸收市场经济的合理要素不断深化改革的方向不能变。

（三）开放的理念

卫生管理是社会管理的一个特殊领域，它是社会管理这个复杂的大系统中的一个子系统。站在当下中国卫生改革发展的时空中，在全球的坐标中，应紧密追踪国际卫生改革的成功经验，用国际社会证明行之有效的理论和方法优化我国卫生管理的路径。在国内的环境中，应向不同服务机构和市场主体开放，用先进的管理方法提升卫生管理和卫生服务的职业精神。

二、卫生管理的主要内容

卫生管理的主要内容为卫生管理政策制定、卫生服务的可供给性研究、卫生服务区域规划管理、卫生服务的资源管理、卫生服务绩效管理等方面。

（一）卫生管理政策制定

政策科学是第二次世界大战后首先在西方兴起的一个全新的跨学科、应用性研究领域，它的出现被人们誉为当代政治学和行政学乃至整个西方社会科学的一次"科学革命"。政策科学以其一系列独特、新颖的范式以及它对决策科学化、民主化和社会经济发展的巨大促进作用，而备受各国学术界、政府界人士的共同关注，成为当代社会科学一个重要而又充满活力的新的跨学科领域。

卫生管理政策制定主要依靠行政手段、法律手段和经济手段。行政手段是政府实现宏观调控的重要手段，它的目的就在于按照卫生服务发展的客观要求，既要保证让各卫生机构、各项经营管理顺利进行，又要保证国家在宏观层面对卫生服务的有效管理，以保障卫生服务的有序进行，避免卫生资源的浪费。

法律手段是指政府运用卫生法律，规范卫生服务市场的运行和卫生机构，以实现对卫生服务市场进行宏观调控的目标，是政府实现宏观调控的重要途径。法律手段的核心内容是依法调整国家、卫生机构及从业人员和患者之间的利益关系。它通过各种法律、法规来纠正或否定各种逐利行为，引导和控制卫生服务体系健康运行。

经济手段是政府运用经济杠杆指导和影响卫生机构规范运行的各种规定、准则和措施。在市场经济条件下，各卫生机构的业务行为都在一定程度上表现为经济利益关系。政府利用经济杠杆影响各卫生机构的经济利益关系，从而引导他们更好地处理社会效益与经济效益的关系，调动各方面的积极性、主动性和责任感，使卫生机构的经营活动更符合社会目标，以保证社会宏观目标的实现。

（二）卫生服务的可供给性研究

我国卫生事业是政府实行一定福利政策的社会公益事业。政府对发展卫生事业负有重要责任。社会主义卫生事业的重要地位和作用以及市场在卫生服务领域作用的局限性，决定了政府必然成为卫生事业的筹资主体、卫生机构建设主体和公共卫生服务费用支付主体。同时，政府是卫生服务的组织者，包括建立社会医疗保障制度，扩大医疗保险的覆盖面；培育和完善卫生服务市场体系；建立合理的卫生管理体制和运行机制，以保证卫生服务市场的健康发展。另外，政府还是卫生服务的宏观调控者，政府对卫生服务的宏观调控就是要运用调控手段，保证卫生事业发展与国民经济和社会发展相协调，人民健康保障水平与经济发展水平相适应，建立起具有中国特色的包括公共卫生服务、医疗保障、卫生执法监督的大卫生体系，基本实现人人享有基本卫生保健，不断提高人民群众健康水平。

（三）卫生服务区域规划管理

区域卫生规划是一定区域内卫生发展的规划与愿景。其基本要求是：在一定的区域范围内，根据经济发展、人口数量与结构、自然环境、居民的主要卫生问题和不同的卫生需求等因素，确定区域内卫生发展的目标、模式、规模和速度，统筹规划和合理配置卫生资源，力求通过符合成本效益的干预措施和协调发展战略，改善和提高区域内的卫生综合服务能力，向全体人民提供公平、有效的卫生服务。

（四）卫生服务的资源管理

卫生服务的基本任务是满足人群的预防、保健、基本医疗、康复的需要，而要完成这一任务，必须有充足的资源做保障。卫生资源主要有卫生人力资源、财力资源、信息资源。如何合理筹集、分配和使用卫生资源，是卫生管理的一项重要内容。

1. 人力资源管理　卫生人力资源是以提高人民健康水平、改善人体素质和延长寿命为目标的国家卫生服务系统多种资源中的一种最重要的资源，包含已经在卫生服务岗位上工作的人员和正在接受训练的人员。卫生人力资源管理必须和提供服务以及改善健康这个根本目的相结合。

2. **财力资源管理**　财力资源管理是指卫生服务过程中资金筹集、分配和使用的过程。卫生总费用是卫生资源筹集的货币表现，卫生总费用是一个国家或地区的卫生领域在一定时期内（通常指 1 年），为了提供卫生服务所筹集或支出的卫生资源的货币表现。从资金来源的角度分析，卫生总费用是政府、社会和居民个人为了接受各种卫生服务而支付的费用，包括政府卫生支出、社会卫生支出、个人卫生支出。从实际使用的角度分析，卫生总费用是卫生服务的提供者，包括医院、社区卫生服务中心、疾病控制中心、妇幼保健院、卫生所、卫生室和定点零售药店，在提供各种卫生服务时消耗的费用，包括医疗服务费用、公共卫生费用、医学科研教育费用和其他卫生费用。

3. **信息资源管理**　卫生服务不可缺少的前提是了解信息，信息已经成为当今社会发展最重要的资源之一。发展信息收集系统，提供充分情报，既可以用于卫生管理与卫生决策，又可用于卫生管理过程的全方位研究。

三、卫生管理研究常用方法

（一）卫生管理研究的特征

1. **科学性**　卫生管理研究是新兴的科学研究领域。科学体系中的实践性、理论性、经验性和客观性同样适用于卫生管理研究。许多社会科学的科学理论为卫生服务研究提供了指导，而卫生管理研究反过来也促进了这些与卫生管理相关的社会理论的发展。

2. **不确定性**　卫生管理研究的基本研究方法来源于社会科学、医学、统计学等相关学科，这些方法和理论对卫生服务研究是非常有用的。但由于许多卫生管理研究是基于社会科学的理论和方法，因此其解释这些事件的能力同样受到这些学科发展水平的限制。许多基本的社会科学概念在运用于这一领域时其有效性仍存在一定争议，如人群健康状况、卫生保健质量、可及性和生命的经济价值等，这些难以判断的概念增加了卫生管理研究的不确定性。

3. **跨科学性**　卫生管理研究具有跨学科性。卫生服务受生物医学因素和社会因素影响，由于没有任何一个独立学科的概念性框架能够囊括这一研究所有方面，也没有一门学科可以包含更广的范围，所以，常常用一个包含各方面不同观点的多学科混合体来承载卫生管理研究。从这一方面看，它具有跨科学性的特征。

另外一方面，卫生管理研究涉及生物学、医学和社会科学等多种学科，这并不说明它已经实现了所谓的真正的跨学科研究。跨学科研究需要在研究某个特定现象时把不同学科结合在一起。然而，在更多情况下，卫生管理研究是由经济学家、医学专家、社会学家和管理学家在某一单个学科领域内进行的，这样有可能使分析性研究受到一定的限制，导致不同学科的研究者只侧重于问题的某一方面，而忽视了其他方面。

4. **应用性**　卫生管理研究是一门应用学科。它常常受到其应用性和以解决问题为出发点的特性的限制。它的研究重点是与卫生管理相关的问题和其他社会问题。由社会群体和决策者所确认的有关特定人群的一些现存问题常常促使人们开展卫生管理研究。卫生管理领域内的研究不是出于好奇，而是为了获得进行组织、管理和立法的事实依据，这种研究是以公共政策为目的，为制定特定政策提供事实基础。

（二）卫生管理研究的常用方法

卫生管理研究的常用方法主要包括定量研究法和定性研究法。在定量研究法中主要有实验研究法、描述性研究法、横断面研究法、病例对照研究法、定群研究法。在定性研究法中主要有文献研究法、案例研究法、集中访谈研究法。

1. **实验研究法** 卫生管理研究的现场主要是在社会人群之中，应该以社会人群作为实验观察的对象，考察卫生管理和防治对策的效果。干预研究是广泛应用的一种实验研究方法。缺氟地区在饮水中加氟预防龋齿、缺碘地区在食盐中加碘预防地方性甲状腺肿瘤等，都是干预研究取得成效的典范。

2. **描述性研究法** 描述性研究方法指的是在一项具体的研究中收集、校对、整理和归纳资料的方法，在此基础上客观地描述疾病、健康，或者有关卫生管理在人群、时间和地理分布方面的特点，通过比较分析存在差异的原因，提出进一步的研究方向或防治对策。

3. **横断面研究法** 横断面研究是在一个特定的时间内，即在某一时点或短时间内，按照研究设计的要求，在一定人群中通过普查或抽样调查的方法，收集有关疾病与健康状况的资料，从而描述疾病或健康状态及其与影响因素的关系。

4. **病例对照研究法** 病例对照研究是一种由果及因的回顾性研究方法。它是先按疾病状态确定调查对象，分为病例和对照两组，然后利用已有的记录，或用询问、填写调查表的方法，了解其既往（发病前）某些因素的暴露情况，并进行比较，推测疾病与暴露因素之间的联系。在卫生管理研究中，用此种方法推测卫生事件与影响卫生管理利用的因素之间的关系，适用于一种或几种因素与一种事件的相关性研究，也适用于多种因素之间交互、协同、效应修正作用的研究。

5. **定群研究法** 定群研究也称为队列研究、前瞻性研究、随访研究、纵向研究。在定群研究中，根据以往有无暴露经历，将研究人群分为暴露人群和非暴露人群，在一定时期内，随访观察和比较两组人群的发病率或死亡率。如果两组人群发病率或死亡率的差别具有统计学意义，则认为暴露和疾病之间存在联系。

6. **文献研究法** 一般而言，有 4 种文献可以作为文献研究的来源：①教科书、专业参考书；②杂志，包括专业杂志、简讯、报纸；③论文，包括博士、硕士和学士论文；④未出版的作品，包括专题研究、技术报道、基金标书、会议文件、个人原稿和其他未出版的资料。

进入 21 世纪以来，卫生管理研究的能力大大提高。尤其重要的是，我们可以通过数据库和计算机化的文献检索获得过去的一些研究资料。在检索以往研究成果的众多方法中，最有效的方法是以计算机为基础的文摘和索引管理。在卫生管理研究中，应用文摘和索引管理具有重要的应用价值。

最常见的在线摘要管理被称为 MEDLARS（医学文献分析和检索系统），MEDLARS 是由美国国立图书馆组织的，已经有 100 年的历史。在 20 世纪 60 年代早期 MEDLARS 就已计算机化，并且成为卫生专业文献检索的主要资源。《医学文献索引》也是文献检索中较流行的检索工具，在 MEDLARS 中，应用者可以进入某一专门的生物医学、卫生管理、癌症、医学伦理，甚至更多领域的文献数据库。在过去的几年中，MEDLARS 是 MEDLINE 数据库的主要代表。

7. 案例研究法 案例研究法是通过对个别案例如个人、家庭、项目等进行详尽的调查来认识社会的一种调查方法，要求调查者对被研究的个案做全面、深入、细致的了解，不仅要了解其本身的现状、历史，还要调查研究其周围成员的社会背景与各种社会联系。

案例可以是一个人、一项活动、一个计划、一个组织、一段时间、一个关键的事件或是一个社区。不管分析的个体是什么，案例研究所要寻求的是对一个特殊个体的详尽描述，这样才能获得对研究问题深刻充分的理解。一个案例研究可以集中于一个特别的社会实体，例如一个单一的固定的社区。用案例研究来描述和分析社区生活的某一方面，例如政治活动、宗教活动、犯罪状况、健康状况等。举例来说，社区案例研究可以用来研究社区卫生管理网络，包括社区组织、需要评估、机构调查以及系统评价等。案例研究也可以用于研究某些社会群体，例如家庭、工作单位或某个有意义的群体。案例研究同样可以应用于典型群体或弱势群体。

8. 集中访谈研究法 集中访谈研究法属于定性研究方法。定性研究方法强调在自然情境下进行研究。只有将研究对象放在真实的、丰富的、流动的自然情境下，对个人的"生活世界"和机构的日常运作进行研究才能获得真实可靠的研究资源。定性研究中，研究者本人就是一个研究工具，研究者必须与研究对象面对面地接触，通过自己的亲身体验，对研究对象提供的信息不断加深理解。

集中访谈研究法共有 3 种类型：非正式的交流访谈、标准化的开放式访谈和一般指导性访谈。在非正式的交流访谈中，调查者将不预先设定具体问题或常规主题，然而，问题将会自然地出现。调查者在自然交流基础之上自然地提问题。在参与观察中经常应用非正式交流访谈方式。

标准化的开放式访谈由问卷构成，问卷包括一系列按详尽序列排列的问题。每一位应答者按照同样的序列被提问同样的问题。问卷应伴有指导语，这样才能使得不同的访问者根据不同的调查对象进行连续性的提问。特别是当研究包括许多访谈者时，如何将被调查者面前的问题的变异度减到最小是非常重要的。这种方法的缺点就是缺乏弹性与灵活性。

第三节　中国特色社会主义卫生事业

一、中国卫生事业的性质

我国卫生事业是政府实行一定福利政策的社会公益事业。实行一定福利政策的社会公益事业，有两层含义：其一，卫生事业的公益性。在社会主义市场经济条件下，我国卫生事业是使全体社会成员共同受益的公共事业，也正因为这一点决定了它的非营利性。非营利性的实质就是所得利润不用于投资者的回报，而只能用于事业本身的建设和发展。其二，政府对卫生事业实行一定福利政策，为老百姓购买卫生服务。我国卫生事业是提供防病治病的特殊服务，其目的是提高全体社会成员的健康水平，这种特殊的服务有相当一部分是公共产品和公共管理，这些产品和管理内容是为全体社会成员管理的，是人人都可以受益的，如重大疾病的防治，公共卫生管理机构和设施建设，公共卫生执法监督、监测，妇女、儿童、老人、残疾人、贫困人口等弱势人群的医疗保健和医疗救助等，而且这些产品和管理是不能谋取利益和收取投资回报的。

在阐述分析我国卫生事业的性质的过程中，有必要理清下列几个关系。

（一）政府主导与政府主办

2009 年 4 月，国务院发布的《关于深化医药卫生体制改革的意见》中指出："坚持公平与效率统一，政府主导与发挥市场机制作用相结合。强化政府在基本医疗卫生制度中的责任，加强政府在制度、规划、筹资、管理、监管等方面的职责，维护公共医疗卫生的公益性，促进公平公正。建立政府主导的多元卫生投入机制。明确政府、社会与个人的卫生投入责任。确立政府在提供公共卫生和基本医疗管理中的主导地位。"可见，实现公立医疗机构公共利益性，政府在其中承担的责任则体现为发挥主导作用。但是，政府主导是否就是简单的等于政府主办？政府主导就是政府引导和规范公立医疗机构向公共利益性发展的责任，是体现一种新时期的执政理念，应理解为政府为促使公立医疗机构公共利益性的实现，所要采取的各种手段，如制定科学的规划、积极的融资、合理的评估、正确的监管等。政府主导的方式可以多样化，可在公益医疗服务的生产、提供、消费的链条中选择合适的角色定位。

（二）公益性与市场化

公益性所反映的是公众的利益和社会公共的利益，关注的是人权、民本、民生。市场性一般可以理解为主体性、交换性、竞争性、优质性、规则性的集合，市场化更直接反映的是市场主体的利益，关注的往往是实际的效益和经济的利益。从一定意义上讲，市场和公益归属于不同的范畴，市场一般归属于经济范畴，公益一般归属于社会范畴。然而，公益性不是抽象的，它植根于现实的市场与社会的土壤之中。我国建立在公有制基础之上的社会主义市场经济，其宗旨是以崭新的社会形态，以求最大程度地满足人们的基本物质要求和精神需要，实现社会福利的共享。实现社会福利共享的基础是公益性资源的供给。在市场化进程中，公益品具有天然的紧缺性。如果缺乏社会的制度约束，任公益性产品完全按照市场化商品来运作，其原有的公益性价格就会受到扭曲。一旦公益性产品被使用和消费的价格超过了公众可承受的临界点，就容易造成社会供需之间的尖锐矛盾，引发广泛的社会利益冲突。

（三）公益性与福利性

新中国成立初始，医疗卫生管理事业被公认为是福利性的，认为政府应该在公共卫生、疾病预防和医疗管理中承担责任，同期的医院性质也为福利性。到改革开放以后，社会各界对卫生管理事业性质产生了分歧。20世纪90年代初期，卫生事业是"有公益性的社会福利事业"逐渐成为主导性看法。到1997年的《中共中央、国务院关于卫生改革与发展的决定》把我国卫生事业界定为社会公益事业，明确卫生事业以公益性为主，福利性为辅，公立机构作为卫生事业公益性的主要实践者，也自然而然确立了其公益的性质。2009年发布的新医改方案又一次提出："从改革方案设计、卫生制度建立到管理体系建设都要遵循公益性的原则。""公立医院要遵循公益性质和社会效益原则。"这表明，公益性已经成为公立医院改革和发展不可动摇的方向。

公益和福利存在许多相似之处，很容易混淆，两者的共通之处在于：公益和福利事业均是善事，是具有利他主义的社会管理。而且，公益、福利事业的范围都属于公共事业、社会管理、社会福利和特定领域的管理。二者的差别主要体现为：在哲学基础上，公益性强调人道、人本、人文主义，福利性主要强调国家责任与社会职能。从目标看，公益性追求互助互爱，无私奉献，福利性追求社会公平与社会平等；从管理性质上，公益性属于社会利他主义的无私奉献，福利性强调国家和政府职责，体现为共同福利；从服务提供上，公益性以多种行为提供为主，福利性以政府提供为主；从资金来源上，公益性主要来自政府、企业、NGO等，福利性主要来自财政预算等。

如果公益性在目标上强调人道、人本、人文主义，追求互助互爱，无私奉献，从资金来源上主要来自政府、企业、NGO等，那么，公立医院在实现公益性的过程中，就必须得到政府资金的支持，政府就应组织和建立基本社会医疗保障制度而承担筹资者的角色。同时，政府作为保障基本医疗管理的主导者，应当以恰当的方式贴付医疗机构的运转和发展成本，割断服务提供者与接受者之间的经济利益交换关系。否则，公立医院是很难编织基本医疗服务的这张"公益之网"。

二、中国卫生事业发展的机遇

健康是人全面发展的基础，是经济社会发展的基石。没有健康，就没有小康。卫生事业在经济社会发展全局中居于重要的地位。自从2009年，中国启动了新一轮医药卫生体制改革，明确到2020年健全基本医疗卫生制度，实现人人享有基本医疗卫生服务的目标。近年来，我国按照保基本、强基层、建机制的基本原则，遵循统筹安排、突出重点、循序推进的改革路径，着力推进基本医疗保障制度、基本药物制度、基层医疗服务体系、基本公共卫生服务和公立医院改革试点等五项重点任务。经过各方面的共同努力，改革取得了显著进展：截至到 2012 年上半年，全民基本医疗保障制度已覆盖 12.7 亿人，织起了世界上最大的全民医保网，人民群众看病就医有了基本的保障。基本药物制度在全国 4.6 万家公办基层医疗卫生机构全面实施，覆盖率达到了 98%，用药品种和数量得到保证，药价大幅降低。城乡基层医疗卫生机构的管理水平显著提升。总地看，改革势头良好，成效逐渐显现，人民群众看病就医的公平性、可及性、便利性得到改善，看病难、看病贵问题有所缓解，也为扩大国内需求、促进经济发展创造了好的条件。

三、中国卫生事业发展面对的挑战

新中国成立几十年来，我国卫生事业取得了举世公认的成就。世界卫生组织曾经赞誉我国用最低廉的成本保护了世界上最多人口的健康。改革开放和现代化建设以来，我国卫生事业获得了长足的发展。但是随着社会经济的发展，我国卫生事业发展仍然存在卫生管理体系与人民日益增长的健康需求不适应的矛盾，仍然存在着卫生事业发展不全面、不协调的问题。主要体现在以下几个方面。

（一）国民健康面临更高要求

人人享有基本医疗卫生服务，提高全民健康水平，是全面建设小康社会的重要目标。同时，我国经济社会转型中呈现的快速全球化、工业化、城镇化、人口老龄化和生活方式的变化，不但使食品药品安全、饮水安全、职业安全和环境问题成为重大健康危险因素，而且使国民同时面临重大传染病和慢性非传染性疾病的双重威胁，对保障国民健康带来新的压力。

（二）不同人群之间差异显著

虽然我国人均预期寿命已由新中国成立初期的 35 岁提高到 2005 年的 73 岁，但不同地域和人群间的健康差异较为显著，东西部省份人均预期寿命相差最大达 15 岁。卫生资源配置不均衡，每千人医师数和病床数、人均医疗支出等指标因各地经济社会发展水平不同而有所差异。

（三）疾病发病和死亡模式转变

随着经济社会快速变化，我国绝大部分地区已经完成了疾病发病、死亡模式的转变。当前，我们既面临发达国家的健康问题，也存在着发展中国家的疾病和健康问题，疾病负担日益加重，已经成为社会和经济发展的沉重包袱，而其中以重大慢性病造成的疾病负担最为严重。

（四）重大健康问题突出

目前病毒性肝炎、结核、艾滋病等患病率仍呈上升趋势，成为我国传染病防控所面临的突出问题。同时，慢性病患病率和死亡率不断上升，重大地方病与其他感染性疾病尚未得到有效控制，母婴疾病与营养不良不容忽视，食品、药品安全等问题日益显现，严重威胁人民群众的身体健康和生命安全。

（五）健康危险因素的影响持续扩大

目前，烟草使用、身体活动不足、膳食不合理、过量饮酒等不健康生活方式与行为在我国处于流行高水平或呈进行性上升趋势。同时，环境污染加重也对健康带来严重危害。

（六）优质医疗卫生服务资源仍然不足

随着经济持续快速增长，人民群众的健康需求越来越高，但我国优质卫生资源总量仍然不足，结构不合理，卫生服务的公平性和可及性仍然较差，是构建和谐社会的严峻挑战。

（七）公共政策存在滞后性

公共卫生、医疗服务和药物政策在制定、调整等方面滞后甚或缺如，执行力度也不够，难以适应我国健康状况转型的需要。

四、中国特色社会主义卫生事业改革的基本方向

"健康中国 2020" 总目标是：改善城乡居民健康状况，提高国民健康生活质量，减少不同地区健康状况差异，主要健康指标基本达到中等发达国家水平。到 2015 年，基本医疗卫生制度初步建立，使全体国民人人拥有基本医疗保障、人人享有基本公共卫生服务，医疗卫生服务可及性明显增强，地区间人群健康状况和资源配置差异明显缩小，国民健康水平居于发展中国家前列。到 2020 年，完善覆盖城乡居民的基本医疗卫生制度，实现人人享有基本医疗卫生服务，医疗保障水平不断提高，卫生服务利用明显改善，地区间人群健康差异进一步缩小，国民健康水平达到中等发达国家水平。具体改革方向包括以下 8 个方面。

（一）建立促进国民健康的行政管理体制

健全卫生决策的咨询和问责机制。将健康指标纳入绩效考核，建立"健康影响综合评价"制度。加强和巩固基层卫生行政管理能力，确保卫生政策措施的落实。

（二）健全卫生法律体系，依法行政

加快《基本医疗卫生保健法》的制定，科学设计和逐步完善医疗保障、促进国民健康的法律法规体系。加强卫生执法监督体系建设，形成权责明确、责任落实、行为规范、监督有效、保障有力的卫生执法体制。

（三）转变卫生事业发展模式

转变发展观念，推进"环境友好型""健康促进型"社会发展模式的建立。适应医学模式转变，推动建立促进国民健康的卫生事业发展模式。

（四）增加公共财政投入

合理调整卫生总费用结构，通过增加政府卫生投入和社会筹资，将个人卫生支出降低到30%以内。建立卫生投入监督和评价机制，提高卫生投入配置和利用效率。建立合理的中央与地方分担机制，提高政府卫生投入的效益和可持续性。

（五）统筹医疗保障制度发展

加快基本医疗保障制度建设，积极探索、有序推进城乡居民医保的制度统一和管理统一，进一步降低成本，提高效率，适应现代医学模式，从分担疾病风险向促进健康转变。巩固和发展新型农村合作医疗制度，大力鼓励社会力量开展补充医疗保险和商业医疗保险。

（六）提高卫生人力素质

建立以政府为主导的医药卫生人才发展投入机制，优先保证对人才发展的投入。大力推动医学教育改革，增加医学教育投入和质量评估管理，通过准入制度的建立，改善和保证医学教育质量。完善各类卫生专业技术人才评价标准，拓宽卫生人才评价渠道，改进卫生人才评价方式。加强政府对医药卫生人才流动的政策引导，推动医药卫生人才向基层流动，加大西部地区人才培养与引进力度。

（七）发挥中医药等我国传统医学优势

加强中医药继承与创新。推广中医适宜技术，发挥其在疾病预防、基层医疗保障及医学模式转变过程中的作用。扶持民族医药产业发展。将有中国特色的健康文化理念融入到精神文明建设中。

（八）积极开展国际交流与合作

根据我国健康领域的实际需要，深入研究各国情况，制定和实施针对不同国家的多层次、多渠道合作战略和政策，提升卫生援外工作层次，发挥国际影响力，促进全球健康。

小　　结

1. 管理学是一门综合学科，是从人类的管理实践中形成和发展起来的，由社会科学、自然科学和技术科学相互渗透而形成。卫生管理学是管理学的一门分支学科，是以增进社会全体成员的健康水平为目的，以研究如何制定适宜的卫生政策、建立合理的卫生组织架构、设计公平的卫生保健制度、提出高效的资源配置方法等为手段，以实施全新的卫生管理体制和运行机制等为载体，进而实现卫生事业步入科学化、规范化管理的一门应用学科。我国卫生管理学具有交叉性、桥梁性、应用性、发展性、独特性的特征。

2. 卫生管理的主要内容为卫生管理相关政策制定、卫生服务的可供给性研究、卫生服务区域规划管理、卫生服务的资源管理等方面。卫生管理研究的常用方法主要包括定量研究法和定性研究法。在定量研究法中主要有实验研究法、描述性研究法、横断面研究法、病例对照研究法、定群研究法。在定性研究法中主要有文献研究法、案例研究法、集中访谈研究法。

3. 我国卫生事业是政府实行一定福利政策的社会公益事业。中国卫生事业发展充满机遇，同时面对挑战。中国特色社会主义卫生事业改革的基本方向主要在于坚持预防为主，适应并推动医学模式转变；建立健全具有中国特色的全民基本医保制度，把全民基本医保作为公共产品向城乡居民提供；坚持公平效率相统一，注重政府责任与市场机制相结合；建立与经济社会发展水平相适应的稳定的公共财政投入政策与机制；拓展深化公立医疗机构改革等方面。

思 考 题

1. 什么是卫生管理学？卫生管理学的学科内涵是什么？
2. 卫生管理学常用研究方法有哪些？
3. 如何理解中国卫生事业所面临的历史机遇与挑战？

【案例导读】

公立医院外部监管的国内外经验

1. 法国模式——设立管理委员会，改革财政支付制度

(1) 设立管理委员会。2005 年开始，法国实行让医院管理相关所有人在医疗服务中担负起相应责任的改革计划，包括让医生参与医院管理。要求所有医院均设立管理委员会，由当地市长担任主席。委员会成员包括当地政府官员代表、医院医生代表、医院工会代表及非医务人员代表。委员会下又设立医生委员会、护士委员会、安全委员会等。管理委员会对医院的管理制度和规定做出决策，但不参与医院具体事务的管理。委员会主要职责包括：制订医院规划；同地区医院管理局建立协商、协调机制；制订医疗业务发展计划；制订财务均衡策略；任命大科室主任等。

(2) 改革财政支付制度。2003 年，法国对医疗机构的资金分配制度进行了改革，不再实行简单的预算制，而是实行预算制、计量制和按单病种付费制相结合的资金分配制度。例如：精神病院、戒毒和毒品预防中心、教学单位、急诊服务、临终关怀、监督控制中心、产科和公共卫生等公共利益机构实行预算制；公立医院运行的固定成本（人

员和设备费用）按照预算制拨付，门诊和住院实行按照人数和按单病种付费。这样的医疗机构财政管理制度既保证了公益机构的正常运行，又能调动医疗机构的积极性，提高效率，控制成本。特别值得一提的是，目前在法国，所有患者的信息都已经进入国家卫生电子数据系统，为监督和控制医疗机构的行为提供了充足、准确的依据。

2. 香港模式——发挥医管局的职能

医院管理局是香港负责管理公立医院及诊所的法定机构。医院管理局的成立是统一和强化整个公立医院体系的管理、提高医疗资源使用效率的一项重要策略。医院管理局每年接收香港政府拨款，主要职责除了管理公立医院、加强对医院的监督等管理工作外，也会向政府提出如医院收费、所需资源等相关政策建议，以及培训医院管理局员工及各公立医院的医护人员、进行医院服务相关研究等。香港医院管理局与政府有着"管办分开"的关系，对政府负责。医院管理局主要由医院管理局大会、总裁和总办事处的有关部门组成。此外还另设9个功能委员会和3个区域咨询委员会为医院管理局本部决策提供指导和咨询。根据《医院管理局条例》，医院管理局大会的职责是加强对医院管理局的监管，力求医院管理局在工作表现、问责和道德操守方面达到最高标准。目前大会主要由24名企业家、立法会议员、专业人士、社区代表和公职人员组成。3个区域（香港区域、九龙区域、新界区域）咨询委员会，由医院管理局成员（如执行总监）、卫生署署长代表、区内医院代表以及参与社区工作的人士组成，主要职责是就各区内的医疗需求向医院管理局提出建议和意见。

［资料来源：王长青. 论公立医院外部监管机制的构建［J］. 中国医院管理，2010，30（9）：1-3］

讨论：

1. 结合本章理论与案例，试述卫生管理的基本思路。

2. 针对本案例的分析，谈谈如何采取有效对策以优化我国公立医院的外部监管。

第二章 中国卫生事业发展简史

学习目标：通过本章学习，学生应该了解我国卫生政策的发展轨迹。掌握新时期中国的卫生方针。熟悉宏观社会经济环境对卫生政策发展的影响。

第一节 中国中医药卫生发展历史

一、古代中医药的萌芽与发展

自从有了人类，就有了医药卫生活动。中医药学就是在前人长期医药卫生实践和经验积累的基础上，逐步产生、形成和发展起来的。马王堆汉墓中出土的古医书和药物标本印证了中医药学的起源。但是，民间治疗疾病的方法有很多没有被记录成文字，或文字早已丢失，中医药学的起源要比这些已知的记载更早。中国是一个地域广阔、历史悠久的国家，由于人们生活的地理环境不同，采取的生产方式也不同，因此引发出多种形式的医疗活动。《黄帝内经》中《素问·异法方宜论》写道：砭石从东方来，毒药从西方来，灸焫从北方来，九针从南方来，导引按跷从中央出。说明古代流传下来的医疗方法是中国各族人民的经验汇集。中华民族所聚集生长的地理空间跨度广大，在不同的地域有不同的生产和生活方式，亦有不同的文化类型。古代除以农业社会文化为主外，尚有草原游牧文化、森林狩猎文化、河海渔业文化等。不同的文化创造出不同的医疗卫生技术，运用不同的药物资源，导致了中医药学的民族和地区差异性，由此而形成了不同的地方流派，这是中医药学具有丰富的实践经验和多样化理论学说的原因。

中医药学与传统文化、科学技术乃至经济发展都有密切的联系。中华民族悠久的历史也是铸就传统医学丰富多彩的原因之一。在中国，远在百万年前已有人类生存，他们在生产和生活中，须同疾病和伤痛进行斗争，从而产生了医疗救助实践。火的使用，使人类得到熟食，驱寒保暖，防潮防湿，也使灸治以及其他借助温热作用的治疗得以施行。在新石器时代，中国先民们就用砭石作为治疗工具。现存古书《山海经》中有"高氏之山，其下多箴石"的记载，箴石就是砭石。1963年在内蒙古多伦旗头道洼石器时代遗址，出土了中国第一枚新石器时代的砭石，之后又在各地出土了多枚砭石以及用于医疗的骨针、竹针，以及铜器和铁器时代的铜针、铁针、金针、银针，说明针灸技术发展到现在使用钢针已经历了漫长的历史时期。《淮南子·修务训》说，神农氏尝百草，一日而遇七十毒，晓水泉之甘苦，令民知所避就。《史记·补三皇本纪》有神农尝百草始有医药的记载。说明药物的发现，源于卫生保健目的，并且是与原始人的植物采集及其农业生产密切相关。在新石器时代中期的仰韶文化时期，人们过着以农业为主的定居生活，酿酒由此开始，龙山文化时期已有专门的酒器，在殷商文化中则发现了更多的酒器。酒的一大用途就是用以治病。《汉书》以酒为"百药之长"。上述事实都表明，先民生存和生产劳动的需要，也就是卫生保健的需要，决定和孕育了中医药学的发生与发展。

中医药学在漫长的发展过程中，涌现出许多著名医家，产生了许多医学名著和重要学派。三千多年前的殷商甲骨文中，已有关于医疗卫生的十多种疾病的记载。周代医学已经分科，《周礼·天官》把医学分为疾医、疡医、食医、兽医四科；已经使用望、闻、问、切等客观的诊病方法和药物、针灸、手术等治疗方法；已建立医务人员分级和医事考核制度。《周礼·天官》记载："医师上士二人，下士二人，府（药工）二人，史二人，徒二人，掌医之政令，聚毒药以供医事。"春秋战国时代，涌现出许多著名医家，如医和、医缓、长桑君、扁鹊、文挚等。《内经》等经典著作的问世，是中医学理论的第一次总结。

秦汉时代，已经使用木制涂漆的人体模型展示人体经络，这是世界最早的医学模型。临床医学方面，东汉张仲景在他所著的《伤寒杂病论》一书中，专门论述了外感热病以及其他多种杂病的辨证施治方法，为后世临床医学的发展奠定了基础。在此时期，外科学也具有较高水平。据《三国志》记载，东汉末年名医华佗已经开始使用全身麻醉剂，酒服"麻沸散"进行各种外科手术，其中的胃肠吻合术是华佗所擅长的。据《史记·扁鹊仓公列传》记载，西汉初的名医淳于意（又称仓公）曾创造性地将所诊患者的姓名、里籍、职业、病状、诊断及方药一一记载，谓之"诊籍"，是现知最早的临床病案，其中包括治疗失败的记录和死亡病例。

晋代名医王叔和在前代著作《内经》《难经》"独取寸口"诊法的基础上，进一步总结，使之规范化，并归纳了二十四种脉象，提出脉、证、治并重的理论。这一时期医学各科和专科化已渐趋成熟。针灸专著有西晋皇甫谧的《针灸甲乙经》，炼丹和方书的代表著作有西晋葛洪的《抱朴子》和《肘后备急方》，制药方面有南北朝刘宋雷敩的《雷公炮炙论》，外科有南北朝龚庆宣的《刘涓子鬼遗方》，病因病理专著有隋代巢元方的《诸病源候论》，儿科专著有隋唐之间的《颅囟经》，唐代苏敬等著的《新修本草》是世界上第一部药典，唐代还有孟诜的食疗专著《食疗本草》、蔺道人的伤科专著《仙授理伤续断秘方》、昝殷的产科专著《经效产宝》等。此外，唐代还有孙思邈的《备急千金要方》和王焘的《外台秘要》等大型综合性医书。从晋代开始，已经出现由国家主管的医学教育，南北朝的刘宋时代曾有政府设立的医科学校。隋代正式设立太医署，这是世界上最早的国立医学教育机构。

宋金元时期，随着经济文化的发展以及国家对医学和医学教育的重视，宋政府创设校正医书局，集中了当时的一批著名医家，对历代重要医籍进行收集、整理、考证、校勘，出版了一批重要医籍，促进了医学的发展。宋代除有皇家的御药院外，还设立了官办药局、太医局、卖药所与和剂局等，推广以成药为主的"局方"。宋代由太医局负责医学教育，各府、州、县设立相应的医科学校；太医局初设九科，后扩为十三科。在针灸教学法方面也有了重大改革，北宋时王惟一于天圣四年（1026）著《铜人腧穴针灸图经》，次年又主持设计制造等身大针灸铜人两具，在针灸教学时供学生实习操作，对后世针灸的发展影响很大。宋代已经有各种类型的医院、疗养院，有专供宫廷中患者疗养的保寿粹和馆，供四方宾旅患者疗养的养济院，收容治疗贫困患者的安济坊等。元代还有称为回回药物院的阿拉伯式医院。明代中叶的隆庆二年（1568）之前，北京已经有医学家创立的世界上最早的学术团体"一体堂宅仁医会"。该会由新安医学家徐春圃创立，有明确的会款、会规，除开展学术交流外，还曾组织编撰规模百卷的《古今医统大全》。

中医学最早的学术期刊《吴医汇讲》于清乾隆五十七年（1792）创刊，由江苏温病学家唐大烈主编。该刊发行近 10 年，每年一卷，有理论、专题、验方、考据、书评等栏目。这些学术团体和期刊的出现促进了中医的学术交流，表明中医这门学科在古代已形成较为完备的体系。

在中医学的创新和继承中，学派蜂起，竞相争鸣，贯穿于理论发展的历史长河中。先秦时期，即先后有用针、用药和重切脉的以《黄帝针经》《神农本草经》和《素女脉诀》为代表的三个派别。汉代，针灸和切脉合为一家，称为医经学派，重用药物和方剂者发展为经方学派。《汉书·艺文志》记载当时有医经七家、经方十一家。医经学派后来仅存《内经》一书，后世围绕此书的诠释形成重视理论的一派。

经方学派旨在进行对经验方的整理和运用，在魏晋隋唐乃至宋代以后，各朝代都有大量的方书传世。对《伤寒论》的研究，自宋代起涌现出一大批致力于伤寒学术研究的医学家，他们传承发展形成伤寒学派。金元时期的一些医学家们，敢于突破经典的定论，围绕个人的专长阐发理论，并自立门户，其中著名的有"金元四大家"，刘河间创主火论，张子和重攻邪，李东垣重补脾，朱丹溪倡滋阴。金元四大家等因地域和师承又可分为两大派。刘河间及其继承者张从正、朱丹溪等人，因刘河间系河北河间人，故其学派后世称为河间学派。李东垣师从河北易水人张元素，又有张元素门人王好古、李东垣弟子罗天益等人，皆重视脏腑用药和补益脾胃，这一派人因其发源地而被称为易水学派。明至清代，温病的研究达到了成熟阶段，涌现出一批影响较大的医学家，如著《温热论》的叶天士、著《温病条辨》的吴鞠通、著《温热经纬》的王士雄等，被归为温病学派。

从明代开始，在西方医学传入中国以后，中国传统医学和传入的西方医学，在相互碰撞、交流、融合中，产生了中西医汇通学派，涌现出一批著名医学家，如唐容川、恽铁樵、张锡纯、张山雷等人。他们主张"中西医汇通"和"衷中参西"等理念，该派兴学校，创办医学刊物，传播中西医学思想，并成为当代中西医结合的先行者。历史上各中医学派，总是在继承基础上不断创新而发展起来的，各学派此伏彼起，连绵不断，各派中又有不同的支派。在学派和学科的相互演进中，逐渐形成了中医学体系继往开来不断丰富完善局面。

二、中国古代医事制度

（一）先秦——中国医事制度的孕育

约公元前 21 世纪到公元前 221 年，中国历史上出现了夏、商、周三个历史朝代。在此期间，人们对医疗卫生有了较为深入的认识，疾病的诊疗水平有所提高，巫医分离、医疗机构和医事考核制度的建立、医官体系与医学分科的形成，昭示着中国医事制度的萌芽。这是我国历史上医事制度第一次与其他医学活动分离的客观表现，也是医事制度作为上层建筑独立指导医学发展的重要标志。总结先秦医事制度的发展过程，可以归结为：夏商之培育，西周之萌芽。夏商给医事制度的萌芽提供了政治土壤，让医学和医事制度可以在相对稳定的社会环境中酝酿。考古出土的甲骨文，证实了殷商时期人们对医学、身体和生理方面的认识和记录。《周礼》比较全面地记载了西周医事制度，其对后世医事制度的建立有重要的参考价值，成为医事制度形成的里程碑。在"巫医分离"的前提下，西周医官体系的形成确定了医事制度管理的人员等级，医学分科使医事制度管理细致化，专门的医疗保健机构扩大了医事制度管理的边界，这对我国的医学发展和医事制度发展都做出了卓越的贡献并产生了深远的影响，对后世的医政活动都具有积极的指导意义。

（二）秦汉——中国医事制度的奠基

秦汉时期是中国历史上第一个大统一时期，经历了始皇统一、楚汉相争、三国鼎立等历史时期，经历了重大的社会变革，废除了宗法分封制，建立了以郡统县的两级地方行政制度，而且统一了文字、货币、度量衡。在这样的背景下，皇帝可以直接控制地方的行政制度，各项政策都可以很快地在全国推广。我国医事制度也在秦汉时期奠定了坚实的基础。之所以这一历史时期被归结为医事制度的奠基阶段，是因为在秦代建立起中央高度集权的封建制度以后，国家的各项制度、机构和措施都得到了很大的完善，也促进了国家医疗卫生事业方面的发展，使医事制度涵盖的内容逐步确定，医事制度管理的重点更加突出。"汉承秦制"即延续秦的制度，也为医事制度的发展奠定了稳固的基础。在这一历史阶段，医官制度、医学教育、医学文献政策、医学交流等方面是医事制度发展的重要内容，开启了封建社会医事制度的新篇章。这一时期医事制度发展的主要脉络，可以用"秦汉集权，医官完善，医学传承，医政奠基"来概括。具体而言，"秦汉集权"，指秦汉建立了大一统的封建专制制度，皇权至上，统治者必须要巩固皇权，这就要通过各种组织形式来实现。在医事制度方面，形成了以维护统治阶级利益为主要目的的医官体系；"医官完善"，主要体现在医官的征召和选拔制度化、医官层级和职能具体化、医官数量扩大化等方面。在医学发展方面，制定和施行了开明的医学政策；"医学传承"，主要体现在医学教育官私办学结合、家传师承为主、保护医学文献、传播医学文化、鼓励医学交流、促进医药融合等方面。

（三）魏晋南北朝——中国医事制度的探索和发展

魏晋南北朝，自公元220年"曹丕代汉"起，到公元589年"杨坚灭陈立隋"止，共经历360余年，此时期政局混乱，政权更迭频繁，医事制度的发展也存在一些问题：这一时期仍旧偏重于宫廷医疗，医事政策和医学政令难以避免地被打上依赖于统治者喜好的烙印，如玄学之风盛行，痴迷于煮炼仙药，在某种程度上限制了医学和药学的发展。

（四）隋唐五代、两宋——中国医事制度的完善

隋唐五代时期是我国历史上最为昌盛的阶段。政权稳定，疆域广泛，政治安定，经济繁荣，文化多元开放。在这种大的历史背景下，医学发展空间广阔，医事制度进入了完善时期。这一时期，医事制度发展主要表现为：医疗机构专业化，各部门分工详细明确；中央医学教育与地方医学教育共同繁荣；医学律令建立完善；医学交流深入广泛。

在隋唐五代时期，医事制度方面有两个较为突出的特点。一是政府对医学教育的支持。隋唐以前，医学教育虽然已经开始，但政府支持力度不大。隋唐五代时期政府所支持的官办教育，由于有了规范的组织形式和政策制度，在分科、师生人数、教学质量、选拔制度上都十分正规。这不仅培养了医学人才，而且使医学知识由分散变为集中。二是医事制度管理方面的制度化。在隋唐以前，医事方面的律令非常稀少，偶尔散见于各类文件法规，也并不是专门为医事工作而发布。但是隋唐时期发布的医事律令，是专门为规范医药工作发布的，这具有划时代的意义。医药管理的法制化，对医药管理、医药教育、医药交流、医患关系都具有规范和促进作用。

在隋唐时期良好的基础上，宋代推陈出新，使医事制度发展到一个新的高度。宋代统治者重视医学发展，在各个方面建树颇多。在医药机构方面，由于统治者的重视和经济的发展，民间设立的医疗机构和慈善组织大量增加，人民医药保障水平提高。在医学教育方面，太医局传承中医学教育的招生制度、课程设置、考评制度都十分完善，对后世具有启迪意义。在医学文献方面，政府重修本草，征集、校对、刊印医学书籍，对于普及、传播和保存医学知识具有深远的意义。

（五）辽金元、明清——中国医事制度的交融

辽金元时期承袭了两宋时期留下的丰富医药资料，在统治者大力发展医药、保护医药人才政策的基础上，医学和医事制度都有明显的进步。这一时期最具代表性的发展是：第一，元代太医院脱离旧制，成为独立的全国最高医事管理机构，将服务于皇室的御医系统分属其下，结束了自汉代以来御用系统和医事管理系统并行的管理模式，最终形成了自上而下的管理体制。这种模式将管理权集中在一个机构之下，高度的集权为医药管理政策的推行提供了便利条件。第二，元代还制定了超越前代的非常严密复杂的医官制度，这在中国古代医官制度史上是一个突破。第三，医官提举司与医学提举司的设立、医学交流的倡导等都对后世有可借鉴之处。

明清两代医疗服务依然是以皇帝及贵族优先，尚有余力时，为了统治需要，标榜仁政，才会惠及民众。清末，封建社会所固有的封闭性和专制性更加突出，政府腐朽落后，医事制度逐渐废弛，各个医政机构萎缩乃至虚设。但在流行病防治和社会救助方面，明清政府吸取金元教训，实施了一系列有益措施，使预防工作取得了一定成效。

三、中国卫生保健管理体制的形成

鸦片战争后，随着西方医学的传入，其医疗卫生观念也在中国加速传播。太平天国的卫生新政把卫生工作分为朝内、军中和居民三个系统，略似公医制。在居民中，"分设街道医生六十人"，为天京居民施诊给药。从国家财政税收中拨款，兴建医院、慈养会等社会民主自利设施。同时，政府颁布"禁绝卖淫、缠足恶习""严禁溺婴"等一系列法规，保护妇女儿童的健康。

民国期间，有代表性的医疗卫生政策有：1934 年，颁布《县卫生行政方案》，并在河北定县，安徽和县，江苏盐城、吴县等地区建立乡村卫生机构；1941 年，根据《实施公医制度案》（1934 年卫生技术委员会通过），推行"公医制"。但是由于当时战乱四起，社会动荡，民国政府的"公医制"事实上没有真正得到推广。

新民主主义革命时期，中国共产党非常关注卫生事业的发展。毛泽东在《中国红色政权为什么能够存在》一文中，认为"建设较好的红军医院"是巩固根据地所必须做好的大事。"预防为主"的方针、"防治结合"的原则、"中西医两法治疗"的方向、"群众卫生运动"的方法以及乡村卫生机构的有序建立，一系列卫生政策的制定及实施，有力地保障了解放区居民的健康，也为新中国卫生工作方针及具体政策的制定积累了适合中国国情的丰富经验。

新中国成立后，百废待兴，国家实行计划经济体制。中国的卫生工作方针是"面向工农兵，预防为主，团结中西医，卫生工作与群众运动相结合"。实践充分展示了宏观卫生政策取得的伟大成功。农村三级医疗预防保健网、乡村医生队伍和农村合作医疗制度，被称为农村卫生工作的"三大法宝"，受到世界卫生组织（WHO）和许多国家的高度评价。政府组织，部门协调，群众广泛参与，积极开展爱国卫生运动，大力实施初级卫生保健，使城乡生活环境明显改善，群体健康水平显著提高。

20 世纪 80 年代，社会对医疗卫生服务的需求迅猛增加，而医疗服务的供给远远不能满足社会的需求。这一供需矛盾成为卫生改革与发展面临的主要问题。这一时期卫生改革的重点是扩大卫生服务的供给，解决看病难、住院难和手术难的问题。宏观决策部门和卫生行政部门相继出台了一系列鼓励扩大卫生服务供给的政策，如鼓励个体医务人员参与医疗服务；鼓励企业的医疗机构向社会开放；鼓励医疗机构之间的联合协作；给医疗卫生机构下放一定的自主权；调整医疗收费标准和结构等。

在解决"看病难"的问题过程中，出现了"看病贵"等新问题，20 世纪 90 年代以后，整个卫生改革步入结构调整期。这一时期是卫生政策大量出台、卫生改革不断深入、卫生事业持续发展的新时期。1997 年下发的《中共中央、国务院关于卫生改革与发展的决定》中提出新时期卫生工作的指导方针为：以农村为重点，预防为主，中西医并重，依靠科技与教育，动员全社会参与，为人民健康服务，为社会主义现代化建设服务。其后先后出台了《关于农村卫生改革与发展的指导意见》《国务院关于建立城镇职工基本医疗保险制度的决定》以及《关于城镇医药卫生体制改革的指导意见》等政策意见。

第二节　近代卫生新政

一、近代公共医疗卫生事业的开启

西方医学的传入，开启了我国近代公共卫生事业的大门。19 世纪末，在北京、天津等大中型城市相继出现了形式不同的公共卫生机构。客观地说，在当时的中国，这些公共卫生机构还仅仅是局部的，但在一定程度上改变了中国百姓的传统卫生习惯、生活方式和生活质量，打开了我国近现代公共医疗卫生事业的大门。

二、近代医疗保障事业的起步

我国近代的医疗保障事业始于清末，由于当时特定历史条件的限制，成效不大。20世纪 20 年代，迫于国内外的压力，政府颁布了一系列劳动保障的法规和条例，从而开始了中国包括医疗保障在内的社会保障制度近代化的历程。

（一）孙中山的医学观及卫生行政管理实践

孙中山不仅以科学的态度对待中西医学，而且以首创的精神将中西医并列纳入到政府行政管理之下，开制度创新之先河。孙中山医学观的理论依据是他的"三民主义"思想，他关心民间疾苦，主张利用国家资本，借助行政的强制力量推行全面有效的社会保障，1912 年孙中山宣称要效仿西方国家利用政府财政收入担负保障弱势民众生活的责任。

孙中山的卫生管理实践体现了以下几个特点：①中西医管理并重；②中西医药品管理并重；③加强对执业中西医师的管理；④鼓励医生积极主动地承担政府责任。

（二）南京国民政府的社会保障实践

长久以来，中国社会医疗保障一直是以医疗救助为核心，到了南京国民政府时期亦是如此。在孙中山先生的指导下，国民党开始了早期的社会保障实践，开展了一系列社会保障的立法活动，实行了一些以社会救济为主的措施，其中也不乏某些社会保险的尝试。

1. 南京国民政府时期的医疗救助　南京国民政府时期的医疗救助主要是通过两条路径进行的。一方面利用中国社会民间互助互济的传统，发挥各类民间慈善机构的作用，为城市贫民施医送药、防治疫情，在一定程度上起到了防止疾病传播与蔓延的作用；另一方面通过政府立法，借助法律的强制作用为劳工提供保障，例如国民党政府在

《工厂法》中就明确规定工厂要设置诸如医疗所、厕所、浴室、饮水处之类的卫生设施，并且工厂要为劳工提供疾病救助和工伤抚恤。抗战结束后，国民党政府也在职工工伤、医疗、死亡等方面分别做出了一些规定，如员工非因公疾病给予免费诊疗并提供药品，女职工生育给假 6 周、工薪照发等。虽然迫于当时的社会形势，国民党政府关于医疗救助方面的法律规定最终并没有落到实处，但不能否认其在包括医疗救助在内的社会保障立法方面所做的初步尝试。

尽管南京国民政府时期的医疗保障仍然是基于医疗救助的，当时的国民党政府也开始了一些关于疾病社会保险的立法工作。劳动法起草委员会编纂完成《劳动法典草案》。其中"劳动保险草案"由两部分组成，第一章为"伤害保险"，第二章为"疾病保险"。这在中国近代社会保险史上具有里程碑式的意义，是中国最早的医疗保险法律。

2. 公医制度 参照西方先进医疗保障制度，国民政府在 20 世纪 30、40 年代实行了公医制度。这项制度首先在一些地方进行试点，之后经分析总结，结合中国社会客观情况，在国民党五届八中全会上，以《实施公医制度以保证全民健康案》的形式确定在全国推行，并在部分地区得以落实。此后不久，公医制度被纳入《中华民国宪法》，用宪法形式规定将公医制度确立为国家行政目标之一。公医制度规定医疗事业由国家负责，所有国民健康都应由政府保障。公医制度的两个重要手段是治疗和预防，主要工作目标是控制流行疾病，提高人民健康水平，降低国民死亡率。

（三）近代健康教育的理念与实践

我国健康教育事业在民国时期得以初步奠定。当时，很多胸怀卫生强国梦的英才主动投入到健康教育事业中，在创规立制、培养人才、组建专业团队，以及学术研究等方面均做出了开创性的贡献。这些仁人志士们开拓的健康教育成果，为促进今天的卫生事业发展打下了坚实的基础，对当前的工作也具有现实指导意义。

1. 启蒙了健康意识和健康教育的理念 我国学者对健康的含义早已有了较深刻的认识。早在 1932 年，王庚提到："健康即是身体的健康，又是道德、情感和知识的健康。"1936 年，我国学者高梅芳曾指出："健康教育，即以教育为手段达到健康的目的，让人民知行合一地遵守健康知识。"这与 16 年后 WHO 提出的健康理念是完全吻合的。在这样的思潮引导下，具体的健康教育包括：教导人民卫生知识，培养人民的卫生习惯，并在思想上树立人民的卫生信仰。在此基础上，由个人推及家庭和社会。上述理论可以看作是西方健康教育理念与传统修身齐家治国思想的结合。同时也能看出，健康教育不仅是为了增强民众身体素质，更是寄托了当时爱国志士对于社会昌盛的美好愿景。

2. 初创了健康教育的策略 1932 年以后，根据当时社会现实，陆续有学者提出我国健康教育的具体实施策略：一是建立体系，二是培养人才，三是制定法规，四是普及知识，五是推广设施，六是筹措经费，七是广泛宣传。

3. 重视健康教育人才的培养 20 世纪 20 年代，我国便开始培育健康教育人才。1926 年，兴办北平卫生学校。1930 年在"南京市健康教育委员会"成立时，机构编制已较为明确：设主席 1 人，常务委员 3 人，委员 11 人；医务方面设主任医师 1 人，医师及护士若干。各省在成立机构时，基本沿用这一形式，都设医务技术人员。1931 年，国立中央大学开设卫生教育科，用于培养卫生教育人才和行政管理工作者。在此期间，国家一方面培养健康教育的高级人才，派遣戴天右等多批学者赴欧美专门学习健康教育学。这批学者在十分艰苦的环境下，刻苦钻研，一心报国，取得学位后纷纷归国，成为我国健康教育事业的领路人。另一方面致力于打牢健康教育的基础。与此同时，还进行了大量针对社会大众的健康教育活动。

第三节　新中国中西医结合发展的历史进程与成就

一、中西医结合的发展历程

（一）创建阶段

这一时期包括中华人民共和国成立初期至 20 世纪 50 年代末。中西医结合是中国卫生管理的重大主题和重要特色。早在 1950 年第一届全国卫生工作会议上，毛泽东同志为大会题词："团结新老中西各部分医药卫生工作人员，组成巩固的统一战线，为开展伟大的人民卫生工作而奋斗。"题词体现了党对卫生工作、团结中西医的一贯主张。

为了落实、推动西医学习中医，从 1955 年开始，卫生部先后在北京、上海、广州等地举办了为期两年半的西医离职学习中医班，从全国范围抽调部分医学院校毕业生及有一定临床经验的西医师参加。对学习成绩优良者颁发奖状、奖章，以示鼓励，1958 年，卫生部直属中医研究院第一届西医离职学习中医班毕业后，卫生部向党中央呈送该班的总结报告。党中央、毛泽东同志为此专门发文做了指示，这就是 "10.11 指示"。指示肯定了举办西医离职学习中医班的成绩，进一步要求有条件的省市都应该办一个 70 ~ 80 人的西医离职学习中医班。根据这一指示，1958 年 11 月 28 日，《人民日报》发表了题为 "大力开展西医学习中医运动" 的社论。"正是因为西医具有一定的现代科学知识，他们应该义不容辞地把研究整理我国医药学遗产这个光荣任务承担起来。" 这些指示精神大大鼓舞了全国西医学习中医的热情，各地因地制宜，举办了脱产、在职学习中医班，学制也有半年、一年至两年半不等，培养了一大批西医学习中医人员，其中大多数成为中西医结合研究的技术骨干、学术带头人。

（二）发展阶段

这一时期包括 20 世纪 50 年代末期至 70 年代中期，由于开展中医、中西医结合工作的条件基本具备，西医离职学习中医人员已陆续毕业，在职学习中医的西医也相继掌握了一些中医的基本知识及经验，并在临床上加以实践，加上政府的大力号召，指导思想明确，使中医、中西医结合临床及研究工作比前一阶段更加广泛而深入，其特点为广泛而深入地开展临床研究，实行辨病与辨证分型相结合，中药或中西药治疗相结合的诊疗方法。

（三）巩固阶段

1978 年党的十一届三中全会及全国科学大会的召开，给我国科学工作带来了春天，也给中医、中西医结合工作带来了无限生机。1980 年，卫生部召开全国中医与中西医结合工作会议，会议根据形势的发展提出："中医、西医和中西医结合这三支力量都要大力发展，长期并存，团结依靠这三支力量，推进医学科学现代化，发展具有我国特点的新医药学。"从此，中西医结合开始作为与中医、西医并列的一支医药卫生力量，活跃在我国医药卫生界。

二、中西医结合的成就

综观 50 年来的中西医结合工作，尽管道路曲折，但成绩卓著，主要体现在以下方面：

中西医结合为防治疾病提供了一条新的有效途径，提高了医疗水平。由于中西医结合是集中西医之优点，取长补短，对疾病的认识、诊断更为全面细致，所采取的治疗方法针对性更强，因而，提高了疗效及医疗水平。

发展了中医理论，扩大了辨证内涵，丰富了现代医学内容。通过几十年的大量临床与基础的研究，总结出许多新的理论与概念，如在骨折治疗中提出"动静结合"，急腹症的治疗研究中提出"通里攻下"等。这些概念发展了中医理论及辨证内涵，不仅富有中西医结合特质，而且还切实指导临床实践，提高临床疗效，甚至丰富了现代医学内容。

扩大了中药应用，促进了新药的研制与开发。如抗疟的研究，研制出青蒿素，不仅证实了传统用青蒿治疟的经验，而且扩大应用于肝炎等疾病的治疗。对心血管疾病的研究方面，发现了川芎有效成分川芎嗪，且扩大应用于脑血管病等，无数事例均说明，中西医结合的研究扩大了中药的应用范围，促进了新药开发。

为中医药走出国门架设桥梁。由于中西医结合工作与现代医学有共同的语言，可以应用现代医学的指标、名词术语介绍解释一些中医药的内容，对于让国外了解中医药学，起到交流作用。如国外对我国针灸麻醉的关注，就是通过中西医结合专家对针麻的介绍而了解的。

小　　结

本章总结了中国中医药卫生发展历史；现代西方医学在中国的发展；新中国中西医结合发展的历史进程与成就。通过以上的学习我们明确了以下几点：

1. 中国古代中医药的产生，是与人们的生活生产需要同步产生的，随着社会的进步，中医药学不断进入新的发展阶段。

2. 随着西方医学在中国的发展，西方的公共卫生管理思想和社会保障措施也在中国传播。孙中山领导的国民政府在中西医并重、医疗救助、公医制度、健康教育等方面做了积极的努力和实践。

3. 中西医结合是中国卫生管理的重大主题和重要特色。中医药学体现着中国古代优秀的哲学思想，是两千年来人们养生、保健、防病、治病经验的总结，具有不可替代的客观性和实效性。因此，在中国必将是中医、西医、中西医结合三支医学体系长期存在。中西医结合医学突显出独有的特色，经过50年的发展，成为中国医疗卫生管理的一大亮点，并为世界医药卫生事业做出了突出贡献。

思 考 题

1. 比较不同时期中国卫生工作方针的异同。
2. 宏观社会经济环境如何影响中国卫生政策的方针？

【案例】

毛泽东对中国现代医政的创新

毛泽东是中华人民共和国的伟大领袖，被视为是现代世界历史中最重要的人物之一；时代杂志将他评为20世纪最具影响100个人物之一。他高度关注我国卫生事业的发展和人民的健康，制定了一系列重要的方针、政策，提出过不少具有指导意义的主张，促进了卫生事业的发展，取得了显著的成就。

1. 把医疗卫生工作确定为党的"一项重大的政治任务"

早在民主革命时期，毛泽东就高度重视医疗卫生工作。在抗战时期，在陕甘宁边区传染病流行的时候，他就指出卫生问题是边区群众生活中一个极严重的问题。

新中国成立后，毛主席号召我们："动员起来，讲究卫生，减少疾病，提高健康水平。"

2. 提出"统一领导，全面规划"，消灭严重危害人民健康的重大疫病

针对流行病的预防与控制工作，毛泽东认为："减少人民疾病死亡的基本方针就是'预防'，应当积极地预防和医治人民的疾病，推广人民的医药卫生事业。"1949年至1951年，国家为全国45%的人口接种了牛痘，相当于国民党统治时期最高接种纪录的29倍。

3. 提出"中西医结合"和"团结中西医"政策

在中国传统医学和学习借鉴西方医学的关系上，毛泽东主张要实行"中西医结合"，并把"团结中西医"确立为我国卫生工作的又一重要方针。1958年毛泽东充分肯定了举办西医离职学习中医班的成绩，同时进一步要求"各省、市、自治区凡是有条件的，都应该办一个70人到80人的西医离职学习中医的学习班，以两年为期"。他还指出："中国医药学是一个伟大的宝库，应当努力发掘，加以提高。"

4. 倡导"全民动员"，深入开展群众性的爱国卫生运动

1952年春，美国在侵朝战争中发动细菌战。毛泽东号召在全国城乡开展"爱国卫生运动"，这是我国卫生工作的伟大创举，反映了中国卫生工作的鲜明特色，极大地改

变了城乡卫生面貌。1955年底，毛泽东进一步提出，爱国卫生运动要和"除四害"联系起来。

5. 发展合作医疗，号召"把医疗卫生工作的重点放到农村去"

1965年毛泽东在与医务人员谈话时，发出了"把医疗卫生工作的重点放到农村去"的号召。我国的农村合作医疗体系不是照搬西方传统医疗保障模式，而是结合了中国农村当时实际情况对医疗保障体制进行创新。

（资料来源：郭岩，陈育德. 卫生事业管理. 北京：北京大学医学出版社，2006）

讨论：

毛泽东对中国现代医政政策创新的重大意义有哪些？

第二篇　基础理论篇

第三章　卫生工作方针与政策法规

学习目标：通过本章学习，学生应该掌握我国新时期卫生工作方针的基本内容、卫生发展战略的内容和我国卫生改革的方向；熟悉卫生工作方针和卫生发展战略的概念、我国卫生政策法规建设的内容；了解我国卫生工作方针的历史沿革与发展、卫生政策法规的基本原则。

第一节　卫生工作方针

一、卫生工作方针的形成

（一）卫生工作方针的概念

卫生工作方针，是国家为维护居民健康而制定的卫生工作的主要目标、任务和行动准则。

方针是公共政策的一种表现形式，卫生工作方针是我国卫生政策的一种表现形式，从政策的类型看属于国家的基本政策。卫生工作方针是在总结卫生工作实践经验并吸收国际先进科学的基础上形成的，并随着政治、经济、文化和医学科学技术的发展而充实新的内容，使之不断完善和提高。

（二）我国卫生工作方针的历史沿革与发展

我国卫生工作方针的发展历经两个历史阶段。

1. 新中国成立初期卫生工作的四大原则　新中国成立初期，国家经济落后，人民健康水平普遍较低，急性烈性传染病、地方病和寄生虫病严重威胁人民健康，同时卫生资源非常缺乏，卫生人员数量不足且素质低，卫生机构稀少且分布不均衡，广大人民缺医少药。鉴于当时的卫生事业状况，要解决全国人民的健康保障问题，国家急需制定指导全局工作的"卫生工作方针"。在经过多方酝酿的基础上，1950 年 8 月中央人民政府卫生部和军委卫生部联合召开了第一届全国卫生工作会议，会议对当时中国的卫生情况和人民对卫生保健的要求做了深刻的分析，在交流和总结经验的基础上，确定了我国卫生工作的三大原则——"面向工农兵，预防为主，团结中西医"。1952 年 12 月第二届全国卫生工作会议总结了当时开展爱国卫生运动的经验，深刻认识到卫生工作必须依靠广大人民群众并使卫生工作与群众运动相结合，才能取得更为显著的成绩，根据周恩来总理的提议，将"卫生工作与群众运动相结合"列入我国卫生工作原则，这样就形成了我国卫生工作的四大原则，即"面向工农兵，预防为主，团结中西医，卫生工作与群众运动相结合"。

"面向工农兵"，是社会主义卫生事业的宗旨和工作方向，即卫生工作要为人民大众服务特别是首先要为工农兵服务，其实质内容就是全心全意为人民服务，这也是卫生事业坚持社会主义方向的首要问题。

"预防为主"是卫生工作的工作重点，即只有重视预防，才能达到保护广大人民群众健康的目的，才能从根本上解决严重危害人民健康的疾病防治问题。

"团结中西医"是我国医学的发展道路，即要继承和发扬祖国医学遗产，依靠中医、西医、中西结合医三支力量共同努力，为发展我国医药卫生事业做贡献。为此，应把中医放在与西医同等重要的位置上，长期共存，共同发展；努力发挥中医的作用，使其更好地为人民群众的健康服务；采用现代科学方法对中医中药进行整理研究，促进中医现代化；在学术上相互交流，取长补短，以顺应中西医相互影响、渗透的发展趋势。

"卫生工作与群众运动相结合"是卫生工作的工作方法，这是党的群众路线在卫生工作中的体现，也是开展卫生工作的根本方法。卫生工作直接关系到每个人生、老、病、死的切身利益，群众中蕴藏着巨大的热忱和积极性。只要人民了解和掌握了卫生科学知识，积极投身到与自然和疾病做斗争的行列中，就一定会产生改造自然、改变自己不良卫生习惯和防病治病的巨大力量。只有贯彻群众路线，依靠群众，发动群众，才能做好卫生工作。

卫生工作四大原则在其后的 40 多年中，在推动卫生事业的健康发展，保障广大人民群众的健康，服务国家的经济建设和文化建设方面，取得了显著的成绩。它指引了我国卫生工作的方向和道路，使我国建立起遍布城乡的医疗卫生网，培养壮大了一支专业齐全的医药卫生技术队伍，继承和发扬了中医学遗产，消灭和基本消灭了严重危害人民健康的传染病，人口平均预期寿命明显延长，人民健康水平明显提高。实践证明，新中国成立以后确定的这一卫生工作方针充分反映了我国社会主义卫生事业的本质，符合我国卫生事业发展的基本规律，符合我国的国情。但随着社会政治、经济、文化、科学技术的发展，我国卫生工作发生了巨大的变化，特别是改革开放这一宏观政策的实施和社会主义市场经济体制的确立，卫生工作的主要问题也在不断衍变，20 世纪 50 年代初所形成的卫生工作四大原则，已不能完全适应新时期卫生工作发展的形势需要，卫生事业领域面临着深入的改革。同时，20 世纪 90 年代以来卫生观念的进步为新时期卫生工作方针的制订奠定了理论基础。因此，必须对卫生工作方针进行调整，制订新的卫生工作方针。

2. 新时期卫生工作方针　党的十一届三中全会以后，卫生系统在改革开放形势推动下，为解决卫生服务的供求矛盾和一些计划经济时期形成的积弊，积极探索和推进卫生领域的改革与开放，在挖掘卫生资源的潜力，调动卫生人员的积极性和创造性，扩大服务范围，缓解供需矛盾等方面取得了成效，也积累了许多新的经验。

1990 年 3 月，全国卫生厅局长会议通过总结 10 年卫生改革经验，部署了进一步深化卫生改革的工作，卫生部和国家中医药管理局组成《中国卫生发展与改革纲要》起草小组，制定了《中国卫生发展与改革纲要（1991～2000 年）》，确定我国新时期卫生工作方针为："预防为主，依靠科技进步，动员全社会参与，中西医并重，为人民健康服务。"

1991 年 3 月，全国七届人大四次会议批准国务院提出的《国民经济和社会发展十年规划和第八个五年计划纲要》，明确我国"八五"期间的卫生工作方针是"预防为主，依靠科技进步，动员全社会参与，中西医并重，为人民健康服务。"

1996 年 3 月，全国八届人大四次会议批准的《中华人民共和国国民经济和社会发展"九五"计划和 2010 年远景目标纲要》，将我国卫生工作方针修改为："坚持以农村为重点，预防为主，中西医并重，依靠科技进步，为人民健康和经济建设服务。"从而确定了我国新时期卫生工作方针基本框架。

1996 年 12 月，全国卫生工作会议讨论通过的《中共中央、国务院关于卫生改革与发展的决定》中明确指出，我国新时期卫生工作方针是：以农村为重点，预防为主，中西医并重，依靠科技与教育，动员全社会参与，为人民健康服务，为社会主义现代化建设服务。

二、新时期卫生工作方针的基本内容

新时期卫生工作方针由三部分组成，第一部分是卫生工作的战略重点，包括以农村为重点、预防为主、中西医并重；第二部分是卫生工作的基本策略，包括依靠科技与教育，动员全社会参与；第三部分是卫生工作的核心和根本宗旨，包括为人民健康服务，为社会主义现代化建设服务。

（一）以农村为重点

卫生工作以农村为重点是由我国国情决定的，农村人口占我国总人口的绝大多数，特别是农村医疗卫生基础薄弱。卫生工作以农村为重点关系到保护农村生产力、振兴农村经济、维护农村社会发展和稳定的大局，对提高全民族素质具有重大意义。

改革开放以来，党和政府为加强农村卫生工作采取了一系列措施，农村缺医少药的状况得到较大改善，农民健康水平和平均预期寿命有了显著提高。但是，从总体上看，农村卫生工作基础仍比较薄弱，体制改革滞后，资金投入不足，卫生人才匮乏，基础设施落后，农村合作医疗面临很多困难，一些地区传染病、地方病危害严重，农民因病致贫、返贫问题突出。随着农村经济体制改革的发展，农村居民生活水平不断提高，广大农村居民对卫生服务的需求也在不断地增加，只有切实搞好农村卫生工作，才能使我国卫生状况和居民健康水平在整体上有较大的提升。

以农村卫生工作为重点，应全面落实农村初级卫生保健工作，改革卫生管理体制，健全卫生服务网络，推进乡镇卫生院改革，提高卫生技术人员的素质，加强药品供应与使用的管理，实行多种形式的农民健康保障办法，特别应做好贫困地区和少数民族地区的卫生工作。

（二）预防为主

预防为主是新中国成立初期卫生工作四大方针之一，新时期的卫生工作方针继续把预防为主确定为主要内容，不仅是对我国新中国成立以来卫生工作经验的总结，也符合世界卫生发展的潮流。预防为主反映了医学科学发展的客观规律；它是最高质量的医疗卫生服务，符合人民群众健康的最高利益；它是最高效益的医疗卫生服务，可以体现以最小投入获得最高效益的原则。

坚持预防为主的方针，其一是因为在我国引起传染病、地方病流行的各种因素仍然存在，如人口、交通工具的大量流动，不加强预防措施，就可能带来某些疾病的流行，比如肝炎、结核、痢疾甚至霍乱等，这些疾病的传播和流行不仅会消耗卫生资源，而且会给社会经济的发展带来极大的影响，2003 年 SARS 暴发流行使我们有了深刻的教训；其二，随着社会经济的发展，人们生活水平的提高和人口的老化，使疾病谱发生了变化，高血压、心脑血管疾病、癌症、代谢性疾病等慢性非传染性疾病，不仅在城市成为预防的重点，而且在农村伴随着传染病的发生也有上升的趋势，因此需要加强预防保健、健康教育和健康促进，树立良好的生活习惯和生活行为，预防慢性非传染性疾病的发生；其三，坚持以预防为主的方针，是因为预防保健费用低、效果好，是卫生工作能够实现投入少、社会效益高的关键。

各级政府对公共卫生和预防保健工作要全面负责，应当纳入各地经济和社会发展计划，加强预防保健机构的建设，给予必要的投入，对重大疾病的预防和控制工作提供必需的资金保证。预防保健机构要做好社会群体的预防保健工作，医疗机构也要密切结合自身业务积极开展预防保健工作。医疗、预防、保健机构都要贯彻预防为主的方针，确实做好三级预防工作。同时，为适应医学模式的转变和二次卫生革命的需要，要采取多种形式加强全民健康教育，提高全民的健康意识和自我保健能力，养成良好的卫生习惯和健康的生活方式。

（三）中西医并重

新时期提出的中西医并重的方针，是"团结中西医"卫生工作原则的完善，其实质是保护中医学与西医学共同进步的政策性思想，是振兴中医药并使中医药走向世界的政策保证。

中医药是中华民族优秀的传统文化，是我国卫生事业的重要组成部分，独具特色和优势。我国传统医药与现代医药互相补充，共同承担保护和增进人民健康的任务。各级政府应认真贯彻中西医并重的方针，加强对中医药工作的领导，逐步增加投入，为中医药发展创造良好的物质条件。中西医也应加强团结，互相学习，取长补短，共同提高，促进中西医结合。各民族医药是中华民族传统医药的组成部分，要努力发掘、整理、总结、提高，充分发挥其保护各族人民健康的作用。

在这个过程中，特别需要正确处理继承与创新的关系，既要认真继承中医药的特色和优势，又要勇于创新，积极利用现代科学技术，促进中医药理论和实践的发展，实现中医药现代化。坚持"双百"方针，繁荣中医药学术。积极发展中药产业，推进中药生产现代化，改革、完善中药材生产组织管理形式，实行优惠政策，保护和开发中药资源。

（四）依靠科技与教育

依靠科技与教育是我国经济建设时期的重要战略思想，同样适应于卫生事业的建设和发展，也是我国卫生工作长足发展基本经验的总结。

医学科学技术应针对严重危害我国人民健康的疾病，在关键性应用研究、高科技研究和医学基础性研究方面突出重点，集中力量攻关，力求新突破。依靠医学科技，控制和消灭一些重大疾病的传播，有效防治各类疾病；依靠科技成果的普及和应用，促进我国医疗预防保健服务质量和水平的提高。

医学教育的目标应是培养适应社会需求、知识结构合理、德才兼备的专业队伍。同时，应加快发展全科医学，培养全科医生，并重视卫生管理人才的培养。

（五）动员全社会参与

动员全社会参与是新中国成立初期卫生工作四大原则中"卫生工作与群众运动相结合"的发展和完善。全社会广泛参与的最好例证是我国的爱国卫生运动，其在控制和消灭传染病中发挥了重大的作用。在 20 世纪 90 年代农村的"初级卫生保健"工作、城市的"创建卫生城市工作"，无一不是动员全社会参与取得的成果，也说明了卫生工作单靠卫生部门力量是难以完成的，必须有政府及社会其他部门的支持配合。

爱国卫生运动是具有中国特色的一大创举，根据实践中积累的经验，它可以概括为政府组织、地方负责、部门协调、群众参与、科学治理、社会监督。这是"大卫生观"观念在实践中的高度概括，也是动员群众和全社会参与卫生工作的最好方式。新时期卫生工作方针又赋予它新的内涵，即卫生工作是一项系统工程，需要党和政府重视、社会各部门协作配合。全社会参与对于普及卫生知识，教育人民群众养成良好的卫生习惯，形成良好的生活方式，促进全面健康水平的提高是十分重要的。

（六）为人民健康服务，为社会主义现代化建设服务

新时期卫生工作方针的根本宗旨就是为人民健康服务，为社会主义现代化建设服

务。这是卫生工作的核心，是卫生工作的目的，所有一切都是围绕这个目的进行的，体现了全心全意为人民服务的宗旨，反映了社会主义卫生事业的性质，指明了我国卫生工作的方向。为人民健康服务，为社会主义现代化建设服务既是卫生工作的出发点，也是卫生工作的落脚点。

"为人民健康服务"的方针与新中国成立初期"面向工农兵"的提法相比，更为全面和精确地阐明了卫生事业的宗旨。卫生事业发展与社会经济和社会发展相协调，卫生事业发展既是经济发展的前提和保证，也是经济发展的直接体现。卫生事业只有通过为人民健康服务才能保护好社会生产力，为社会主义现代化建设服务。

第二节　卫生政策法规

一、卫生政策法规的概念

（一）卫生政策

卫生政策是政府在一定历史时期内为满足人们医疗卫生需要所确定的卫生工作指导原则和行动方案，是制定各项卫生具体政策的依据，它对卫生事业的管理、改革和发展起着主导作用。

世界卫生组织把卫生政策定义为：改善卫生状况的目标、这些目标中的重点以及实现这些重点目标的主要途径。世界卫生组织提出的"2000年人人享有卫生保健"的全球策略，以及实现上述策略的主要途径——"初级卫生保健"，被认为是世界卫生组织所制定的最基本的卫生政策。

卫生政策的目的是研究社会如何以合理的方法，在能承担的成本下（一定资源条件）达到高质量和高数量满意服务所需的各种方法，属于公共政策的范畴。

（二）卫生法规

卫生法规，是卫生法律法规的简称，是由国家制定和认可，由国家强制力保证实施的，调整在保护人体生命健康相关活动中形成的各种社会关系的法律规范的总称。卫生法规是我国社会主义法律体系的一个组成部分，是国家意志和利益在卫生领域的具体体现。它规定了国家、企事业单位、组织和公民在医学发展和保护人体健康的实践中的各种权利与义务，调整、确认、保护各种卫生法律关系和医疗卫生程序，为国家开展科学的卫生管理提供了法律依据和保障，目的是保护和促进人民健康，促进卫生事业的发展。

（三）卫生政策与卫生法规的关系

卫生政策与卫生法规在增进人民健康、促进卫生事业发展中共同发挥作用，二者之间既有区别又有联系。

首先，卫生政策与卫生法规的制定主体和程序不同，体现的特点也不相同。卫生法规是由有相应立法权的机关依照严格的程序制定，具有原则性和稳定性的特点，其对我国卫生工作中带有根本性、全局性问题进行原则性规定，在制定后往往表现出较强的稳定性；卫生政策一般是由党和国家政府制定，制定程序并无严格规定，具有灵活性和可变性的特点，其规定往往比较灵活和富有弹性，在制定后会根据社会和卫生工作的变化随时进行调整。

其次，卫生政策与卫生法规又相辅相成，相互补充和转化。虽然卫生政策与卫生法规所体现的特点不同，但二者对卫生事业的作用方向与目的却是相同的，即二者都是以保障人民健康、促进卫生事业发展为目的，并且互为补充。卫生政策往往是卫生法规的实施贯彻和具体化，而当某项卫生政策在实践中逐渐成熟时，往往也会上升为法律，为法律所确认，具有更高的法律效力和执行性。

卫生事业的改革与发展既需要卫生法规宏观的、原则性的规定，也需要卫生政策具体的、灵活性的规定，才能使卫生事业发展统一和协调。

二、卫生政策法规的基本原则

卫生政策法规的基本原则是指贯穿于各种卫生政策与卫生法规之中，以增进个人和社会健康、均衡个人和公共健康利益为宗旨，在卫生事业中具有普遍意义的指导原则和基本依据，是各种卫生工作必须遵循的基本准则，对卫生事业的理论与实践都具有重要意义。

在我国，卫生政策法规的基本原则主要有以下几方面。

（一）维护人民健康原则

维护人民健康原则是指卫生政策法规的制定和实施要从广大人民群众的根本利益出发，把维护人民的生命健康作为卫生政策法规的最高宗旨，使每个公民都能享受到基本医疗卫生服务，从而增进身体健康，提高生命质量。

在我国，人民群众是国家的主人，是一切物质财富和精神财富的创造者，因此，保护人民健康，使人人享有卫生保健，是一切卫生政策法规的出发点和归宿。这一原则在我国目前的卫生政策与卫生法规中均得到了充分体现，如《中华人民共和国食品安全法》《中华人民共和国药品管理法》《中华人民共和国传染病防治法》《中华人民共和国执业医师法》等均将保护公民健康作为立法宗旨，而目前我国正在进行的医药卫生体制改革，其改革内容与措施，如完善社会保障制度、实施医疗保险等，其目的也都是为了更好地保护人民的身体健康。

（二）预防为主原则

预防为主的原则是指在维护公民健康的卫生活动中，正确处理预防和治疗这两大卫生工作的关系，坚持防治结合，预防为主。"预防为主"不仅是我国医学的传统，也是我国医疗卫生工作的根本方针，是卫生政策法规必须遵循的一条重要原则。其基本含义是任何卫生工作都必须立足于预防，无论是制定卫生政策，采取卫生措施，考虑卫生投入，都应当把预防放在优先地位；但强调预防，并不是轻视医疗，医疗与预防都是保护健康的方法和手段，二者不是分散的、互不相关的彼此独立的两个系统，而是一个相辅相成的有机整体。无病防病，有病治病，防治结合，是预防为主原则的总要求。

我国政府在卫生工作与卫生政策法规中一直坚持"预防为主"的原则，先后制定并发布了许多有关预防接种、妇幼保健、传染病防治、国境卫生检疫、环境保护（包括大气、噪声、水、海洋）以及食品卫生、药品管理等法律法规。随着现代医学的发展和医学模式的转变，人们日益重视心理、社会、环境对人体的影响，预防的内涵和外延也随之变化。卫生政策法规也应相应地转移预防的重点和扩大预防的范围。

（三）公平原则

所谓公平原则就是以利益均衡作为价值判断标准来配置卫生资源，协调卫生服务活动，以使每个社会成员普遍能得到卫生服务。它是伦理道德在卫生政策法规上的反映，是社会进步、文明的体现。公平原则的基本要求是合理配置可使用的卫生资源，任何人在法律上都享有平等地使用卫生资源的权利。但是，个人可以使用的卫生资源的范围和水平，客观上主要受到卫生资源分布和分配的影响。所以，如何解决卫生资源的缺乏和合理分配问题是卫生政策法规的一个重要课题。公平是配置卫生资源的基础，合理配置卫生资源是公平的必然要求。但公平不是指人人获得相同数量或者相同水平的卫生服务，而是指人人达到最高可能的健康水平。要达到这样一种健康水平，政府就对人民负有一种责任，即通过采取适当的经济、法律、行政等措施来保证广大人民群众能够获得基本的卫生服务，缩小地区间的差别。从这个意义上说，公平不是一个单一的、有限的目标，而是一个逐步改善的过程。

（四）综合治理与统筹兼顾原则

综合治理原则是指医药卫生工作具有广泛的社会性，必须把各级政府、部门组织和群众的积极性调动起来，做到人人关心、人人参与。中央及地方各级政府要把医药卫生工作列入国民经济与社会发展的总体规划中，加强对卫生事业的宏观管理。各级卫生部门要强化卫生监督执法，依法行政。各企事业单位、社会团体和公民也要积极参与到医药卫生工作中去，把支持医药卫生工作作为自身的责任，做到全民促进医药卫生工作发展。

统筹兼顾原则是指要把解决当前突出问题与完善制度体系结合起来，从全局出发，统筹城乡、区域发展，兼顾供给方和需求方等各方利益，正确处理政府、卫生机构、医药企业、医务人员和人民群众之间的关系；既着眼长远，创新体制与机制，又立足当前，着力解决卫生事业中存在的突出问题；既注重整体设计，又突出重点，积极稳妥地推进卫生事业发展。

三、我国卫生政策法规建设的内容

我国卫生政策与卫生法规建设的内容从总体上是一致的，但因其所体现的特点和实施方式不同，在建设内容上也略有区别。

我国卫生政策建设的内容，主要包括卫生规划、卫生资源管理、医政管理与医疗服务质量监管、中医药管理、食品药品监督管理、疾病预防控制与卫生应急管理、社区卫生服务管理、农村卫生管理、妇幼卫生管理、卫生科教管理、卫生信息管理等方面。

我国卫生法规建设的内容，主要包括：①疾病预防与控制法律规定，主要包括传染病和职业病防治，艾滋病、结核病等防治，国境卫生检疫，突发公共卫生事件应急管理等方面的内容；②公共场所和学校卫生管理法律规定；③健康相关产品管理法律规定，主要包括食品、药品、医疗器械、保健品、化妆品、饮用水、消毒产品等方面的内容；④医疗机构管理法律规定；⑤卫生技术人员管理法律规定，主要包括医师、护士、药师、乡村医生等执业管理方面的内容；⑥医疗技术临床应用管理法律规定，包括医疗技术临床应用、人体器官移植、放射诊疗等方面的内容；⑦母婴保健管理法律规定；⑧精神卫生法律规定；⑨血液管理法律规定，包括献血、采血和临床用血管理等方面的内容；⑩人口与计划生育法律规定；⑪红十字会法律规定；⑫中医药管理法律规定；⑬医疗事故与医疗损害法律规定。

第三节　卫生发展战略

一、卫生发展战略的概念

"战略"一般是指具有根本性、全局性、长远性的问题，因而根本性、全局性、长远性和纲领性，是战略的四个主要特性。除此以外，战略还具有层次性、稳定性、多科性等特性，这些特性是从前面四个特性中派生出来的，也可称之为派生的特性。第二次世界大战后，战略一词被广泛应用于经济和社会发展领域，比如"经济和社会发展战略"。美国发展经济学家赫希曼，是使用"发展战略"一词较早的人之一。

卫生发展战略是对卫生发展及卫生事业发展的全局所做的筹划和指导，是通过研究卫生事业发展中根本性、全局性、长远性的问题而制定的指导卫生事业的行动纲领。卫生发展战略是国民经济和社会发展战略的重要组成部分。它必须与国民经济和社会发展战略相适应。如果说国民经济和社会发展战略是总战略，那么，卫生发展战略便是分战略，分战略服从于和服务于总战略，受总战略制约。

卫生发展战略不同于一般的卫生发展规划，它与一般的卫生发展规划的关系是指导与被指导的关系。因为卫生发展战略具有纲领性，因而它对卫生发展规划具有指导意义，是卫生发展规划的灵魂；卫生发展规划是比较具体的，是在卫生发展战略指导下制定的，是卫生发展战略的体现。

卫生发展战略是关系到卫生事业建设成败的大问题。无论什么国家要发展卫生事业，首先要有一个正确的卫生发展战略，并据此制订出具体的卫生事业发展规划，然后付诸实行。否则，就会犯战略性的错误。中华人民共和国成立以来，卫生事业建设的实践证明，忽视卫生发展战略研究，不重视卫生发展战略对卫生发展的指导作用，无视经济和社会发展对卫生发展的相互制约作用，以主观随意性确定卫生事业的性质和政策，就会使卫生事业建设遭受挫折。

二、我国卫生发展战略的内容

2009 年 4 月 6 日，中共中央、国务院发布《关于深化医药卫生体制改革的意见》，随后，配套文件和工作支持文件陆续发布，为我国进一步深化医药卫生体制改革和发展指明了发展方向、目标和实现路径的基本框架，由此确立了我国当前卫生发展战略。

当前我国卫生发展战略的主要内容可以概括为"一个目标、四大体系、八项支撑"。

一个目标是指以建立健全覆盖城乡居民的基本医疗卫生制度，实现人人享有基本医疗卫生服务为总体目标。

四大体系的具体内容包括：①全面加强公共卫生服务体系建设。以促进城乡居民享有均等化的公共卫生服务为目标，重点是扩大国家公共卫生服务范围，整合公共卫生资源，突出专业公共卫生机构和城乡基层卫生服务机构的功能、定位和发展方向。提高公共卫生服务能力和突发公共卫生事件应急处置能力，加强健康教育，促进全社会卫生工作。②进一步完善医疗服务体系。加快建立和完善农村三级医疗卫生服务网络和以社区卫生服务为基础的新型城市医疗卫生服务体系，重点是加强城乡基层卫生服务网络建设，明确其功能定位。逐步实现社区首诊、分级医疗和双向转诊，合理配置医疗资源，方便群众看病就医。充分发挥中医药在疾病预防控制、应对突发公共卫生事件及医疗服务中的作用，减轻群众用药负担。③加快建设医疗保障体系。加快建立覆盖城乡居民的多层次医疗保障体系，重点是加快城镇职工基本医疗保险、城镇居民基本医疗保险、新型农村合作医疗和城乡医疗救助等基本医疗保障体系建设，实现各个制度的应保尽保，并做好制度间的衔接。逐步提高保障水平，缩小不同人群之间的医疗保障差距，最终实现制度框架的基本统一。鼓励社会团体开展多种形式的医疗互助活动，积极发展商业健康保险，满足多层次的医疗保险需求。④建立健全药品供应保障体系。重点是建立国家基本药物制度，明确国家基本药物的遴选、生产供应和使用及医保报销政策，规范和整顿药品生产流通秩序，保障人民群众安全用药。

在四大体系的基础上，建立和完善医药卫生的八项体制机制及条件作为保障其有效运行的支撑，从而保障医药卫生体系有效规范运转。八项支撑的具体内容包括：①建立协调统一的医药卫生管理体制。实施属地化和全行业管理；强化区域卫生规划，优化医疗卫生资源配置；推进公立医院管理体制改革；完善基本医疗保险管理体制，逐步整合基本医疗保险经办资源。②建立高效规范的医药卫生机构运行机制。公共卫生机构的收支全部纳入预算管理；转变基层医疗卫生机构的运行机制，实行药品零差率销售，提供低成本服务；规范公立医院运行机制，实行医药收支分开管理，探索多种方式逐步改革或取消药品加成政策，同时完善综合补偿机制；提高医疗保险经办机构的管理能力和管理效率。③建立政府主导的多元卫生投入机制。完善政府卫生投入机制，兼顾供方和需方，政府卫生投入增长幅度要高于经常性财政支出增长幅度，逐步提高政府卫生投入占卫生总费用的比重，明显减轻个人基本医疗卫生费用负担；明确政府对公共卫生、城乡基层医疗卫生机构和公立医院以及基本医疗保障的投入政策和重点；鼓励和引导社会资金兴办非营利性医疗机构，鼓励社会力量兴办慈善医疗机构。④建立科学合理的医药价格形成机制。适当调整医疗服务价格，体现医疗服务成本和技术劳务价值；实行分级定价，促进病人合理分流；规范公立医疗机构收费项目和标准，改革收费方式；改进药品定价方法，严格控制药品流通环节差价率；发挥医疗保障对医疗服务和药品费用的制约作用。⑤建立严格有效的医药卫生监管体制。健全卫生监督执法体系，加强对医疗卫生机构的准入和运行监管；强化医疗保障对医疗服务的监控作用；完善药品质量和价格监管体系；建立信息公开制度，鼓励第三方独立评价和行业自律。⑥建立可持续发展的医药卫生科技创新机制和人才保障机制。整合优势医学科研资源，加快实施医药科技重大专项；大力加强医药卫生人才队伍建设，重点加强公共卫生和基层卫生人才以及高层次人才培养；稳步推动医务人员的合理流动，加强医德医风建设，重视人文素质培养。⑦建立实用共享的医药卫生信息系统。积极推进公共卫生、医疗、医保、药品、财务监管的信息标准化和公共服务信息平台建设，方便群众就医，增加透明度，提高管理和服务能力。⑧建立健全医药卫生法律制度。加快推进基本医疗卫生立法工作；建立健全卫生标准体系；加快中医药立法工作。

其中，卫生发展战略的重点是：①推进基本医疗保障制度建设，即建立以城镇职工基本医疗保险、新型农村合作医疗、城镇居民基本医疗保险、医疗救助制度为主体，以商业健康保险等其他多种形式医疗保险为补充，覆盖城乡居民的多层次医疗保障体系。②建立国家基本药物制度，即统一基本药物目录；实行招标生产和政府集中采购配送；规范出厂和零售价格；严格监督临床使用。其核心就是保证基本药物生产、供应、使用和报销，保障群众基本用药。③健全基层医疗卫生服务体系，即加快农村乡镇卫生院、村卫生室和城市社区卫生服务机构建设，实现基层医疗卫生服务网络的全面覆盖，加强基层医疗卫生人才队伍建设，着力提高基层医疗卫生机构服务水平和质量，农村居民小病不出乡，城市居民享有便捷有效的社区卫生服务。④促进基本公共卫生服务均等化，即缩小城乡居民享有基本公共卫生服务的差距，最大限度地预防疾病，使群众不生病、少生病、晚生病和不生大病。⑤推进公立医院改革试点，即探索适合中国国情的医院管理体制和运行机制，提高医疗服务质量和效率，努力使人民群众"看得好病"。

三、我国卫生改革发展的方向

坚持公共医疗卫生的公益性质，把基本医疗卫生制度作为公共产品向全民提供，逐步实现人人享有基本医疗卫生服务，这是我国卫生发展从理念到体制的重大创新，也是我国卫生改革的方向。

深化医药卫生体制改革的总体目标是：建立健全覆盖城乡居民的基本医疗卫生制度，为群众提供安全、有效、方便、价廉的医疗卫生服务。

到 2011 年，基本医疗保障制度全面覆盖城乡居民，国家基本药物制度初步建立，城乡基层医疗卫生服务体系进一步健全，基本公共卫生服务得到普及，公立医院改革试点取得突破，基本医疗卫生可及性和服务水平明显提高，居民就医费用负担明显减轻，"看病难、看病贵"问题明显缓解。

到 2020 年，覆盖城乡居民的基本医疗卫生制度基本建立。普遍建立比较完善的公共卫生服务体系和医疗服务体系，比较健全的医疗保障体系，比较规范的药品供应保障体系，比较科学的医疗卫生机构管理体制和运行机制，形成多元办医格局，人人享有基本医疗卫生服务，基本适应人民群众多层次的医疗卫生需求，人民群众健康水平进一步提高。

小　　结

1. 我国卫生工作在总结经验和教训的基础上，形成新时期卫生工作的新方针，确立了我国卫生工作的主要目标、任务和行动准则。

2. 卫生政策法规以卫生工作方针为指导，在疾病预防控制、健康相关产品管理、医政与医疗服务质量监管、卫生资源管理、中医药管理、社区卫生服务和农村卫生管理、妇幼卫生管理等方面加强建设，以增进人民健康，促进卫生事业发展。

3.《中共中央、国务院关于深化医药卫生体制改革的意见》为深化我国医药卫生体制改革指明了发展方向、目标和实现路径，确立了我国卫生发展战略。坚持公共医疗卫生的公益性质，把基本医疗卫生制度作为公共产品向全民提供，逐步实现人人享有基本医疗卫生服务，成为我国卫生改革的方向。

思　考　题

1. 试析我国新时期卫生工作方针的基本内容。
2. 概述我国卫生政策法规的基本原则。
3. 概述我国卫生发展战略的主要内容。
4. 简述我国卫生改革的方向。

[案例]

医师多点执业

《中共中央、国务院关于深化医药卫生体制改革的意见》第（十三）条提出，建立可持续发展的医药卫生科技创新机制和人才保障机制……稳步推动医务人员的合理流动，促进不同医疗机构之间人才的纵向和横向交流，研究探索注册医师多点执业。

《中华人民共和国执业医师法》第十四条规定，医师经注册后，可以在医疗、预防、保健机构中按照注册的执业地点、执业类别、执业范围执业，从事相应的医疗、预防、保健业务。

讨论：

在医师多点执业问题上，如何正确处理卫生政策与卫生法规的关系？

第四章 卫生管理体制与运行机制

学习目标：通过本章的学习，学生应掌握卫生管理体制改革的基本原则，卫生管理运行机制及其改革的基本内容；熟悉卫生服务市场运行机制的含义，非营利性医疗机构的运行机制与改革内容；了解卫生行政组织、医疗卫生服务组织和群众卫生组织的含义、职能及基本特征。

第一节 概 述

一、卫生管理体制

卫生管理体制是卫生事业的主体结构框架，其结构的合理性直接关系到卫生事业工作绩效。因此，作为卫生管理工作者，有必要了解我国现行卫生管理体制及其变革，做到有的放矢，以便更好地管理卫生工作。

（一）卫生管理体制的含义

卫生管理体制是卫生管理组织系统内部的组织机构设置、隶属关系、责权划分及其运行体系的总称。我国现行卫生管理体制是"条块结合、以块为主、分级管理"的体制。条，是指自上而下地按行业系统管理；块，是指各省（自治区、直辖市）、市（地）、县等地方行政管理。

（二）我国卫生管理体制的变化

改革开放以来，我国卫生体制发生了五大变化。

1. 卫生领域由非经济化向事业化与经济化结合转变 非经济化表现在：①不是以营利为目的，只以治病救人的人道主义为目的。②不重视成本核算和服务价格。③卫生医疗提供的服务不是产品，因而不考虑开拓市场问题，也就不考虑市场需求问题。④生存和发展问题。卫生机构尽其社会责任，主要由主管部门来安排、拨款。

经过37年的改革，卫生体制出现了事业化与经济化的结合，表现在：①在经济转轨中，卫生由不创造价值的事业部门向创造价值的产业部门转化，其中医药工业、医用器材工业等，在经济各产业中，其产业化、市场化发展已成为主流，并带动了其他产业的发展。②卫生作为第三产业——服务业，有公共产品服务也有私人服务，根本性是服务业，因此，归入了经济产业的分类之中。③卫生机构既要治病救人，也要有成本核算和营利目标。既考虑市场需求，开拓市场，更要考虑社会责任。

2. 资源配置由单一政府安排向国家指导与市场调节相结合转化 传统体制下，卫生资源由政府根据社会生产和消费的需要进行安排和配置。这种配置在当时的卫生服务远远不能满足人民群众对医疗卫生服务的需求时发挥了很大的作用，但随着时间的推移和社会的发展，暴露出卫生资源不足与浪费并存的矛盾。当前，卫生和医疗作为人类必需品，具有公共产品的部分属性，政府有责任为社会提供最基本的卫生和医疗服务，因此，要对市场调节过度的地方有所限制和调整，以引导向老、少、边、穷地区增加配置和投入。

3. 卫生机构由单一国有制向公有制为主、多种所有制并存转化 传统体制下，医院全是国家所有，极少设置私营医院。现在已发生着种种变化：①公立医疗机构在管理和运行上活力不足，需要进一步改革。②一些基层的卫生机构，已经开始了股份制和股份合作制的试点、探索，少数地区还出现了中外合资的医疗机构。③在企业医院中，正在向医院的社会化服务方面转变。我国国有企业的医院，大约有7000家，占医院总数的40%。随着国有企业改革进展，国有企业要把社会化的机构交给社会，其中就有医院。企业医院将面向社会，独立生存和发展，而不是继续依靠企业解决经费。这种转变涉及多方面问题，相当多的企业医院在经营中遇到新困难和新问题。④政府还要继续举办一些作为政府行为的卫生事业，对公共卫生、基本医疗、重要的卫生科研等给予财政支持。

4. 卫生管理由行政化向按经营性质分类进行依法行政管理转化 经过新中国成立后60多年的建设，尤其是改革开放35年的努力，符合社会主义市场经济体制要求的卫生体系基本框架已经形成。它包括：一是卫生服务体系，重点在公共卫生。调整城市卫生资源配置，发展医院和社区卫生服务组织互相分工、密切配合的卫生服务体系。卫生机构本身的管理也越来越多地运用企业化管理方式，加强成本管理，提高竞争意识。实行内部管理制度的改革，包括管理目标的确定，管理手段的健全，以及加强对人才的管理等。二是医疗保障体系，公费、劳保、统筹、保险、合作等多种保障形式的配合与协调。改革公费医疗和劳保医疗体制，重建和完善农村合作医疗制度等。

5. 经费的来源由国家包干的供给制向多方共同出资模式转化 改革开放37年来，我国卫生经济来源发生了很大变化，卫生费用筹资方式已由单一的政府投入，转变为由各级政府、部门、行业、社会团体以及个人多方筹资相结合的方式。从医疗机构费用补偿看，现主要来自政府补助、医疗服务收费和药品销售差价收入三方面。

二、卫生运行机制

运行机制，是指在人类社会有规律的运动中，影响这种运动的各因素的结构、功能及其相互关系，以及这些因素产生影响、发挥功能的作用过程和作用原理及其运行方式。卫生运行机制即卫生管理运行机制，指卫生事业管理赖以运转的一切方式、手段、环节的总和。

卫生管理运行机制包含三层意思：一是卫生管理运行机制是协调卫生管理过程的机理的总称；二是卫生管理运行机制功能的发挥依赖于其中构成要素间的相互作用和相互关系；三是整个管理运行机制是有规律地按一定方式运行并发挥总体功能的。

卫生运行机制在卫生事业运行和发展中起着重大作用。完善的卫生管理机制，可以实现卫生资源的优化配置，促进卫生事业的协调发展，更好地满足人民群众不同层次的卫生服务需求，为经济建设和社会主义现代化建设服务。

（一）卫生管理运行机制的内容

卫生管理涉及人员、物资与设备、信息、业务技术、教育与科研等，每项管理内容都有不同的管理运行机制。

1. 人员管理运行机制　人员管理运行机制是指卫生机构管理者合理配备人员，充分调动人员积极性，发挥员工所长，使其最大程度提供卫生服务的科学管理方法和手段。其内容包括人事聘用、人事制度、人员编配、工资福利等。

2. 物资与设备管理运行机制　物资与设备管理运行机制是指卫生机构充分利用各种物资设备资源，发挥资金效用，提高经营管理水平，获取最佳技术经济效果的手段和方法。随着卫生服务经营管理的不断深化，高新技术设备的广泛应用，服务成本核算的进一步实施，物资和设备的种类日益增加，卫生服务机构的物资与设备管理工作越来越复杂，也越来越重要。

3. 信息管理运行机制　信息管理运行机制是指在管理过程中运用信息方法，科学地收集和处理信息，更好地服务于卫生服务和管理。

4. 业务技术管理运行机制　业务技术管理运行机制是指对卫生服务活动全过程针对业务和技术所进行的组织、计划、协调和控制，使之达到最佳效率和效果的管理方法和手段。广义上讲，业务技术管理运行机制包括卫生服务技术管理机制和卫生服务质量管理机制两部分。业务技术管理是卫生服务机构管理的重中之重，为保障卫生服务工作的正常进行，卫生服务机构一般都制定了一系列规章制度，如医院值班制度、病案管理制度、入出院制度、门诊工作制度、处方制度、病房管理制度、病例讨论制度、交接班制度、护理工作制度、隔离消毒制度、差错事故登记报告制度、医院感染管理制度等。

5. 教育与科研管理运行机制　教育与科研管理运行机制是卫生机构为开发卫生服务人员智力，培养人才，增强工作能力，鼓励技术创新，提高工作效率和质量而采取的方法和手段。

（二）卫生服务市场运行机制

卫生服务市场运行机制是指卫生机构对卫生服务市场进行调查、细分和市场定位，制订营销策略、组织卫生服务营销的方法和手段。在市场机制中最活跃的是竞争机制、供求机制、价格机制、风险机制、激励机制、创新机制等。现简单介绍前三种。

1. 竞争机制　卫生服务市场的客观存在，决定了竞争机制的基础性地位。竞争机制能够客观地反映卫生服务供求变动、价格波动、资金和劳动力等在卫生服务市场运行中的有机联系。

2. 供求机制　没有供求关系，卫生服务市场就不复存在。供给是卫生服务机构投入市场或可以投入市场的服务（产品）的总量；需求则是卫生服务消费者或购买者从卫生服务市场获得的卫生服务（产品）的总量。

3. 价格机制　价格机制是卫生服务市场的核心机制。卫生服务市场的导向主要通过价格机制来实现，而价格机制又是通过价格与供求之间相互依赖、相互制约的联系而发挥作用的。

价格机制对卫生服务市场中所表现的功能是多样的。第一，价格机制对提供同种卫生服务的提供者来说是竞争的手段。第二，价格机制对卫生服务的消费者来讲，是改变需求方向和需求规模的信息。消费者会考虑选择低价的服务，从而调节卫生服务市场的需求方向和需求结构。第三，价格机制对宏观调控来讲，通过价格总水平的变动，一方面给国家反馈宏观调控的信息，一方面自动调节卫生服务产业的总体活动。

要使价格灵活地围绕价值上下波动，从而使价格机制充分实现其作用，则必须实现价格的灵活可变，由卫生服务市场的供求来决定卫生服务的价格，即市场定价。但在非营利性医疗机构中，这一条尚难以执行。在非营利性医疗机构中，政府提供指导价，服务机构可以在有限的范围内进行微调。

（三）非营利性医疗机构管理运行机制

卫生管理运行机制宏观上有市场运行机制、价格运行机制、竞争运行机制、激励运行机制、财政运行机制、物价运行机制、计划运行机制等；中观上有医疗卫生单位内部的人员管理运行机制、收费运行机制；微观上可细化到某种物品的管理运行机制，内容繁多，很难逐一阐述清楚。鉴于我国现有医疗机构多为国家投入建设，而且医疗卫生运行体制以非营利性医疗机构为主体，非营利性医疗机构占现有医疗机构的绝大多数，了解和掌握非营利性医疗机构的管理运行机制有现实意义，也可举一反三。下面重点介绍非营利性医疗机构的管理运行机制。

1. 非营利性医疗机构的概念　非营利性医疗机构是不以营利为目的向社会提供医疗卫生服务的组织。

2. 非营利性医疗机构的特点

（1）政策上优惠，不存在利润指标　非营利性医疗机构可以享受一定的税收优惠政策，它们可以免交收入所得税、财产税或营业税。在法律地位上主要表现在对医疗机构的所有权和利润的产生与分配上。非营利性医疗机构的资金来源主要靠政府的投入和外部的"捐赠"，不完全依靠市场来维持生存和发展，即顾客（患者）不是主要的资金来源，而且机构也不能将其资产或收入分配给个人。非营利性医疗机构是可以获得一定利润的，但其分配形式不是按投资额来分配，而是用于机构的发展或提高工作绩效。评价非营利性医疗机构的效益和效率不存在利润指标。

（2）责、权、利不明确，对目标与战略选择上有较多的限制 对营利性医疗机构而言，股东的权力是最大的，一般都是董事会领导下的总经理负责制，总经理要对董事会负责，董事会要对全体股东负责，可以根据市场需求和竞争的需要采取不同的竞争战略，从而获得更多的利润。但在非营利性医疗机构中，总经理（院长）竞争战略的选择余地非常有限，它受到来自社会和政府的多方干预。

3. 非营利性医疗机构管理运行机制

（1）国有产权的代理制 非营利性医疗机构的生产性资源属于全体劳动者所有，由国家来代理共同体成员行使公共产权。

（2）人事管理与分配机制 人事管理是指卫生事业组织根据自身的特点，对卫生服务和管理活动中的人与人、人与事之间的关系进行有效组织、协调和控制，以实现人与事最佳配合的活动。非营利性医疗机构的人事管理分三个层次，一是当地政府的人事行政管理，又称人事行政；二是同级卫生行政部门的人事管理；三是本机构内部的人事管理。三者之间存在相互制约相互依存的关系。

（四）营利性医疗机构管理运营机制

我国所有医疗机构根据其经营性质、社会功能及其承担的任务，分为营利性和非营利性两类，分别实行不同的财税和价格政策。经过分类登记后，营利性医疗机构占有相当大的比例。另外，随着我国现有经济体制的进一步完善和发展，以及医疗市场的逐步开放，我国将出现更多的营利性医疗机构。因此，作为卫生管理者，有必要对营利性医疗机构的管理运行机制进行了解。这里仅以有限责任公司制医院为例予以介绍。

1. 有限责任公司制医院特征 有限责任公司是指股东以其出资额为限对公司承担责任，公司以其全部资产对公司债务承担责任的企业法人。有限责任公司是一种中小企业规模的公司，它又与大规模的股份有限公司有许多不同。其突出的特征有以下几点：①股东人数有最高数额限制。有限责任公司由2个以上50个以下股东共同出资设立。②股东以出资额为限对公司承担责任。③设立手续和公司机关简易化。④股东对外转让出资受到严格限制。有限责任公司股东向股东以外的人转让其出资时，必须经全体股东过半数同意；不同意转让的股东应当购买该股东转让的出资，如果不购买该转让的出资，则视为同意转让；经股东同意转让的出资，在同等条件下，其他股东对该出资有优先购买权。⑤公司的封闭性或非公开性。表现在其设立程序不公开和公司的经营状况不向社会公开。

2. 有限责任公司制医院的运行机制

（1）股东会 股东是公司的成员，股东基于对公司的出资而享有股东权。股东权具有下列内容：①参加股东会并按照出资比例行使表决权；②选举和被选举为董事会成员、监事会成员；③查阅股东会会议记录和公司财务会计报告，以便监督公司的运营；④按照出资比例分取红利，即股东享有受益权；⑤依法转让出资；⑥优先购买其他股东转让的出资；⑦优先认购公司新增的资本；⑧公司终止后，依法分得公司剩余财产。此外，股东还可以享有公司章程规定的其他权利。

股东的决议权通过股东会来行使。股东会是有限责任公司必设的非常设权力机关。股东会分为定期会议和临时会议两种。股东会的定期会议每年召开一次，通常在每个会计年度结束以后召开。股东会的临时会议，经 1/4 以上的股东，或 1/3 以上的董事，或者监事提议，可以召开。出席股东会的股东，均可在会上行使表决权。股东会会议做出决议时，主要采取"资本多数决定"原则，即由股东按照出资比例行使表决权。

（2）董事会　董事会为有限责任公司的常设业务执行和经营决策机关，但股东人数较少或公司规模较小的有限责任公司可只设一名执行董事，而不设董事会。董事会作为业务执行和经营决策机关，享有公司的业务执行权和日常经营决策权。所谓公司业务执行，是相对股东会的权力机关的地位而言的。股东会做出决议后，董事会应执行其决议并对股东会负责。所谓日常经营决策，是指股东会仅对公司重大和长远的事项做出决议，公司日常经营中的重要事项则不可能等待一年一度的股东会，可由董事会决定。

（3）经理（院长）　有限责任公司的经理是负责公司日常经营管理工作的高级管理人员，负责公司的日常经营管理工作。有限责任公司设经理，由董事会聘任或者解聘。经理可行使下列职权：①主持公司的生产经营管理工作，组织实施董事会决议；②组织实施公司年度经营计划和投资方案；③拟订公司内部管理机构设置方案；④拟订公司的基本管理制度；⑤制定公司的具体规章；⑥提请聘任或者解聘公司副经理、财务负责人；⑦聘任或者解聘除应由董事会聘任或者解聘以外的其他高级管理人员；⑧公司章程和董事会议授予的其他职权。

（4）监事会　监事会是经营规模较大有限责任公司的常设监督机关，专司监督职能。监事会对股东会负责，并向其报告工作。

第二节　卫生组织结构

一、卫生行政组织

（一）卫生行政组织的含义

卫生行政组织是在卫生工作方面行使国家政权的公务机关，它执行国家卫生方针政策，对卫生事业进行管理，在公务人员的集体意识支配下，经由职权、职责分配构成的具有层级与分工结构的组织。

（二）卫生行政机构

我国从中央到地方按行政区划设立的卫生行政组织为中央、省（自治区、直辖市）、市、县（含县级市、市辖区）四级，依次是中华人民共和国国家卫生和计划生育委员会（简称卫生计生委）、省（市、区）卫生计生厅（局）、市级卫生计生局、县级卫生计生局。

1. **中华人民共和国国家卫生和计划生育委员会**　卫生计生委是全国最高卫生行政机关，它在党中央和国务院的领导下，实施党和政府的卫生计生工作方针政策，负责全国和地方的卫生计生事业管理工作。

卫生计生委的职能是研究拟定卫生和计生工作的法律、法规和方针政策，研究提出卫生计生事业发展规划和战略目标，制定技术规范和卫生计生标准并监督实施；研究提出区域卫生计生规划，统筹规划与协调全国卫生计生资源配置，制订社区卫生计生服务发展规划和服务标准，指导卫生计生规划的实施；研究制订农村卫生计生、妇幼卫生工作规划和政策措施，指导初级卫生保健规划和母婴保健专项技术的实施；贯彻预防为主的方针，开展全民健康教育；发布对人群健康危害严重疾病的防治规划；组织对重大疾病的综合防治；发布检疫传染病和监测传染病名录；研究指导医疗机构改革，制定医务人员执业标准、医疗质量标准和服务规范并监督实施；依法监督管理血站、单采浆站的采供血及临床用血质量；研究拟定国家重点医学科技、教育发展规划，组织国家重点医药卫生科研攻关，指导医学科技成果的普及应用工作；管理直属单位；监督管理传染病防治和食品卫生、职业卫生、环境卫生、放射卫生、学校卫生，组织制定食品、化妆品质量管理规范并负责认证工作；制订国家卫生人才发展规划和卫生人员职业道德规范，拟定卫生机构编制标准、卫生技术人员资格认定标准并组织实施；组织指导医学卫生方面的政府与民间的多边、双边合作交流和卫生援外工作，组织参与国际组织倡导的重大卫生活动；组织协调我国与世界卫生组织及其他国际组织在医学卫生领域的交流与合作；贯彻中西医并重方针，推进中医药的继承与创新，实现中医药现代化；承担全国爱国卫生运动委员会的日常工作；负责中央保健委员会确定的保健对象的医疗保健工作；组织调度全国卫生技术力量，协助地方人民政府和有关部门对重大突发疫情、病情实施紧急处置，防止和控制疫情、疾病的发生、蔓延；承办国务院交办的其他工作。

2013 年以后，根据《国务院机构改革方案》设计，国家卫生计生委取消了 5 项职责，下放了 5 项职责，同时整合加强了 7 项职责。加强的职责主要包括：深化医改；坚持计划生育基本国策；推进医疗卫生和计划生育服务在政策法规、资源配置、服务体系、信息化建设、宣传教育、健康促进方面的融合，加强食品安全风险监测、评估和标准制定；鼓励社会力量提供医疗卫生和计划生育服务，加大政府购买服务力度，加强急需紧缺专业人才和高层次人才培养。

2. **省、自治区卫生计生厅、直辖市卫生计生局**　卫生计生厅（局）在当地人民政府的领导下，在业务上受卫生计生委的指导，下设与卫生计生厅相对应的相关处室，对本辖区内的卫生计生事业工作进行行政管理。民族自治地方结合当地实际情况，自主地管理当地的卫生计生事务。

3. **市级卫生计生局**　根据以块为主，条块结合的管理原则，市级卫生计生局在当地人民政府的直接领导下，在省卫生计生厅的业务指导下，开展本辖区内的卫生计生事业行政管理工作。其内设科、室基本与省卫生计生厅相对应。

4. **县（旗）、县级市、市辖区卫生计生局**　县级卫生计生局在当地人民政府的领导下，在上级卫生计生行政部门的业务指导下，根据当地的卫生计生状况，有针对性地开展各项卫生计生事业管理工作。卫生计生局所设科（股）、室基本上与上级卫生计生行政部门相对应。

乡镇人民政府不设独立的卫生计生行政部门，国内个别乡镇在公务员编制内设卫生助理或卫生办公室，有专人或兼职办公。

从卫生计生行政机关内设办事处室情况来看，越往上，其内部设置越多，分工越细；越往下，由于受编制等因素的影响，科室设置数目越少，往往下级卫生行政部门内的一个科室要对应上级的一个或多个处室，人员越少，综合性越强，行政管理事务更具体。

（三）卫生计生行政组织的基本职能

1. 规划　制订中长期卫生计生事业发展规划和年度实施计划、卫生计生资源配置标准和卫生区域发展规划，用法律、行政、经济等手段加强宏观管理，调控卫生计生资源配置，实行卫生计生工作全行业管理。

2. 准入　建立和完善有关法律法规和管理制度，对卫生计生机构、从业人员、医疗技术应用、大型医疗设备等医疗服务要素以及相关的健康产品实行准入制度，保护人民的健康和安全。

3. 监管　依法行政，实施卫生计生监督；规范医疗卫生服务行为，加强服务质量监控，打击非法行医、整顿医疗秩序以及规范医疗广告等市场行为。

4. 卫生计生经济调控　制定和实施卫生计生筹资等经济政策，确保公共卫生服务和弱势人群基本医疗服务的供给，促进健康公平。明确对不同类型医疗卫生事业的补助政策、税收政策和价格政策，通过购买服务的方式引导医疗服务，提高效率。

5. 发布医疗卫生有关信息　定期发布医疗机构服务数量、质量、价格和费用信息，引导病人选择医院、医生，减少医务人员与患者之间因信息不对称而带来的市场缺陷。

6. 促进公平竞争　营造和规范医疗服务领域有序、平等竞争环境，促进医疗卫生服务多样化和竞争公平化。

7. 其他　加强中介组织和学术团体的作用，加强行业自律、质量监督和医疗技术管理等。

（四）卫生计生行政组织的特征

1. 权威性　卫生计生行政组织代表国家行使卫生监督管理职能，具备国家政权的严肃性和权威性。所有卫生计生组织、与卫生计生事业相关的组织和个人都要接受相应卫生计生行政机关的监督管理。卫生计生行政机关依据宪法和法律行使行政权力，包括制定卫生计生行政管理法规、进行决策、制订计划、采取措施等，对卫生计生事务具有普遍的约束性和强制性。这种约束和强制，不仅是权力本身所固有的特征，是社会主义法制原则的具体运用和反映，也是实现卫生计生行政目标的必要手段。但是，作为社会主义国家的卫生计生行政机关，仅仅依靠这一由国家权力所赋予的权威还不够，随着物质文明和精神文明的不断提高，卫生计生行政机关还必须高度重视思想工作等，注重非法定权威在卫生计生事业管理中的应用。

2. **服务性**　任何国家的行政组织都是服务性的。卫生计生行政机关同属上层建筑的范畴，其行为必须反映和服务于经济基础，具体体现在为国家服务、为社会服务和为人民服务上。为人民服务是卫生行政管理的根本。作为卫生计生行政组织，将为人民健康服务作为其一切行为的出发点和归宿是理所当然的。卫生计生行政机关的公务员，要努力增强为人民服务的公仆意识，树立人民利益高于一切的观念，正确处理国家利益、人民利益和社会公共利益三者的关系，为我国的现代化建设提供最优良的服务。

3. **系统性**　卫生计生行政管理组织是一个层次较多，结构复杂的社会管理系统。卫生计生行政组织结构内部因不同层次、不同地域、不同管理程度而有相应的组织机构，形成内在有机统一的行政组织系统，进而形成一个纵横交错、相互沟通、相互制约又相互协调的行政权责分配系统。

4. **动态性**　任何一个国家的卫生计生行政机构都是特定历史条件和社会条件下的产物。它由各国当时的经济发展水平、社会政治和经济条件以及文化传统诸因素决定。因此，随着历史的推进和社会客观条件的变化，卫生计生行政组织必须随之进行相应的改革与调整，以适应政府管理的需要。

5. **法律性**　我国正在建立和完善社会主义市场经济制度，社会主义市场经济其实质就是法制经济。一方面，卫生计生行政组织为国家制定相应的卫生计生事业管理法律法规和各项规章制度、标准及规范；另一方面，卫生计生行政部门代表国家行使监督管理职能，必须依法办事。

二、卫生计生服务组织

卫生计生服务组织即医疗卫生服务组织，是由为提高全民健康水平而提供医疗卫生服务的各级各类专业机构组成的有机整体，包括医疗、预防、妇幼保健、医学教育、医学科研和城乡综合性医疗卫生服务机构等类别。

（一）医疗卫生服务组织结构

医疗卫生服务组织结构是由垂直系统和水平系统构成的。垂直系统有医疗卫生保健服务专业职能分系统、保障职能分系统、财务职能分系统、人事职能分系统等。因为各自为本位目标和利益工作，所以必须协调好他们之间的关系。水平系统有高级、中级和基层三个层次，各负责本层次的水平协调和控制工作。

（二）医疗卫生服务机构的种类

根据职能分工不同，医疗卫生服务机构可分为医疗机构，卫生防疫机构，妇幼保健机构，医学教育机构，医学科学研究机构，军队、企业医疗卫生服务机构，其他卫生组织机构。按照地域不同，又可将医疗卫生服务机构分为城市医疗卫生服务机构和农村医疗卫生服务机构。

1. 医疗机构 医疗机构是以救死扶伤、防病治病、为公民的健康服务为宗旨的从事疾病诊断、治疗活动的医院、卫生院、门诊部、诊所、卫生所（室）以及急救站等卫生事业单位。设置医疗机构应当符合医疗机构设置规划和医疗机构标准，申请设置者向有审批权的卫生行政部门提交规定的文件后，经审核发给《设置医疗机构批准书》，申请者在《设置医疗机构批准书》有效期内组建医疗机构，经卫生行政部门考核验收合格后予以登记，核发《医疗机构执业许可证》，任何单位和个人如未取得《医疗机构执业许可证》，不得行医。

我国医疗机构实行等级管理，共分三级。一级医院是指直接为一定人口的社区提供预防、医疗、保健、康复服务的基层医院；二级医院是指为多个社区提供综合医疗卫生服务和承担一定教学、科研任务的医院；三级医院是指提供高水平专科性医疗卫生服务和执行高等教学、科研任务的区域性以上的医院。

医院分综合性医院和专科医院。医院的规模主要指医院开设的床位数。根据医院的规模大小不同，其床位、卫生技术人员数和行政人员数的比例，卫生部都制定了相应的标准。医院内部科室的设定根据医院管理的需要而定，一般设行政管理、医务、医疗、护理、科教、财务、设备管理、总务、保卫、病案管理等科室。

2. 卫生防疫机构 我国的卫生防疫组织设立分三块，一是爱国卫生运动委员会系统，二是地方病防治管理系统，三是卫生防疫管理系统。

3. 妇幼保健机构 妇幼保健机构包括妇幼保健院（所、站）、妇产科医院、儿童医院等。地（市）以上妇幼保健机构设有门诊、床位（或只设门诊）。县级妇幼保健机构有院、所、站三种形式。设置床位及门诊者称妇幼保健院；不设床位但开展门诊业务（包括设5张以下观察床）者称妇幼保健所；深入基层开展业务技术指导，但不设床位、不开展门诊者称妇幼保健站。

4. 医学科学研究机构 除了中国医学科学院、中国预防医学科学院、中国中医科学院外，各省、市、自治区也成立了医学科学分院及各种研究所。不少医学院（校）及医疗卫生机构中也附设医学研究院（室）

5. 其他卫生组织机构 如军队卫生组织、各类医学院校等。

（三）城乡卫生组织机构的设置

1. 农村卫生机构 农村卫生机构分县、乡、村三级，即我们常称的"三级医疗预防保健网"，在职能划分上是以县级医疗卫生机构为中心，乡卫生院为枢纽，村卫生室（所）为基础。

2. 城市卫生计生机构 我国大城市卫生网一般分三级，即市、区及街道三级；在一般中小城市分两级，即市和街道两级。

三、群众性卫生组织

群众性卫生组织是发动群众参加，开展群众性卫生工作的组织保证。这类组织可分为三类：由国家机关、人民团体的代表组成的群众性卫生计生机构；由卫生专业人员组成的学术团体；由广大群众卫生积极分子组成的基层群众卫生计生组织。在我国影响比较大的群众性卫生组织有：爱国卫生运动委员会、中华医学会、中华全国中医学会、中国医师协会、中国中西医结合研究会、中国药学会、中华护理学会、中国防痨协会、中国红十字会、卫生工作者协会、中国农村卫生协会、中华预防医学会、全国中药学会、初级卫生保健基金委员会等。

四、全国卫生组织结构

全国卫生组织结构简图如下：

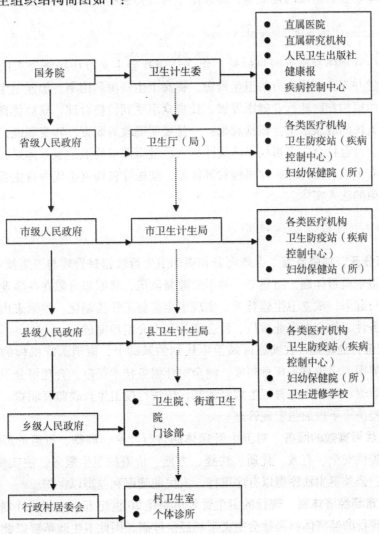

图 4-1　全国卫生组织结构

第三节　卫生管理体制与运行机制改革

一、卫生管理体制改革

卫生管理体制的改革一直都在进行，但自1997年《中共中央、国务院关于卫生改革与发展的决定》和《国务院关于建立城镇职工基本医疗保险制度的决定》颁布实施以后，加上国家政治体制、经济体制等宏观体制改革已经深入进行，如政府机构改革、税收政策改革、公共财政的建立等，促使卫生管理体制的改革也向深层次发展。

（一）卫生管理体制改革的目标

我国卫生管理体制改革的目标是：建立适应社会主义市场经济要求的卫生管理体制，合理配置并充分利用现有的卫生资源，提高卫生资源利用率，加强卫生行业监督管理，促进卫生机构和医药行业健康发展，让群众享受到价格合理、质量优良的医疗卫生服务，提高人民的健康水平。概括起来：一是要明确政府职责，转变职能，实现政事分开；二是建立符合社会主义市场经济规律和人民健康需求的卫生服务体系；三是建立权责明晰、富有生机和活力的医疗机构管理体制，使医疗机构真正成为自主管理、自我发展、自我约束的法人实体。

（二）卫生管理体制改革的原则

1. 政事分开，加强监管　合理划分和明确卫生行政监督管理与卫生技术服务职责，理顺和完善卫生监督体制，组建专一的卫生监督队伍，将原来分散在各事业单位的监督管理职能统一起来，成立卫生监督所，实现卫生监督工作法制化。将原来由卫生行政部门承办的事务性工作交由事业单位、社会团体和中介组织完成。

2. 进行全行业管理　在实施区域卫生规划的基础上，取消医疗机构的行政隶属关系和所有制界限，完善有关规章制度，健全医疗服务技术规范，合理划分卫生监督与卫生技术服务职责，理顺和完善卫生监督体制，依法行使卫生行政监督职责，积极应用法律、行政、经济等手段加强宏观管理。

3. 提供优质高效的服务　对卫生管理体制进行改革、调整、重组的最终目的就是为广大居民提供安全、有效、优质、快捷、方便、价廉的卫生服务，使疾病得以治疗、预防和控制，公共卫生秩序得以有序维持，人民的健康利益得以保护。

4. 适应市场经济体制　现行的卫生管理体制是20世纪五六十年代计划经济体制的产物，我国现行的经济体制是社会主义市场经济体制，因此卫生改革要以此为背景，引入市场经济条件下行之有效的竞争机制、价格机制、用人机制等，促进卫生事业健康发展。

5. 总体规划，分步进行，逐步到位　卫生体制改革是一个非常复杂的系统工程，不仅是卫生系统内要进行全面的改革，还涉及与卫生系统直接或间接相关的其他系统、部门，如财政、计划、价格、民政、社会保障等，不可能一蹴而就，必须统筹规划，分步进行，逐步到位。

(三) 卫生管理体制改革的内容

1. 行政管理体制改革 主要表现为三个方面：一是建立和完善医疗卫生机构、从业人员、医疗卫生技术应用和大型医疗技术设备的准入制度，严把准入关。由于医疗卫生行业不同于其他工商行业，它关系到每个人的身体健康和生命安全，对准入要从严把关。二是完善各项规章制度，健全医疗服务技术规范，使从业机构和从业人员有法可依，有规范可操作；三是加强监督管理，成立专业卫生监督管理组织和队伍（如卫生监督所），运用法律、行政和经济等手段加强宏观管理，使守法者得到保护、违法者得到惩处。

2. 医疗服务体制改革 医疗服务体制的改革是建立在实施区域卫生规划的基础上，打破医疗机构的行政隶属关系和所有制界限，建立新的医疗机构分类管理制度，建立健全社区卫生服务、综合医院和专科医院合理分工的医疗服务体系。

发展城市社区卫生服务是提供基本医疗卫生服务，满足人民群众日益增长的卫生服务需求，提高人民健康水平的重要保障，是深化卫生改革，建立与社会主义市场经济体制相适应的城市卫生服务体系的重要基础，是建立城镇职工基本医疗保险制度的迫切要求，是加强社会主义精神文明建设的重要途径。要形成规范的社区卫生服务组织和综合医院、专科医院双向转诊制度。

3. 预防保健体制改革 坚持预防为主的方针，建立综合性预防保健体系，负责公共卫生、疾病预防和控制、保健领域的业务技术指导任务，并提供技术咨询，运用预防医学的理论和方法，调查处理传染病流行、中毒等公共卫生突发事件。要求改革过程中遵循"区域覆盖"和"就近服务"的原则，将分散、服务对象单一的预防保健机构科学合理地精简归并，形成综合性预防保健机构。

4. 卫生监督体制改革 将原有各卫生事业单位，如卫生防疫站、保健所承担的卫生监督职能集中，根据实际情况对原有机构适当加以精简、归并、调整，组建卫生监督所，专职承担卫生监督任务。将分散的、多头的监管组建成统一的监管机构。卫生监督所是同级卫生行政部门在其辖区内，依照法律、法规行使卫生监督职责的执行机构。卫生监督的重点是保障各种社会活动中正常的卫生秩序，预防和控制疾病的发生和流行，保护公民的健康权益。卫生监督的管理范围包括卫生许可管理，还包括对各级各类卫生机构、个体诊所和采供血机构的监督管理，以及卫生专业人员的执业许可和健康许可。

5. 其他卫生体制改革 如原由卫生部门承担的药品监督管理的药政、药检职能交给国家食品药品监督管理总局将国境卫生检疫、进口食品口岸卫生监督检验职能交给国家出入境检验检疫局，委托国家出入境检验检疫局负责口岸检疫传染病和监测传染病名录的制订、调整职能；国境卫生检疫法律、行政法规的拟定以及检疫传染病和监测传染病名录的发布仍由卫生部负责；将医疗保险职能交给劳动和社会保障部；将卫生建设项目的具体实施、质量控制规范的认证、教材编写、专业培训及考试和卫生机构、科研成果、相关产品的评审等辅助性、技术性及服务性的具体工作,交给事业单位和社会团体;卫生学校的管理逐步交给教育部门管理,在部分地方有些医学院校已经和其他类别的院校进行重组。

二、卫生运行机制改革

(一)转变医疗机构的运行机制

1. 扩大公立医疗机构的运营自主权,实行公立医疗机构的自主管理,建立健全内部激励机制与约束机制。

2. 实行医院后勤服务社会化,凡社会能有效提供的后勤保障,都逐步交给社会去办,通过医院联合,组建社会化的后勤服务集团。

3. 医疗机构人事制度和分配制度改革。按照精简、效能的原则定编定岗,公开岗位标准,鼓励员工竞争,实行双向选择,逐级聘用并签订合同。

(二)完善卫生管理运行机制,保障医药卫生体系有效规范运转

完善医药卫生的管理、运行、投入、价格、监管体制机制,加强科技与人才、信息、法制建设,保障医药卫生体系有效规范运转,建立高效规范的医药卫生机构运行机制。

公共卫生机构收支全部纳入预算管理。按照承担的职责任务,由政府合理确定人员编制、工资水平和经费标准,明确各类人员岗位职责,严格人员准入,加强绩效考核,建立能进能出的用人制度,提高工作效率和服务质量。

1. **转变基层医疗卫生机构运行机制** 政府举办的城市社区卫生服务中心(站)和乡镇卫生院等基层医疗卫生机构,要严格界定服务功能,明确规定使用适宜技术、适宜设备和基本药物,为广大群众提供低成本服务,维护公益性质。要严格核定人员编制,实行人员聘用制,建立能进能出和激励有效的人力资源管理制度。要明确收支范围和标准,实行核定任务、核定收支、绩效考核补助的财务管理办法,并探索实行收支两条线、公共卫生和医疗保障经费的总额预付等多种行之有效的管理办法,严格收支预算管理,提高资金使用效益。要改革药品加成政策,实行药品零差率销售。加强和完善内部管理,建立以服务质量为核心、以岗位责任与绩效为基础的考核和激励制度,形成保障公平效率的长效机制。

2. **建立规范的公立医院运行机制** 公立医院要遵循公益性质和社会效益原则,坚持以病人为中心,优化服务流程,规范用药、检查和医疗行为。深化运行机制改革,建立和完善医院法人治理结构,明确所有者和管理者的责权,形成决策、执行、监督相互制衡,有责任、有激励、有约束、有竞争、有活力的机制。推进医药分开,积极探索多种有效方式逐步改革以药补医机制。通过实行药品购销差别加价、设立药事服务费等多种方式逐步改革或取消药品加成政策,同时采取适当调整医疗服务价格、增加政府投入、改革支付方式等措施完善公立医院补偿机制。进一步完善财务、会计管理制度,严

格预算管理，加强财务监管和运行监督。地方可结合本地实际，对有条件的医院开展"核定收支、以收抵支、超收上缴、差额补助、奖惩分明"等多种管理办法的试点。改革人事制度，完善分配激励机制，推行聘用制度和岗位管理制度。

（三）加快非营利性医疗机构管理运行机制的改革

1. 财政补助与税收机制改革

（1）补助原则　保证政府对卫生事业行使管理和监督职责，支持卫生医疗机构向社会提供良好的公共卫生服务，改善基本医疗卫生服务条件，不断提高人民健康水平。在动员社会广泛筹集卫生事业发展资金的同时，各级政府对卫生事业的投入水平要随着经济发展不断提高。原则上政府对卫生投入不低于财政支出的增长幅度。按照区域卫生规划，优化卫生资源配置，促进卫生事业协调发展。兼顾公平与效率，鼓励竞争，提高资金使用效率。

（2）补助范围和方式　各级政府卫生行政部门及卫生执法监督机构履行卫生管理和监督职责所需经费由同级财政预算支出，包括人员经费、公务费、业务费和发展建设支出。疾病控制和妇幼保健等公共卫生事业机构向社会提供卫生服务所需经费，由同级财政预算和单位上缴的预算外资金统筹安排。政府举办的县及县以上非营利性医疗机构以定项补助为主，由同级财政予以安排。补助项目包括医疗机构开办和发展建设支出、事业单位职工基本养老保险制度建立以前的离退休人员费用、临床重点学科研究、由于政策原因造成的基本医疗服务亏损补贴。对中医、民族医、部分专科医疗机构要给予适当照顾。政府举办的社区卫生服务组织以定额补助为主，由同级财政予以安排。卫生事业预算内基建投资项目主要包括：公立非营利性医疗机构、疾病控制及妇幼保健等事业机构、卫生监督执法机构的新建、改扩建工程和限额以上的大中型医疗设备购置。其建设资金可由同级计划部门根据项目的功能、规模核定安排。

2. 价格机制改革　价格机制改革涉及两大块，一是药品价格的管理，二是医疗服务价格的管理。

（1）药品价格管理　它的改革目的是适应建立社会主义市场经济体制的要求，促进药品市场竞争，降低医药费用，让患者享受到质量优良、价格合理的药品。调整药品价格管理形式，根据国家宏观调控与市场调节相结合的原则，药品价格实行政府定价和市场调节价。引入市场竞争机制，根据不同性质的机构和药品，分别采取政府定价和市场调节价。

（2）医疗服务价格管理　它的改革是为适应社会主义市场经济体制的要求，满足人民群众的基本医疗服务需求，促进医疗机构之间的有序竞争和医疗技术进步，降低服务成本，减轻社会医药费用负担。调整医疗服务价格管理形式，下放医疗服务价格管理权限，规范医疗服务价格项目。

3. 人事管理机制改革　人事制度改革是卫生改革的瓶颈，很大程度上制约着整个卫生改革的深化。实行人事制度改革是为了更好地适应社会主义市场经济的发展，适应医药卫生体制改革的需要，逐步建立起有责任、有激励、有约束的运行机制。改革的目的是：建立符合卫生工作特点，政事职责分开，政府宏观管理依法监督，单位自主用人，人员自主择业，科学管理，配套设施完善的管理体制；基本建立起人员能进能出，职务能上能下，待遇能高能低，人才结构合理，有利于优秀人才脱颖而出，充满生机和活力的运行机制。彻底打破身份界限，废除终身制，将"单位人"变为"社会人"。

4. 分配机制改革

（1）实行不同的工资管理方法　根据卫生事业单位的性质、特点及发展需要，结合经费自给率和财政支持强度，对不同类型的卫生事业单位实行不同的工资管理办法。对于主要依靠国家拨款的卫生事业单位，要实行有控制的单位工资总额包干形式，并在工资总额包干范围内，对活的工资部分进行重新分配。

（2）探索新的分配机制　积极开展按生产要素参与分配的改革试点，研究探索技术、管理等生产要素参与分配的方法和途径。根据不同岗位的责任、技术劳动的复杂和承担风险的程度、工作量的大小等不同情况，将管理要素、技术要素、责任要素一并纳入分配因素确定岗位工资，按岗定酬。拉开分配档次，向关键岗位和优秀人才倾斜，对于少数能力、水平、贡献均十分突出的技术和管理骨干，可以通过一定形式的评议，确定较高的内部分配标准。

5. 市场机制改革　国家对医疗机构进行分类管理，创造条件，为不同类型医疗机构的发展创造平等竞争的环境，支持、鼓励和引导个体、私营、中外合资合作、股份制等民营医疗机构的健康发展，同时探索非营利性医疗机构良性发展的有效途径。目的就是要发展多样化、多种形式办医模式，形成公平、有序的竞争。

小　结

1. 卫生管理体制是卫生事业的主体结构框架，是国家管理卫生事务的主体，其管理活动的开展和管理效率的提高将直接关系到广大居民的健康保障。改革开放以来，通过卫生体制的改革，我国卫生体制发生了重要的变化。

2. 卫生运行机制在卫生事业运行和发展中起着重大作用。完善的卫生管理机制，可以实现卫生资源的优化配置，促进卫生事业的协调发展，更好地满足人民群众不同层次的卫生服务需求，为经济建设和社会主义现代化建设服务。

3. 卫生行政组织是在卫生工作方面行使国家政权的公务机关，我国从中央到地方按行政区划设立各级卫生行政组织。

4. 我国的卫生管理体制改革一直都在进行，包括卫生管理体制和运行机制的改革，都有不断完善的改革目标、原则和要求。

思　考　题

1. 卫生管理体制与卫生运行机制有何区别与联系？
2. 试述非营利性医疗机构的概念及特点。

3. 试述非营利性医疗机构管理运行机制改革的内容。

【案例】

公立医院体制模式创新之优劣

1. "神木模式"和"宿迁模式"两种医疗医疗卫生体制建构模式

"神木模式"是指自 2009 年 3 月 1 日起，凡是参加了合作医疗或者是基本医疗保险的拥有陕西省神木县户口的城乡居民，在定点医疗机构治疗，可以享受到接近于"免费医疗"的政策优惠。神木医疗卫生体制改革的主要内容包括：成立县康复委员会并下设康复办公室，负责日常事务；并由政府通过进行公平竞争，公开选择医院统一购买医疗服务；在全县 42 万户籍人口范围内实现统一的门诊和住院报销起点制度（门诊 100 元以上，住院在 400 元以上，每年 30 万以下的费用都可以报销）；同时对医疗服务机构实现了信息化管理，实行刷卡看病，并对医疗服务提供方的行为实行实时监管。在实行免费医疗前，神木县 2007 年医保费用为 8800 万元，2008 年为 8900 万元。2009 年 3 月实行全民免费医疗后，当年共支出 1.47 亿元。2010 年支出不到 2 个亿。也就是说神木县用平均每人 400 多元的医疗支出为 42 万，为神木人看病就医打足了底气。

"宿迁模式"是以市场调节为主的多元化办医体制。10 年前宿迁市政府采纳了公共卫生，政府重点保障；医疗机构，社会办医的思路。实行了以"社会办卫生——卫生产业化——产业民营化——民营规范化"为改革思路的医疗改革，形成了"宿迁模式"。经过 10 年改革和尝试，宿迁医疗卫生事业发生了巨大变化。从 2009 年卫生领域的资源总量看，全市医疗卫生资产从 2000 年初的 4.95 亿元增加到 2009 年底的 32.76 亿元。其中社会医疗机构的资产达到了 21.55 亿元，占全市医疗卫生资产的比例由 1.2% 上升至 65.78%，成为全市医疗服务的主体力量；卫技人员由 8450 人增加至 12628 人，医院内非卫技人员比例由 40% 下降到 10% 左右。从医院个体发展来看，无论改制的医院，还是 69 家新办医院，运营状况良好。医院规模、技术水平、运营状况大为改观。通过引进社会办医，政府则以奖贷补和入股两种形式对辖区内的医疗机构进行资金投入或是购买服务，目前宿迁形成了多元化办医体制，公立医院垄断的局面不复存在，通过市场的竞争，进行优胜劣汰的自然选择，医疗费用的过快增长得以抑制。

2. 比较分析："神木"与"宿迁"模式的优劣

（1）财政担当与市场选择，地方政府如何切好财政投入的蛋糕。在神木医改的过程中，当地政府将一年财政收入的 9% 用在社会医疗保障上，这大大高出了 2009 年全国 6.18% 的平均水平（数据来源于 2010 年《中国卫生统计年鉴》），以实际行动挑起了"全民免费医疗"的重任。承袭了 10 余年医改成果的宿迁设计理念则是在"政府搭框架、个人出大头"的前提下实现"合理分担"，试图通过市场化寻求自然选择，用卖出公立医院获得的资金来保障公共卫生投入以减轻政府的财政压力。通过将改制后的医院放手于市场竞争，抑制医疗费用的过快增长；同时医疗资源增加，使群众就医拥有更多的自主选择权。然而，同时我们看到肩负支付老百姓基本医疗费用和监管医疗机构乱收费责任的彻底市场化的医疗保险机构尚未建立，宿迁医疗卫生市场的竞争秩序有待地方政府维持。两相比较，地方财政担当与完全的市场选择优劣之分是神木免费医疗的本质，其实就是西方福利社会行之已久的全民医疗保险制度。但之所以能实行免费医疗，还是当地主政者的公共财政观念——把钱花在老百姓最需要的地方起着决定性的作用。"医疗全面免费"也只是神木民生改革的冰山一角，"管中窥豹"我们见到的是神木县公共财政和政府执政为民的理性回归。这无疑成为"神木模式"对于其他地方政府的最大启示。

（2）"全民医疗"与"医疗改革"，社会公平的意义如何诠释？神木医改，立足全民，以相似卫生资源均等化为目标进行改革，在新的医疗体制中，户口所在地、年龄、职业、职务不再成为界定福利待遇的标杆，公平而有效地在全县范围内实现了所有城乡居民和干部职工的免费医疗。宿迁医改也涉及"人人"，然而"等贵贱"不等于"均贫富"，从"医疗改制一个都不能少"到"全民医疗一个都不能少"两相比较，高低自现。神木全民免费医疗的最大亮点是，充分发挥地方政府的社会职能和主观能动性，与时俱进地运用了现代的信息化手段和精细化管理思路，将医生、患者纳入同一个信息化平台进行统筹监考，实现了全县居民享受区域卫生资源均等化的目标，中国共产党"以人为本"的执政理念落实在与民生息息相关的实处。

应该承认，神木的探索，对我国此次的医疗改革，尤其是公立医院体制改革，在社会主义优越性、政府医疗公益性、全民享有社会资源的公平性的体现上具有更深远的意义。时代呼唤进步，民生期待改善。作为经济体制改革的一个有机组成部分，公立医院体制改革将迎接新的洗礼，随着政府执政能力的不断加强，有形之手将实现从行政控制到有效监管再到超前引领的不断跨越。而对于13亿中国公民来说，只有中央政府的实质性举措，才能真正实现公立医院卫生资源的合理配置，医疗服务市场的良性竞争，最终惠及千家万户。

（资料来源：梁万年．卫生事业管理．第2版．北京：人民卫生出版社，2012）

讨论：
1. "神木模式"和"宿迁模式"两种医疗卫生体制建构模式给我们什么启示？
2. 公立医院的卫生资源怎样才能做到合理配置？

第五章　基本医疗卫生保障制度
与公立医院改革

学习目标：通过本章学习，学生应该掌握基本医疗保障制度的概念，国家基本药物制度的主要内容，公立医院的基本概念。熟悉国际上主要的几种医疗保障制度模式、特点，基本公共卫生服务均等化的内涵。了解我国现阶段基本医疗保障制度的现状与趋势，国外公立医院体制改革的经验及趋势，新医改中的公立医院改革方案，基本公共卫生服务项目均等化的主要内容。

第一节　基本医疗保障制度

一、基本医疗保障制度概述

（一）医疗保障制度与基本医疗保障制度

医疗保障制度是社会保障制度的组成部分，是指一个国家或地区（或社会团体）对其公民（或劳动者）因病伤造成健康损害事件时，提供相应的医疗卫生服务，并对产生的费用给予经济补偿而实施的各种保障制度的总称。其内容涵盖医疗卫生服务供给模式，以及医疗卫生费用的筹集、分配、支付方式等。医疗保障制度有多种表现形式，如社会医疗保险、商业医疗保险、医疗救助制度、合作医疗制度、免费医疗制度等。各国或地区采用何种医疗保障形式，主要受到各自的社会制度、经济体制、经济水平、传统文化、卫生服务模式等诸多因素的影响。随着时间的进展，医疗保障制度也在不断地完善与发展。

基本医疗保障制度是医疗保障制度的一种模式，是从保障覆盖人群、保障水平等角度对具体医疗保障制度的进一步定义，主要特征为满足居民基本医疗需求、广覆盖、低水平。

（二）医疗保障制度的特点与作用

首先，医疗保障制度通过国家强制力保证实施，每一个社会成员无论其职业、民族、年龄、性别有何不同，均等地享受相应的制度保障，具有普遍性、平等性。其次，医疗保障制度重点保障的是健康可能遭遇的疾病风险，以及由此带来的经济负担，涉及患者个人、医疗机构、用人单位、其他利益方等各方利益。由于受诸多因素的影响，医疗保障制度的表现形式也较复杂，具有复杂性。再次，医疗保障制度带有福利性特点，通过经济补偿的形式给予发生疾病风险的个人一定的帮助，政府责任在其中也得到体现。最后，医疗保障制度的保障范围和保障水平有局限性，由于受经济水平和医学科技水平的制约，医疗保障制度很难满足社会成员所有的医疗补助需求。

医疗保障制度被誉为"民众的安全网、社会的稳定器"。医疗保障制度能够在一定程度上减轻人们的疾病经济负担，保障社会成员及其家庭的基本生活需求。可以使社会成员发生疾病风险时从社会获得必要的帮助，从而尽快恢复健康、恢复生产力，以保障自己和家庭的经济来源。避免了"因病致贫""因病返贫"，从而滋生社会不稳定因素。

二、国外医疗保障制度模式

国外医疗保障制度通常称为健康保险制度或疾病保险制度，最早起源于 18 世纪末期的欧洲，到 20 世纪初随着工业化的发展和劳工运动的蓬勃兴起，由民间自发的医疗保险逐步发展为国家直接参与并负责的社会保险。第二次世界大战以后，世界上不同制度的国家也都不同程度地发展了医疗保险，尤其是一些社会福利国家更重视这项社会保障制度的实行。

国外医疗保障制度有四种最有代表性的形式：第一种是英国、瑞典等国实施的国家福利型医疗保障制度；第二种是德国、法国等国家实施的是社会保险型医疗保障制度；第三种是美国实施的自由医疗保险为主的多元医疗保险管理制度；第四种是新加坡实施的全民保健储蓄制度。

（一）国家福利型医疗保障制度

国家福利型医疗保障制度是指政府直接举办医疗保险和医疗事业，通过税收形式筹措医疗基金，采取预算拨款形式给国有医疗机构；医生及有关人员均接受国家统一规定的工资待遇；向国民提供免费或近乎免费的医疗服务，保障公民享有规定范围的医疗服务。其主要特征为：国家性、垄断性、全民性、福利性。英国、瑞典、加拿大、澳大利亚、北欧国家和前苏联、东欧国家、哥斯达黎加、斯里兰卡等国家都属于这种制度模式。

英国是国家福利型医疗保障制度模式的典型代表。英国的国家卫生服务制度是由政府直接开展医疗卫生事业，通过税收筹集医疗资金，采取预算拨款给国立医疗机构的形式向本国居民直接提供免费医疗服务。政府直接建立和管理医疗卫生事业，医生及其他医务人员享受国家统一规定的工资待遇，国民看病不需交费或者仅支付挂号费，基本享受免费医疗保健服务。国家卫生服务体制集医疗卫生服务、医疗保障和服务监管功能为一体。政府能够全面规划医疗卫生资源配置，将政府职能、医疗卫生机构利益和公民利益有效统一起来。医疗机构或医生基本没有谋利的动机和条件。

优点：从筹资方式来看，资金绝大部分来源于税收，政府通过实施财政预算管理来实现医疗卫生费用的收支平衡；从待遇水平来看，往往实行全民保障，只要是本国国民，就可以人人享受水平较高的医疗卫生服务；从保障项目来看，较其他医疗卫生制度更为广泛，既有医疗津贴又有全面的医疗服务，包括预防保健和康复护理等服务项目；从政府责任来看，政府部门直接参与卫生服务的计划、管理、分配与提供，资金通过全额预算拨付给政府举办的医疗机构，或是通过合同方式购买私立医疗机构、私人医生的医疗服务，具有较高的宏观效率。

局限：微观效率低下，如医疗机构运行缺乏活力，卫生服务存在排队等候现象，消费者不能进行充分的选择等；经济发展水平要求高，全体公民普遍享受国家卫生服务保障，实质上就是依靠财政收入按照人们的医疗需求进行集预防、保健、医疗为一体的健康保障，这就要求有强有力的经济实力作后盾。

（二）社会保险型医疗保障制度

社会保险型医疗保障制度一般是指国家通过法律形式强制要求雇主和雇员按一定比例交纳医疗保险费来筹集医疗保险资金，建立社会医疗保险基金，从而为雇员及其家属提供医疗保障的一种保险制度。基本特征主要包括：筹资的多元性、风险的共济性、参保的强制性、责任主体的政府主导性。目前世界上有 100 多个国家和地区采取这一模式，主要有德国、法国、意大利、西班牙、日本、韩国和我国的台湾地区等。

德国是社会保障型医疗卫生制度模式的典型代表。德国采取的是以强制性社会保险为主的筹资体制。按照法律规定，所有工薪劳动者中收入低于一定数额者都有义务参加医疗保险。个人和雇主各承担保费的一半。除工薪劳动者外，退休人员、失业人员、低收入者等，也必须参加保险。低收入或失业者享受国家预算出资的福利性保险。参保人的配偶和子女可不支付保险费而同样享受医疗保险待遇。而且，保险金的再分配与参保人所缴纳的保险费多少无关，这体现了高收入者向低收入者的财富转移，居民无论收入多少都能得到治疗，体现了社会的公平性。军人和从事社会公益活动的义工参保，个人不承担保费，全部由政府购买。只要参加保险，家属自动享受保险待遇。劳动者、企业主、国家一起筹集保险金，体现了企业向家庭、资本家向工人的投入。在保险金的使用上，由发病率低向发病率高的地区转移。

德国医疗服务资金筹集是一个多元化体制。其中，医疗服务体系建设资金筹集和医疗费用资金筹集分别采取不同方式。在医疗服务体系建设资金筹集方面，开业医生所拥有的各种诊所都是由开业者自己投资，包括房产及相关设备。医院、康复机构、护理机构的基本建设、设备等则由政府投入，包括其中的私营机构。德国医疗体制最基本的特点之一是第三方付费，每一个参保人只要发生疾病，就可以到有关诊所、医院以及康复机构就诊、治疗，所发生的费用由所投保的法定保险机构或私人保险机构支付。德国没有统一的医疗保险经办机构，而是以区域和行业划分为七类组织，各医疗保险组织由职工和雇主代表组成的代表委员会实行自主管理，合理利用医疗保险基金，因而其浪费、滥用现象较少。

德国医疗机构虽然大多数由私人经营，但由于政府的干预，通过政府、企业和个人三方筹资，使大部分居民能够通过基本医疗保险获得基本医疗卫生服务。

优点：调动了社会各方财力，保证了高质量的医疗服务，为不同人群提供了更多选择，医疗费用上涨的趋势得到了抑制，做到了社会收入再分配；实现了医疗卫生服务体系布局的均衡和国民所享受到服务待遇的均衡；公共卫生系统和医疗系统的密切协作，形成教育、预防、诊疗为一体的高效率的服务体系和良好的以法律为基础的相互制约机制；患者以选择权，并通过政府及社会各界对医疗机构服务质量等方面的监督，控制了医疗机构可能出现的服务不足的问题。

局限：不能控制外在经济环境，尤其是缺乏弹性的医疗市场。一旦外在经济环境不能保持稳定的状态，医疗通货膨胀是不可避免的。人们健康需求的增加和人口老龄化加剧致使医疗卫生服务的需求不断增长，加之医疗技术不断进步、各种新药和新的治疗手段不断更新导致费用成本逐步上升。社会保险型医疗制度不得不面临严峻的筹资问题。

（三）市场主导的多元医疗保险管理制度

市场主导的多元医疗保险管理制度是指通过市场法则来筹集保险资金、提供医疗服务的自愿性的医疗卫生制度。在这种模式中，民众个人或集体（由雇主来组织）自愿购买商业性医疗保险，然后根据保险机构同各种医疗服务提供者达成的契约接受医疗服务。医疗保险依据市场机制运转，医疗服务和医疗保险均作为商品存在于保险市场和医疗服务市场，其供求状况完全由市场决定，政府一般很少参与。大多数医疗机构是以营利为目的的私立医院或非营利性私立医院。由于"风险选择"，私人保险组织往往会把风险较大的人群排斥在外。其主要特征在于：自愿性、营利性、契约性、商品性。

美国是市场主导型医疗卫生制度模式的典型代表。美国将市场医疗保险制度作为医疗保障体系的基本制度或主体制度，政府仅仅负责穷人和老年人的医疗保障问题，为穷人提供医疗救助，为65岁以上的老年人提供医疗照顾。65岁以下人口中，收入水平在社会贫困线以上的群体通过市场获得医疗保险。

优点：参保自由，灵活多样，适合需求方的多层次需求。这种以自由医疗保险为主、按市场法则经营的以盈利为目的的制度，使受保人获得了高质量、有效率的医疗服务。

局限：一是公平性较差。由于政治上的分权和经济上的自由竞争，多种所有制争相办医疗机构，使卫生资源配置不合理。卫生资源流向富裕社区和人群，而不是高风险人群，某些人群接受到多重医疗保险覆盖和重复的医疗卫生服务，而贫困地区和人群（通常也是高风险人群）得到的医疗保险和卫生服务相对不足。二是医疗费用过高。由于竞争意识和利益动机的驱动，导致医疗费用膨胀甚至失控。而且先进的医疗技术和患者不断增长的医疗需求也为美国医疗卫生支出的增加起到了推波助澜的作用。

（四）储蓄型医疗保障制度

储蓄型医疗保障制度是按照法律规定，采用完全积累制度，强制性地以家庭为单位储蓄医疗基金，通过纵向逐步积累，来解决患者所需要的医疗保险基金的一种医疗保障制度。主要特点包括：强制性、自我统筹、建立保健基金、平等性。

实施储蓄型医疗保障制度的典型代表国家是新加坡。医疗储蓄是一个全国性的、强制性参加的储蓄计划，帮助个人储蓄，以用于支付住院费用。每一个有工作的人，包括个体业主，都需要按法律要求参加医疗储蓄。医疗储蓄运作起来就像个人的银行储蓄账户，唯一的不同点是医疗储蓄账户上的钱只能支取缴纳住院费用。参加医疗储蓄的每一个人都有自己的账户。医疗储蓄经费并不同他人的合在一起。每个人可以用自己的医疗储蓄支付个人或直系家属的住院费用，如妻子、孩子和父母。

储蓄型医疗保障制度由个人账户、大病统筹和穷人医疗救助三部分组成。医疗保险内容主要有个人保险储蓄计划、保健基金和健保双全计划，分别支付基本医疗费用、贫穷人的医疗费用和大病医疗的费用。全民保健储蓄是一项全国性的、强制性的储蓄计划，其基本点是为了个人未来的、特别是在年老时的医疗需要，这一计划对于那些发生一般医疗费用的患者来说是足够支付的，但对于患重病或慢性病的人而言则是不够的，为了弥补保健储蓄计划的不足，新加坡政府于1992年制订了健保双全计划。不同于强制性的保健储蓄，非强制性的健保双全计划具有社会统筹的性质，采用的是风险共担的社会保险机制，其目的是为了帮助参加者支付大病或慢性病的医疗费用，是保健储蓄计划的补充，投保费可从保健储蓄账户上扣缴或以现金支付。1993年新加坡建立了由政府设立的带有救济性质的保健储蓄基金，为那些无力支付医疗费用的穷人提供资助。

优点：个人对疾病风险的责任感大大加强，有效地解决了劳动者终生的医疗保障问题，减轻了政府的压力。建立储蓄账户方式，较好地实现了医疗负担的代际转移，促进了社会经济的良性发展。

局限：雇主在高额投保费面前难免会削弱自己商品的国际竞争力，而过度的储蓄又会导致医疗保障需求的减弱。另外，储蓄型医疗保险制度强调自我保障，社会互济性差。

三、我国基本医疗保障制度的现状

我国医疗保障体系以基本医疗保险和城乡医疗救助为主体，还包括其他多种形式的补充医疗保险和商业健康保险。基本医疗保险由城镇职工基本医疗保险、城镇居民基本医疗保险和新型农村合作医疗构成，分别从制度上覆盖城镇就业人口、城镇非就业人口和农村人口。在综合考虑各方面承受能力的前提下，通过国家、雇主、集体、家庭和个人责任明确、合理分担的多渠道筹资，实现社会互助共济和费用分担，满足城乡居民的基本医疗保障需求。

城乡医疗救助是我国多层次医疗保障体系的网底，主要由政府财政提供资金为无力进入基本医疗保险体系以及进入后个人无力承担共付费用的城乡贫困人口提供帮助，使他们能够与其他社会成员一样享有基本医疗保障。

补充医疗保险包括商业健康保险和其他形式补充医疗保险。主要是满足基本医疗保障之外较高层次的医疗需求。国家鼓励企业和个人通过参加商业保险及多种形式的补充保险解决基本医疗保障之外的需求。

（一）城镇职工基本医疗保险制度

1. 概述　我国的城镇职工基本医疗保险制度是在传统的公费医疗和劳动医疗保险制度（简称劳保医疗）的基础上发展而来的，这两种医疗保险制度在新中国成立后的较长时间内在保障职工基本医疗需求方面发挥出了重要作用，然而，该制度也存在着覆盖范围过窄、费用节约意识缺乏、卫生资源浪费严重、管理和服务效率低下等问题。因而，从 20 世纪 80 年代开始，我国开始对传统职工医疗保障制度进行了一系列的改革。1998 年 12 月，国务院颁布了《关于建立城镇职工基本医疗保险制度的决定》，基本上确定了新的城镇职工基本医疗保险制度的总体框架，奠定了全国统一的城镇职工基本医疗保险制度的基础，同时推动了全国各地职工基本医疗保险制度改革的深入发展。一个新的以"社会统筹与个人账户"相结合的城镇职工基本医疗保险制度已在我国基本确立。

2. 城镇职工医疗保险制度改革的主要内容

（1）明确覆盖范围　城镇所有用人单位，包括企业（国有企业、集体企业、外商投资企业、私营企业等）、机关、事业单位、社会团体、民办非企业单位及其职工，均为城镇职工基本医疗保险制度的覆盖对象。

（2）建立共同缴费制度　基本医疗保险费由用人单位和个人共同缴纳，体现了国家社会保险的强制性特征以及权利与义务的统一。用人单位缴费率为职工工资总额的 6% 左右，职工缴费率一般为本人工资收入的 2%。

（3）建立统筹基金和个人账户制度　基本医疗保险基金由社会统筹使用的统筹基金和个人专项使用的个人账户基金组成。个人缴费全部划入个人账户，单位缴费按 30% 左右划入个人账户，其余部分建立统筹基金。统筹基金和个人账户统筹要分开管理，分别核算，要求统筹基金自求平衡，不得挤占个人账户。统筹基金主要用于支付住院（大病）医疗费用，个人账户主要用于支付门诊（小病）医疗费用。

（4）建立有效制约的医药服务管理机制　一方面是保证基本医疗保险投入获得良好的基本医疗保险服务，使参保人员获得切实的基本医疗保障，另一方面是保证基本医疗保险基金的合理支出、有效使用，保证收支平衡，维持基本医疗保险制度的正常运行。具体内容包括：对医疗机构和药店实行定点管理，并制定基本医疗保险药品目录、诊疗项目和医疗服务设施标准，医疗保险经办机构与定点医疗机构及定点药店按协议规定的结算办法进行费用结算。

（5）建立基金监管制度　为确保医疗保险基金的安全，采取的措施主要有：一是医疗保险基金纳入财政专户管理，专款专用；二是医疗保险基金实行收支两条线管理；三是建立定期审计制度，对医疗保险基金的收支情况进行定期审计；四是接受社会监督。

（6）规定特殊人员的医疗待遇　对离休人员、老红军、革命伤残军人、退休人员、国有企业下岗职工以及国家公务员等特殊人员的医疗待遇也做了具体的规定。

3. 城镇职工医疗保险制度改革的成效及存在的问题

（1）取得成效 我国城镇职工医疗保险制度经过多年的改革探索，所取得的成效是有目共睹的。一是我国城镇职工基本医疗保险制度的广泛实施，保障了职工的基本医疗，减轻了职工的疾病经济负担，增强了职工抵御疾病风险的能力；二是初步建立了合理的基金筹措机制，打破了职工医疗费用完全由国家、用人单位统包统揽的格局，一定程度上减轻了国家和企业的财务负担；三是初步建立了医疗费用制约机制，有效遏制了医疗费用上涨过快的势头；四是促进了医疗卫生体制的配套改革。

（2）存在问题 我国城镇职工医疗保险制度的改革虽然取得了一定的成效，但同时还存在一些问题。一是基本医疗保险覆盖面小，制约了医疗保障功能的发挥；二是医疗保险基金在筹集、使用与管理上存在许多问题，主要表现为：财政欠拨与参保企业欠缴医疗保险费严重，挤占、挪用医疗保险基金仍有发生，没有严格执行收支两条线管理等；三是参保人员的个人医疗负担与本人的实际承受能力不相适应，贫困家庭的健康筹资贡献率（家庭对健康贡献的金额/家庭可支配收入）甚至比富裕家庭的健康筹资贡献率高，这与垂直公平原则相违背；四是部分地区医疗保险支付标准过低，住院费用定额结算标准偏低，损害了参保职工的利益，甚至造成困难职工个人医疗负担过重等突出问题；五是定点医疗机构的违规行为时有发生，主要表现为分解处方、违规用药等。

（二）城镇居民基本医疗保障制度

1. 概述 鉴于城镇职工基本医疗保险制度覆盖范围的有限性，为了有效解决更多城镇居民的基本医疗保障问题，国务院于 2007 年 7 月出台了《国务院关于开展城镇居民基本医疗保险试点的指导意见》（以下简称《指导意见》），为我国城镇居民基本医疗保险试点工作的开展确定了基本框架，同时也提供了政策支持。

2. 城镇居民基本医疗保险试点的主要内容

（1）试点目标 《指导意见》要求，2007 年在有条件的省份选择 2～3 个城市启动试点，2008 年扩大试点，争取 2009 年试点城市达到 80% 以上，2010 年在全国全面展开，逐步覆盖全体城镇非从业居民。要通过试点，探索和完善城镇居民基本医疗保险的政策体系，形成合理的筹资机制、健全的管理体制和规范的运行机制，逐步建立以大病统筹为主的城镇居民基本医疗保险制度。

（2）试点原则 一要坚持低水平起步，根据经济发展水平和各方面承受能力，合理确定筹资水平和保障标准，重点保障城镇非从业居民的大病医疗需求，逐步提高保障水平；二要坚持自愿原则，充分尊重群众意愿；三要明确中央和地方政府的责任，中央确定基本原则和主要政策，地方制订具体办法，对参保居民实行属地管理；四要坚持统筹协调，做好各类医疗保障制度之间基本政策、标准和管理措施等的衔接。

（3）参保范围 不属于城镇职工基本医疗保险制度覆盖范围的中小学阶段的学生（包括职业高中、中专、技校学生）、少年儿童和其他非从业城镇居民都可自愿参加城镇居民基本医疗保险。

（4）缴费和补助 城镇居民基本医疗保险以家庭缴费为主，政府给予适当补助。

参保居民按规定缴纳基本医疗保险费，享受相应的医疗保险待遇，有条件的用人单位可以对职工家属参保缴费给予补助。国家对个人缴费和单位补助资金制定税收鼓励政策。

（5）基金支付与管理　城镇居民基本医疗保险基金重点用于支付参保居民的住院和门诊大病医疗费用，有条件的地区也可尝试支付门诊医疗费用。城镇居民基本医疗保险基金应纳入社会保障基金财政专户统一管理，单独列账。试点城市要按照社会保险基金管理等有关规定，严格执行财务制度，加强对基本医疗保险基金的管理和监督，探索建立健全基金的风险防范和调剂机制，确保基金安全。

（6）发挥社区服务组织作用　加快整合、提升、拓宽城市社区服务组织的功能，加强社区服务平台建设，做好基本医疗保险管理服务工作。大力发展社区卫生服务，将符合条件的社区卫生服务机构纳入医疗保险定点范围。通过政策优惠，积极鼓励，引导参保居民到社区卫生服务机构就医。

3. 城镇居民基本医疗保险的运行状况

（1）取得成效　城镇居民基本医疗保险试点工作顺利启动，运行良好，效果明显。一是在试点城市中，愈来愈多的参保居民开始享受医疗保障待遇，大病医疗负担已大幅减轻，因病致贫、因病返贫状况有所缓解，制度效应初步显现，城镇居民基本医疗保险得到社会各界广泛认同；二是制度框架和运行机制基本形成，各地按照《指导意见》要求，普遍建立个人缴费、政府补助、责任明确的筹资机制，形成登记参保在社区和学校、缴费在银行的运行机制；三是政府补助资金投入效果良好，各级财政补助资金及时到位；四是各地医疗保险经办机构的管理与服务能力有所增强，社区劳动保障平台建设和医疗保险信息系统升级改造取得一定进展。

（2）存在问题　由于我国城镇居民基本医疗保险试点工作刚刚开始，还存在诸如覆盖面较窄、受益面不够大、待遇标准也有待逐步提高、多种政策尚需要进一步衔接等问题，需要今后在试点工作中不断解决与完善，为全面建立城镇居民基本医疗保险制度打下基础。

（三）新型农村合作医疗制度

1. 概述　2003 年 1 月 16 日《国务院办公厅转发卫生部等部门关于建立新型农村合作医疗制度意见的通知》（以下简称《意见》），明确了新型合作医疗制度的定义："新型合作医疗制度是由政府组织、引导、支持，农民自愿参加，个人、集体和政府多方筹资，以大病统筹为主的农民医疗互助共济制度。"

2. 主要内容　建立健全新型农村合作医疗制度管理体制。省、地级人民政府成立由卫生、财政、农业、民政、审计、扶贫等多部门合作组成的农村合作医疗协调小组。各级卫生行政部门内部应设立专门的农村合作医疗管理机构，原则上不增加编制。一般采取以县（市）为单位进行统筹，县级人民政府成立由有关部门和参合农民代表组成的农村合作医疗管理委员会，负责有关组织、协调、管理和指导工作。委员会下设经办机构，负责具体业务工作，相关人员由县级人民政府调剂解决。根据需要可在乡（镇）设立派出机构（人员）或委托有关机构管理。

实行个人缴费、集体扶持和政府资助相结合的筹资机制。按照以收定支、收支平衡和公开、公平、公正的原则进行资金管理。农村合作医疗管理委员会及其经办机构管理合作医疗资金，必须专款专用，专户储存，不得挤占挪用。同时建立健全资金的管理制度和监督机制，加强政府、社会和农民对合作医疗资金使用的管理和监督，严格审计，保证资金能够全部、公正和有效地使用在农民身上。

加强农村卫生服务网络建设，强化对农村医疗卫生服务机构的行业管理，积极推进农村医疗卫生体制改革，不断提高农村医疗卫生服务能力和水平，使农民得到较好的医疗服务。各地区要根据情况，在农村卫生机构中择优选择合作医疗的定点服务机构，并加强监管力度，实行动态管理，保证服务质量，控制医疗费用。

3. **特点**

（1）在筹资机制上加大了政府支持力度　新型农村合作医疗明确规定了中央财政和省级以下各级财政的支持额度。

（2）在补偿机制上突出了以大病统筹为主　新型农村合作医疗将重点放在迫切需要解决的农民因患大病而导致的贫困问题上，对农民的大额医药费或住院费用进行补助，保障水平明显提高。

（3）在管理体制上提高了统筹层次　改变了过去以乡、村为单位开展合作医疗的做法，要求以县为单位统筹，条件不具备的地方可以从乡统筹起步，逐步向县统筹过渡，大大增强了抗风险能力。

（4）在参加原则上坚持了农民自愿参加　与社会保障不同，新型农村合作医疗是建立在自愿共济基础上的互助医疗制度，必须强调农民自愿参加的原则。农民群众是新型农村合作医疗的推动力量和最终受益者。

（5）在监管上强化了政府职能　新型农村合作医疗由各级政府负责组织实施，省、地级人民政府成立农村合作医疗协调小组，各地卫生行政部门内部设立专门的农村合作医疗管理机构，县级人民政府成立农村合作医疗管理委员会，委员会下设经办机构，负责具体业务工作。政府建立健全管理体制，加强管理和监督，克服了传统农村合作医疗管理松散、粗放等缺点。

（6）在保障体系上同时构建了医疗救助制度　在建立新型农村合作医疗制度的同时，各级政府通过各种途径配套建立医疗救助制度，资助贫困农民参加合作医疗，这是对该制度的有力支持。

4. **意义**　新型农村合作医疗制度，作为农村社会保障制度的重要组成部分，对于农村的稳定和可持续发展具有重要的现实和长远意义，主要体现在以下几个方面：首先，新型农村合作医疗制度，是从我国基本国情出发，缓解农民看病难、看病贵的一项重大举措。其次，新型农村合作医疗制度，对于缓解农民因病致贫、因病返贫、统筹城乡发展、实现全面建设小康社会目标具有重要作用。再次，新型农村合作医疗制度，是实现我国城乡经济和社会统筹发展、建设社会主义新农村的一项重要任务。最后，新型农村合作医疗制度，对于实现农民生存和就医的平等权利、改善国民卫生条件、提高卫生服务效率、提高农村生活质量、推动农村经济和人力资源的持续发展具有重要意义。

（四）医疗救助制度

1. 概述　医疗救助是指政府通过提供资金、政策与技术支持，或社会通过各种慈善行为，对因患病而无经济能力治疗的贫困人群，实施专项帮助和经济支持的一种医疗保障制度。

医疗救助制度既是多层次医疗保障体系的有机组成部分，又是社会救助体系中的重要部分。我国政府就城乡医疗救助制度曾颁布了系列文件，包括《关于实施农村医疗救助的意见》《农村医疗救助基金管理试行办法》《关于加快推进农村医疗救助工作的通知》《关于建立城市医疗救助制度试点工作意见》《关于做好城镇困难居民参加城镇居民基本医疗保险有关工作的通知》等。

2. 内容　医疗救助保障的是最迫切、最基本的卫生服务需求，以此原则确定的医疗救助内容，主要包括预防保健服务、就医前救助制度、基本诊疗项目、家庭保健、慢性病和重病管理，其他如医疗减免、低价供药、病种救助等方式。

3. 作用

（1）保障贫困人群健康权益　健康权和生存权属于公民的基本人权。1978年，世界卫生组织和联合国儿童基金会通过的《阿拉木图宣言》，提出了"人人享有卫生保健"的目标。对贫困人群进行医疗救助，是人道和保障人权的体现。而政府主导的医疗救助制度就是保障贫困人群健康权和基本生存权的重要手段，它体现了国家对人权的尊重。

（2）维护社会稳定　对社会贫困人群实施医疗救助，不仅缓解了他们因患病而产生的经济压力，更重要的是使他们感受到政府和社会的关怀，让他们感觉到自己并没有被社会抛弃，重新树立生活的信心，在一定程度上缓解了其焦虑情绪，从而维护了社会的稳定。

（3）促进社会公平　公平与效率是一个国家和社会发展过程中永恒的话题。改革开放以来，以经济建设为中心的主导思想，导致卫生等社会事业发展的相对滞后，即使是在卫生系统内部，也存在着严重的效率先于公平的现象。因此，建立医疗救助制度，为贫困人群提供医疗保障能够重塑社会公平，增强公民归属感。

（4）加快经济发展　以往的观点认为，健康是经济发展的附属产品，但是现在越来越多的研究和事实证明，健康投资极具成本效益，对经济发展有着不容忽视的作用。因此，医疗救助制度的建立对于仍有较多贫困人口的我国来说，可进一步保证及促进国民经济的发展。

第二节　国家基本药物制度

一、国家基本药物制度概述

基本药物是适应基本医疗卫生需求、剂型适宜、价格合理、能够保障供应、公众可公平获得的药品。政府举办的基层医疗卫生机构全部配备和使用基本药物，其他各类医疗机构也都必须按规定使用基本药物。

国家基本药物制度是对基本药物的遴选、生产、流通、使用、定价、报销、监测评价等环节实施有效管理的制度，与公共卫生、医疗服务、医疗保障体系相衔接。

二、我国国家基本药物制度建设现状

一是建立国家基本药物目录遴选调整管理机制。制订国家基本药物遴选和管理办法，基本药物目录定期调整和更新。

二是初步建立基本药物供应保障体系。充分发挥市场机制作用，推动药品生产流通企业兼并重组，发展统一配送，实现规模经营；鼓励零售药店发展连锁经营。完善执业药师制度，零售药店必须按规定配备执业药师为患者提供购药咨询和指导。政府举办的医疗卫生机构使用的基本药物，由省级人民政府指定的机构公开招标采购，并由招标选择的配送企业统一配送。参与投标的生产企业和配送企业应具备相应的资格条件。招标采购药品和选择配送企业，要坚持全国统一市场，不同地区、不同所有制企业平等参与、公平竞争。药品购销双方要根据招标采购结果签订合同并严格履约。用量较少的基本药物，可以采用招标方式定点生产。完善基本药物国家储备制度。加强药品质量监管，对药品定期进行质量抽检，并向社会公布抽检结果。

国家制定基本药物零售指导价格。省级人民政府根据招标情况在国家指导价格规定的幅度内确定本地区基本药物统一采购价格，其中包含配送费用。政府举办的基层医疗卫生机构按购进价格实行零差率销售。鼓励各地探索进一步降低基本药物价格的采购方式。

三是建立基本药物优先选择和合理使用制度。所有零售药店和医疗机构均应配备和销售国家基本药物，以满足患者需要。不同层级医疗卫生机构基本药物使用率由卫生行政部门规定。从 2009 年起，政府举办的基层医疗卫生机构全部配备和使用基本药物，其他各类医疗机构也都必须按规定使用基本药物。卫生行政部门制订临床基本药物应用指南和基本药物处方集，加强用药指导和监管。允许患者凭处方到零售药店购买药物。基本药物全部纳入基本医疗保障药品报销目录，报销比例明显高于非基本药物。

第三节　基本公共卫生服务均等化

为逐步缩小城乡居民基本公共卫生服务差距，努力让群众少生病，从 2009 年开始，国家制定并实施基本公共卫生服务项目，切实解决主要公共卫生问题；组织实施国家重大公共卫生专项，有效预防控制重大疾病；提升公共卫生服务能力和管理能力，全面保障公共卫生服务的均等化。

一、基本公共卫生服务均等化的概念

1. 公共卫生服务体系　公共卫生服务体系由专业公共卫生服务网络和医疗服务

体系的公共卫生服务功能部分组成。专业公共卫生服务网络包括疾病预防控制、健康教育、妇幼保健、精神卫生、应急救治、采供血、卫生监督和计划生育等。以基层医疗卫生服务网络为基础的医疗服务体系，为群众提供日常性公共卫生服务。公共卫生服务体系在落实我国预防为主的卫生工作方针，尽可能使老百姓少得病方面发挥着重要作用。

2. 基本公共卫生服务　基本公共卫生服务，由疾病预防控制机构、城市社区卫生服务中心、乡镇卫生院等城乡基本医疗卫生机构向全体居民提供，是公益性的公共卫生干预措施，主要起疾病预防控制作用。

3. 基本公共卫生服务均等化　基本公共卫生服务均等化是指全体城乡居民，无论其性别、年龄、种族、居住地、职业、收入，都能平等的获得基本公共卫生服务。但均等化并不意味着每个人都必须得到完全相同、没有任何差异的基本公共卫生服务。

4. 基本公共卫生服务均等化的目标　实现基本公共卫生服务均等化，目标是保障城乡居民获得最基本、最有效的基本公共卫生服务，缩小城乡居民基本公共卫生服务的差异，使大家都能享受到基本公共卫生服务，最终使老百姓不得病、少得病、晚得病、不得大病。

二、基本公共卫生服务项目均等化主要内容

（一）国家基本公共卫生服务

1. 国家基本公共卫生服务项目　国家根据经济社会发展状况、主要公共卫生问题和干预措施效果，确定国家基本公共卫生服务项目。国家基本公共卫生服务项目随着经济社会发展、公共卫生服务需要和财政承受能力适时调整。地方政府根据当地公共卫生问题、经济发展水平和财政承受能力等因素，可在国家基本公共卫生服务项目基础上增加基本公共卫生服务内容。我国国家基本公共卫生服务项目见表 5-1。

表 5-1　国家基本公共卫生服务项目一览表（2013 年）

类　别	服务对象	项目及内容
建立居民健康档案	辖区内常住居民，包括居住半年以上非户籍居民	1. 建立健康档案 2. 健康档案维护管理
健康教育	辖区内居民	1. 提供健康教育资料 2. 设置健康教育宣传栏 3. 开展公众健康咨询服务 4. 举办健康知识讲座 5. 开展个体化健康教育
预防接种	辖区内 0~6 岁儿童和其他重点人群	1. 预防接种管理 2. 预防接种 3. 疑似预防接种异常反应处理

续表

类　别	服务对象	项目及内容
儿童健康管理	辖区内居住的 0~6 岁儿童	1. 新生儿家庭访视 2. 新生儿满月健康管理 3. 婴幼儿健康管理 4. 学龄前儿童健康管理
孕产妇健康管理	辖区内居住的孕产妇	1. 孕早期健康管理 2. 孕中期健康管理 3. 孕晚期健康管理 4. 产后访视 5. 产后 42 天健康检查
老年人健康管理	辖区内 65 岁及以上常住居民	1. 生活方式和健康状况评估 2. 体格检查 3. 辅助检查 4. 健康指导
慢性病患者健康管理（高血压）	辖区内 35 岁及以上原发性高血压患者	1. 筛查 2. 随访评估和分类干预 3. 健康体检
慢性病患者健康管理（2 型糖尿病）	辖区内 35 岁及以上 2 型糖尿病患者	1. 筛查 2. 随访评估和分类干预 3. 健康体检
重性精神疾病患者管理	辖区内诊断明确、在家居住的重性精神疾病患者	1. 重性精神疾病患者信息管理 2. 随访评估和分类干预 3. 健康体检
传染病和突发公共卫生事件报告和处理	辖区内服务人口	1. 传染病疫情和突发公共卫生事件风险管理 2. 传染病和突发公共卫生事件的发现和登记 3. 传染病和突发公共卫生事件相关信息报告 4. 传染病和突发公共卫生事件的处理
中医药健康管理 *	辖区内 65 岁及以上常住居民和 0~36 个月儿童	1. 中医治未病 2. 老年人中医体质辨识 3. 儿童中医调养
卫生监督协管	辖区内居民	1. 食品安全信息报告 2. 职业卫生咨询指导 3. 饮用水卫生安全巡查 4. 学校卫生服务 5. 非法行医和非法采供血信息报告

注：＊表示 2013 年起新增加的服务类别

2. 重大公共卫生服务项目　国家和各地区针对主要传染病、慢性病、地方病、职业病等重大疾病和严重威胁妇女、儿童等重点人群的健康问题以及突发公共卫生事件的预防和处置需要，制定和实施重大公共卫生服务项目，并适时完善调整。

从 2009 年开始继续实施结核病、艾滋病等重大疾病防控、国家免疫规划、农村孕产妇住院分娩、贫困白内障患者复明、农村改水改厕、消除燃煤型氟中毒危害等重大公共卫生服务项目；新增 15 岁以下人群补种乙肝疫苗，农村妇女孕前和孕早期增补叶酸预防神经管缺陷，农村妇女乳腺癌、宫颈癌检查等项目。

人口和计划生育部门继续组织开展计划生育技术服务，主要包括避孕节育、优生优育科普宣传，避孕方法咨询指导，发放避孕药具，实施避孕节育和恢复生育能力手术，随访服务，开展计划生育手术并发症及避孕药具不良反应诊治等。

（二）保障措施

1. 加强公共卫生服务体系建设 基本公共卫生服务项目主要通过城市社区卫生服务中心（站）、乡镇卫生院、村卫生室等城乡基层医疗卫生机构免费为全体居民提供，其他基层医疗卫生机构也可提供。

重大公共卫生服务项目主要通过专业公共卫生机构组织实施。建立健全疾病预防控制、健康教育、妇幼保健、精神卫生、应急救治、采供血、卫生监督、计划生育等专业公共卫生服务网络。近期要重点改善精神卫生、妇幼保健、卫生监督、计划生育等专业公共卫生机构的设施条件，加强城乡急救体系建设。

优化公共卫生资源配置，完善以基层医疗卫生服务网络为基础的医疗服务体系的公共卫生服务功能。医院依法承担重大疾病和突发公共卫生事件监测、报告、救治等职责以及国家规定的其他公共卫生服务职责。社会力量举办的医疗卫生机构承担法定的公共卫生职责，并鼓励提供公共卫生服务。

加强专业公共卫生机构和医院对城乡基层医疗卫生机构的业务指导。专业公共卫生机构、城乡基层医疗卫生机构和医院之间要建立分工明确、功能互补、信息互通、资源共享的工作机制，实现防治结合。

大力培养公共卫生技术人才和管理人才。在农村卫生人员和全科医师、社区护士培训中强化公共卫生知识和技能，提高公共卫生服务能力。加强以健康档案为基础的信息系统建设，提高公共卫生服务工作效率和管理能力。切实加强重大疾病和突发公共卫生事件监测预警和处置能力。

转变公共卫生服务模式。专业公共卫生机构要定期深入到工作场所、学校、社区和家庭，开展卫生学监测评价，研究制定公共卫生防治策略，指导其他医疗卫生机构开展基本公共卫生服务。城乡基层医疗卫生机构要深入家庭，全面掌握辖区及居民主要健康问题，主动采取有效的干预措施，做到基本公共卫生服务与医疗服务有机结合。

2. 规范管理、转变运行机制 完善基本公共卫生服务规范。根据城乡基层医疗卫生机构的服务能力和条件，研究制定和推广健康教育、预防接种、儿童保健、孕产妇保健、老年保健及主要传染病防治、慢性病管理等基本公共卫生服务项目规范，健全管理制度和工作流程，提高服务质量和管理水平。以重点人群和基层医疗卫生机构服务对象为切入点，逐步建立规范统一的居民健康档案，积极推进健康档案电子化管理，加强公共卫生信息管理。

在研究制定和推广基本公共卫生服务项目规范中，要积极应用中医药预防保健技术和方法，充分发挥中医药在公共卫生服务中的作用。

完善重大公共卫生服务项目管理制度。整合现有重大公共卫生服务项目，统筹考虑，突出重点，中西医并重。建立重大公共卫生服务项目专家论证机制，实行动态管理。

进一步深化专业公共卫生机构和城乡基层医疗卫生机构人事管理和分配制度改革。建立岗位聘用、竞聘上岗、合同管理、能进能出的用人机制。实行岗位绩效工资制度，积极推进内部分配制度改革，绩效工资分配要体现多劳多得、优劳优得、奖勤罚懒，合理拉开差距，形成促进工作任务落实的有效激励机制，充分调动工作人员的积极性和主动性。

3. 健全公共卫生经费保障机制 各级政府要根据实现基本公共卫生服务逐步均等化的目标，完善政府对公共卫生的投入机制，逐步增加公共卫生投入。基本公共卫生服务按项目为城乡居民免费提供，经费标准按单位服务综合成本核定，所需经费由政府预算安排。中央通过一般性转移支付和专项转移支付对困难地区给予补助。政府对乡村医生承担的公共卫生服务等任务给予合理补助，具体补助标准由地方人民政府规定，其中基本公共卫生服务所需经费从财政安排的基本公共卫生服务补助经费中统筹安排。

专业公共卫生机构人员经费、发展建设经费、公用经费和业务经费由政府预算全额安排。按照规定取得的服务性收入上缴财政专户或纳入预算管理。合理安排重大公共卫生服务项目所需资金。人口和计划生育部门组织开展的计划生育技术服务所需经费由政府按原经费渠道核拨。

公立医院承担规定的公共卫生服务，政府给予专项补助。社会力量举办的各级各类医疗卫生机构承担规定的公共卫生服务任务，政府通过购买服务等方式给予补偿。

4. 强化绩效考核 建立健全基本公共卫生服务绩效考核制度，完善考核评价体系和方法，明确各类医疗卫生机构工作职责、目标和任务，考核履行职责、提供公共卫生服务的数量和质量、社会满意度等情况，保证公共卫生任务落实和群众受益。要充分发挥考核结果在激励、监督和资金安排等方面的作用，考核结果要与经费补助以及单位主要领导的年度考核和任免挂钩，作为人员奖惩及核定绩效工资的依据。要注重群众参与考核评价，建立信息公开制度，考核情况应向社会公示，将政府考核与社会监督结合起来。

5. 流动人口卫生和计划生育基本公共服务均等化 探索流动人口卫生和计划生育基本公共服务的工作模式和有效措施，促进流动人口卫生和计划生育信息共享与应用，提高流动人口卫生和计划生育基本公共服务可及性和水平，为建立流动人口卫生和计划生育基本公共服务制度积累经验。结合流动人口的特点确定七项重点工作：建立健全流动人口健康档案，开展流动人口健康教育工作，加强流动儿童预防接种工作，落实流动人口传染病防控措施，加强流动孕产妇和儿童保健管理，落实流动人口计划生育基本公共服务，探索流动人口服务管理新机制。

第四节 公立医院改革

一、公立医院的基本概念

公立医院是由政府出资兴办、纳入财政预算管理的医疗机构。涵盖的范畴包括了

《医疗机构管理条例》中的若干类别，是从筹资角度进行的划分，有别于民营医院。公立医院是我国医疗服务体系的主体，"推进公立医院改革"是新医改方案确定的五项重点改革内容之一，公立医院改革得好不好，直接关乎医改成败。

二、公立医院体制改革的国际经验

（一）公立医院治理机制改革的国际经验

20世纪80年代，随着新公共管理理论的兴起，许多国家和地区开展了公立医院治理机制改革。公立医院治理机制改革主要有自主化、公司化和民营化等几种做法。

1. **英国公立医院自主化治理模式**　该模式通常采取法人治理，在维持公有制前提下，公立医院逐渐从政府管理部门中分离出来，转化为更加独立的经营实体，在兼顾社会效益的同时追求自身生存和发展的目标，并对自己的运行绩效负责。医院托拉斯在英国国家卫生服务制度中作为独立法人实体存在，仍属于公立部门。改革后英国卫生部不再干预医院的具体经营，而是专注于制定政策和制度，对医院进行评价，其下属的大区办公室负责监控医院托拉斯的运行。医院托拉斯拥有医院运营的一切必要权力，决策机构是由各种利益相关者组成的董事会，包括政府机构和患者代表。政府卫生大臣拥有医院托拉斯董事会主席的任命权，医院托拉斯则拥有较大的决策权，如资金、管理和人事自主权，决策进程不用得到卫生管理部门的审核，也可根据实际情况聘任员工，调整薪酬水平，但必须遵守政府制定的相关法律法规，每年须向政府汇报其经济运营状况。英国医院托拉斯有较大的自主权，可不受国家工资标准和人事管理制度的限制。某些医院托拉斯利用人事方面的自主权引入人员聘用制度，并通过与员工的谈判达成。医院托拉斯有权支配各项收入所得，并且有权预留一部分盈余作为应付未来突发事件的储备。

2. **新加坡公立医院公司化治理模式**　公立医院成立企业法人，按照企业管理的方式运作，但所有权仍归属政府。政府通过公司董事会对医院重大决策进行控制。新加坡是对公立医院实施公司化改革的典型国家。政府对公立医院拥有所有权和监督权，由各方面代表组成公司的董事会负责制定医院发展规划、方针和政策，审批收费标准和大型设备、基建项目的经费使用等，任命医院行政总监（或院长）全面管理医院，行政总监向董事会负责，定期汇报工作，医院拥有对员工定期晋级、加薪、辞退、财务收支、医院业务、行政管理等自主权，能够对患者的需求及时做出反应。公司化治理模式使公立医院具有几乎完整的经营自主权并大量参与市场竞争，但仍保留实现社会目标的责任。公立医院接受政府的财政补偿，为患者提供低价格的医疗服务。同时政府派驻代表进入董事会，对医院进行政策指导，一些敏感问题如调整医疗服务价格等仍要提请政府批准，这就使医院在享有经营自主权的同时而不丧失社会公益性。

3. **我国台湾公立医院民营化治理模式**　公立医院民营化不仅仅是指公立医院产权变更和国有资本退出的激进方式，还包括政府放松管制、委托授权、合同外包、特许经营等政府从医院运行环节退出和部分民营化等做法。如政府将公立医院管理和运行的控制权，通过签订合同的方式转移给第三方，政府仅保留对机构固定资产的控制权，实现第三方托管。第三方可以有多种形式，如营利性或非营利性法人团体。该治理模式下，第三方拥有管理医院和做任何决定的权利，但是唯有不能减少固定资产和做不利于公众利用服务的决策。医院员工的聘任从以前政府责任转移到第三方。目前我国台湾公立医院治理机制改革主要采取这种类型，即公立医院所有权仍归属台湾当局所有，而经营权以委托、出租或成立医事财团法人机构的方式交给民间机构经营，采取企业化的方式来管理医院。

（二）公立医院补偿机制的国际经验

受不同的卫生服务筹资和提供方式的影响，公立医院补偿机制可以分为两种主要类型，一是国民卫生体制的国家及地区一般采用的模式，可以称为财政补偿模式；另一种是在社会医疗保险体制和商业医疗保险体制的国家及地区采用的模式，称为双重补偿模式。公立医院补偿机制改革的主要特点：公共筹资（包括各级政府预算拨款以及社会保险基金）为主的补偿渠道日益多元化；根据不同的补偿渠道，按类别预算、按项目支付、总额预算、按病例支付、按住院床日支付和按人头支付等采取多种补偿方式；公立医院实行医药分开，严格控制药品价格。

1. **财政补偿模式**　财政补偿模式是指政府财政几乎全部承担公立医院的开支，患者不付费或者付少量费用。在这种模式里，公立医院的资金来源于政府的税收，补偿方式传统上是按类别（项目）预算制，卫生部门根据公立医院历年的医疗费用，以及所辖范围的人口数等指标分配资金。公立医院是作为政府的福利性机构提供医疗服务，医务人员一般为政府雇员。这种补偿模式的优点，一是有利于控制医疗费用；二是有利于实现基本医疗服务的公平性和可及性。不足之处在于效率不高，对医疗机构和医务人员提供服务的激励作用较弱。

2. **双重补偿模式**　双重补偿模式是指公立医院的一部分开支由政府财政补偿，通常是基建、设备等固定成本，一般的运营成本由医疗保险机构支付，患者根据补偿比例自付一部分费用。在社会医疗保险体制和商业医疗保险体制的国家及地区，公立医院基本上是采取这种补偿机制。补偿来源主要是政府财政和医疗保险基金，公立医院的长期投入成本，即固定成本（如基建、设备、人员工资等）和社会功能成本（如公共卫生、科研教育、社会救助等），通常可从政府公共财政得到补偿。经常性运营成本，即变动成本，一般由患者自付费或医疗保险基金补偿。在支付方式上，这种补偿模式传统上往往采用按项目付费的方式，对医疗机构及医务人员提供服务有较强的激励作用。同时医疗保险机构一般采用签订合同的方式，购买公立医院的服务，这也刺激了医院之间的竞争。该补偿模式的优点在于医院有比较强的动力提供服务和改善质量，患者比较愿意为健康支付保险费用，并且有支付能力的患者能够得到更好的服务。不足之处在于，由于采用具有较强激励作用的支付方式和存在提供者之间的竞争，医疗费用支出水平较高，患者中有无保险和支付能力的高低会影响到他们对基本医疗服务利用的公平性和可及性。

（三）公立医院监管机制改革的国际经验

国际上，公立医院监管机制改革一直在进行中，总体发展趋势表现为，监管主体更加明确，监管内容更加注重过程和结果的统一，监管方式日益多元化。监管机制改革的主要特点：从多重监管向一体化监管转变；从基于结构的监管向基于过程和结果的监管转变；由单一监管工具向多样式监管工具转变。公立医院监管的目标包括改进医院服务绩效，保障医疗服务质量、安全和效果，让医疗机构和从业人员向患者和公众负责。

1. **监管模式**　从监管主体看，主要有政府监管、医疗保险机构监管、行业协会监管等模式。第一种模式下，在传统的公立医院管理模式下，卫生行政部门常通过直接的行政干预和财政预算对公立医院的经营活动进行监管。在公立医院自主化或公司化治理模式下，卫生行政部门则通过间接监管发挥职能，主要形式是由利益相关者组成监事会监督公立医院的运行。第二种模式下，在社会医疗保险体制和商业医疗保险体制为主的国家及地区，医疗保险机构作为第三方，起到代替参保人与公立医院签订合同、购买相应医疗服务的作用。医疗保险机构拥有比个人更为强大的谈判能力，能够有效控制公立医院的行为，主要通过审核和支付方式等手段对公立医院实施监管。第三种模式下，行业协会在许多国家及地区公立医院监管机制中发挥着日益重要的作用，在某些领域协助或者代替政府执行监管职能。这种合作式的监管能够更好地实现信息沟通和交流，达到更佳的监管效果，并且利于监管措施的调整。帮助政府从琐碎的日常管理中抽身出来，政府则着眼于宏观调控以及法律法规的制定。行业协会可以用更专业、更公正的手段和措施来实现监管的目标。

2. **监管范围**　主要包括：规模布局、医疗质量、服务成本。首先，部分发达国家实施了控制公立医院发展规模的监管措施，包括加强对公立医院许可和人员认证的管理力度，要求公立医院设施扩张要以区域内居民的需求为导向，实施区域卫生规划，通过总体预算控制机构的支出等。其次，对医疗质量进行监管主要包括对其进行规范管理，对医院进行评审，向患者、卫生专业人员和公众提供权威的、可行的临床质量指导原则等。其中涵盖的范围既包括单个卫生技术项目（如药品、医用设备、诊断技术和医疗处理程序等），也包括临床管理方面的内容。再次，国民卫生服务体制国家及地区主要通过总额预算控制公立医院的成本，而社会医疗保险体制和商业医疗保险体制下国家及地区主要通过行业协会以及支付方式改革控制公立医院费用的不断上涨。

3. **监管方式**　大致可归为三类：基于控制的监管方式、基于激励的监管方式、自我监管方式。基于控制的监管方式是基于法律的威慑力，强制性要求被监管医院遵循相关法律法规，具体形式包括立法、司法判决和行政法令。基于激励的监管方式是通过建立经济上激励机制，使服务提供者自愿给出自身行为的相关信息，积极主动地遵从监管主体的要求和目标。具体形式主要有三种，即提供政府补贴、签订绩效管理合同以及选择适宜的支付方式。该方式的优势在于交易成本较低，只需较少的行政管理体系支持，但同时需要有精细的激励机制设计。自我监管方式是由医院或医务人员组成的行业协会组织和团体为其成员确立行为标准，并要求加入组织的医院或从业人员自觉遵守，体现了职业道德和行业自律。这种监管方式的优势有两个方面，一是信息充分，行业组织的自我监管可以更好地发挥专业组织的能力，减少信息不对称带来的弊端；二是能够快速调整政策，重大决策可经过行业组织之间的充分协商，平衡利益关系，对于变化能及时做出反应。

三、新医改中的公立医院改革方案

（一）管理体制改革

1. 积极探索管办分开的有效形式　按照医疗服务监管职能与医疗机构举办职能分开的原则，推进政府卫生及其他部门、国有企事业单位所属医院的属地化管理，逐步实现公立医院统一管理。研究探索采取设立专门管理机构等多种形式确定政府办医机构，由其履行政府举办公立医院的职能，负责公立医院的资产管理、财务监管、绩效考核和医院主要负责人的任用。各级卫生行政部门负责人不得兼任公立医院领导职务，逐步取消公立医院行政级别。政府有关部门按照职责，制定并落实按规划设置的公立医院发展建设、人员编制、政府投入、医药价格、收入分配等政策措施，为公立医院履行公共服务职能提供保障条件。强化卫生行政部门规划、准入、监管等全行业管理职能。

2. 建立现代医院管理制度　探索建立理事会等多种形式的公立医院法人治理结构，明确理事会与院长职责，公立医院功能定位、发展规划、重大投资等权力由政府办医机构或理事会行使。建立院长负责制和任期目标责任考核制度，落实公立医院用人自主权，实行按需设岗、竞聘上岗、按岗聘用、合同管理，推进公立医院医务人员养老等社会保障服务社会化。建立以公益性质和运行效率为核心的公立医院绩效考核体系，健全以服务质量、数量和患者满意度为核心的内部分配机制，提高人员经费支出占业务支出的比例，提高医务人员待遇，院长及医院管理层薪酬由政府办医机构或授权理事会确定。严禁把医务人员个人收入与医院的药品和检查收入挂钩；完善公立医院财务核算制度，加强费用核算和控制。

3. 建立和完善法人治理结构　推进政事分开、管办分开。合理界定政府和公立医院在资产、人事、财务等方面的责权关系，建立决策、执行、监督相互分工、相互制衡的权力运行机制，落实县级医院独立法人地位和自主经营管理权。县级卫生行政部门负责人不得兼任县级医院领导职务。明确县级医院举办主体，探索建立以理事会为主要形式的决策监督机构。县级医院的办医主体或理事会负责县级医院的发展规划、财务预决算、重大业务、章程拟订和修订等决策事项，院长选聘与薪酬制订，其他按规定负责的人事管理等方面的职责，并监督医院运行。院长负责医院日常运行管理。建立院长负责制，实行院长任期目标责任考核制度，完善院长收入分配激励和约束机制。

（二）运行机制改革

1. 完善医院内部决策执行机制、优化内部运行管理　完善院长负责制。建立和完善医院法人治理结构，明确所有者和管理者的责权，形成决策、执行、监督相互制衡，有责任、有激励、有约束、有竞争、有活力的机制。按照法人治理结构的规定履行管理职责，重大决策、重要干部任免、重大项目投资、大额资金使用等事项须经医院领导班子集体讨论并按管理权限和规定程序报批、执行。实施院务公开，推进民主管理。完善医院组织结构、规章制度和岗位职责，推进医院管理的制度化、规范化和现代化。探索建立医疗和行政相互分工协作的运行管理机制。建立以成本和质量控制为中心的管理模式。全面推行医院信息公开制度，接受社会监督。

2. 深化公立医院人事制度改革，完善分配激励机制 科学合理核定公立医院人员编制。建立健全以聘用制度和岗位管理制度为主要内容的人事管理制度。以专业技术能力、工作业绩和医德医风为主要评价标准，完善卫生专业技术人员职称评定制度。合理确定医务人员待遇水平，完善人员绩效考核制度，实行岗位绩效工资制度，体现医务人员的工作特点，充分调动医务人员的积极性。探索实行并规范注册医师多地点执业的方式，引导医务人员合理流动。

3. 完善医院财务会计管理制度 严格预算管理和收支管理，加强成本核算与控制。积极推进医院财务制度和会计制度改革，严格财务集中统一管理，加强资产管理，建立健全内部控制，实施内部和外部审计制度。在大型公立医院探索实行总会计师制度。探索实行总会计师制，建立健全内部控制制度，实施内部和外部审计。

4. 强化医疗服务质量管理 规范公立医院临床检查、诊断、治疗、使用药物和植（介）入类医疗器械行为，优先使用基本药物和适宜技术，实行同级医疗机构检查结果互认。推进医药分开，实行药品购销差别加价、设立药事服务费等多种方式逐步改革或取消药品加成政策，同时采取适当调整医疗服务价格。医疗机构检验对社会开放，检查设备和技术人员应当符合法定要求或具备法定资格，实现检查结果互认。公立医院提供特需服务的比例不超过全部医疗服务的10%。

5. 完善绩效考核 建立以公益性质和运行效率为核心的公立医院绩效考核体系。制定具体绩效考核指标，建立严格的考核制度。由政府办医主体或理事会与院长签署绩效管理合同。把控制医疗费用、提高医疗质量和服务效率、提升社会满意度等作为主要量化考核指标。考核结果与院长任免、奖惩和医院财政补助、医院总体工资水平等挂钩。探索建立由卫生行政部门、医疗保险机构、社会评估机构、群众代表和专家参与的公立医院质量监管和评价制度。

（三）补偿机制改革

1. 财政补助渠道 加大政府投入。政府负责公立医院基本建设和大型设备购置、重点学科发展、符合国家规定的离退休人员费用和政策性亏损补偿等，对公立医院承担的公共卫生任务给予专项补助，保障政府指定的紧急救治、援外、支农、支边等公共服务经费，对中医院（民族医院）、传染病医院、职业病防治院、精神病医院、妇产医院和儿童医院等在投入政策上予以倾斜。严格控制公立医院建设规模、标准和贷款行为。

2. 服务收费渠道 推进医药分开，积极探索医药分开的多种有效途径。逐步取消药品加成，不得接受药品折扣。对公立医院由此而减少的合理收入，采取增设药事服务费、调整部分技术服务收费标准等措施，通过医疗保障基金支付和增加政府投入等途径予以补偿。药事服务费原则上按照药事服务成本，并综合考虑社会承受能力等因素合理确定，纳入基本医疗保障报销范围。也可以对医院销售药品开展差别加价试点，引导医院合理用药。在成本核算的基础上，合理确定医疗技术服务价格，降低药品和大型医用设备检查治疗价格，加强医用耗材的价格管理。医院的药品和高值医用耗材实行集中采购。政府投资购置的公立医院大型设备按扣除折旧后的成本制定检查价格，贷款或集资购买的大型设备原则上由政府回购，回购有困难的限期降低检查价格。定期开展医疗服务成本测算，科学考评医疗服务效率。提高诊疗费、手术费、护理费收费标准，体现医疗服务合理成本和医务人员技术劳务价值。医疗技术服务收费按规定纳入医保支付范围。鼓励各地探索建立医疗服务定价由利益相关方参与协商的机制。

3. 完善医疗保障支付制度改革　完善基本医疗保障费用支付方式，积极探索实行按病种付费、按人头付费、总额预付等方式，及时足额支付符合医疗保障政策和协议规定的费用；落实医疗救助、公益慈善事业的项目管理和支付制度；完善补充保险、商业健康保险和道路交通保险支付方式，有效减轻群众医药费用负担。在加强政府指导，合理确定医疗服务指导价格，合理控制医院医药总费用、次均费用的前提下，探索由医院（医院代表）和医疗保险经办机构谈判确定服务范围、支付方式、支付标准和服务质量要求。

小　结

1. 医疗保障制度是社会保障制度的组成部分，是一个国家或地区（或社会团体）对其公民（或劳动者）因病伤造成健康损害事件时，提供相应的医疗卫生服务，并对产生的费用给予经济补偿而实施的各种保障制度的总称。国际医疗保障制度最有代表性的有四种形式。

2. 我国医疗保障体系以基本医疗保险和城乡医疗救助为主体，还包括其他多种形式的补充医疗保险和商业健康保险。

3. 国家基本药物制度是对基本药物的遴选、生产、流通、使用、定价、报销、监测评价等环节实施有效管理的制度，与公共卫生、医疗服务、医疗保障体系相衔接。

4. 基本公共卫生服务，是指由疾病预防控制机构、城市社区卫生服务中心、乡镇卫生院等城乡基本医疗卫生机构向全体居民提供，是公益性的公共卫生干预措施，主要起疾病预防控制作用。基本公共卫生服务均等化是指全体城乡居民，无论其性别、年龄、种族、居住地、职业、收入都能平等的获得基本公共卫生服务。

5. 公立医院是由政府出资兴办、纳入财政预算管理的医疗机构。公立医院治理机制改革的主要特点有：转变政府职能，合理划分政府与公立医院权责；以法人治理形式，实现公立医院所有权、决策权和经营自主权分开；组建代表政府履行出资人职责的办医主体，由多方利益相关者共同参与；组建医院集团，整合医疗资源。

思　考　题

1. 国际上几种主要医疗保障制度的优缺点是什么?
2. 我国实施基本药物制度过程中可能遇到哪些困难? 如何应对?
3. 如何评价和控制基本公共卫生服务均等化实施效果?
4. 公立医院改革的难点在哪里? 如何解决?
5. 概述基本医疗保障制度的发展趋势。

【案例】

县级公立医院，公立医院改革的突破口

全国人大常委会副委员长、原卫生部部长陈竺曾指出：公立医院改革的成效，直接关乎医改成败。但回顾这几年的改革，与其他几项任务相比，公立医院改革始终没有大的突破。医改进入攻坚阶段，县级公立医院被赋予了重任——成为公立医院改革的突破口。

在农工党开封市委主委蒋忠仆代表看来，人才短缺是县级公立医院改革的瓶颈之一，"以河南省为例，卫生技术人员中91.6%的研究生学历人员、70.7%的高级职称人员集中在城市医院"。县级公立医院人才短缺主要原因有两个。一是编制少，职称晋升难。县级公立医院床位和人员编制都是20世纪90年代核定的，已经远远不能满足需要。为了解决这个矛盾，部分医院采用人事代理方式引进急需人才，但由于职称晋升指标与编制人数挂钩，人事代理人员较难晋升职称。二是待遇低，知识更新慢。有数据表明，2012年城市医院医生人均年收入在6.6万元左右，而县级医院医生人均年收入只有4.5万元，而且接受继续教育的机会少，知识和技术很容易落伍。

不少代表和委员都谈道，经济压力是县级公立医院改革面临的最大问题。在很多代表委员看来，改革完善补偿机制是县级公立医院改革的关键。

为了把优秀人才留在县级公立医院，代表建议改革编制及人事制度，落实医院的用人自主权，保证人事代理人员在职称晋升上与在编人员一视同仁。国家应尽快制定引导和鼓励医务人员在基层医疗机构执业的差别化政策。

（资料来源：光明日报，发布日期2014 - 03 - 13）

讨论：

1. 公立医院改革难点在哪里?
2. 公立医院改革难点如何破解?

第三篇　管理工具篇

第六章　卫生管理政策

学习目标：通过本章学习，学生应了解政策、公共政策与卫生政策的概念。熟悉卫生政策的类型、特点及基本要素。掌握卫生政策制定的原则及步骤。

第一节　卫生政策概念与基本要素

一、卫生政策概念

（一）政策

顾名思义，政策就是政治上的策略或者谋略。在古汉语中，"政"是指政治和政事，"策"是指策略和计谋。现代政策科学认为，政策是指政党和国家（或者政府）在一定历史时期为实现某种政治目标或完成某项任务而制定的行为规范和活动指南，是进行政治决策的一种成果形式。

（二）公共政策

公共政策作为一门学科，是在20世纪50年代形成并发展起来的，是人类文明发展到一定阶段的产物，已成为宏观调控和社会管理中不可缺少的一种重要手段。"公共政策"一词是从西方引入的，它强调了政策的本源含义，即政策是为公共利益而存在的，是实现和维护公共利益的行动规范。所谓公共政策，就是指社会公共权威在一定历史时期内为达到一定的目标而制定的行动方案和行为依据。随着公共领域的不断扩大，公共政策越来越多样化和复杂化，几乎涉及社会的各个领域，包括社会治安、外交政策、经济发展、医疗卫生、社会保障、公共设施等一系列重要问题。卫生政策是属于公共政策的一个具体范畴。

公共政策具有以下的特点：

第一，政治倾向性。若单纯从"公共"与"政策"的字面上来看，公共政策是公共利益的集中体现，不应成为政治统治的工具。但是，任何政党执政的政府都是特定阶级利益的政治集团，其一切行为本质上都要服从阶级利益的需要。公共政策的主体是社会政治组织，是政府的一种行为或社会公共权威的一种行为，因而带有鲜明的政治倾向。

第二，价值选择性。任何政策，均要涉及目标是什么，采取什么行动，怎样行动，赞成哪些行为，反对哪些行为等，这些问题的回答与政策制定者信奉的价值观紧密相关。公共政策的任务目标是统治和处理公共事务，是政府或社会公共权威的一种选择性行为，具有选择性的特点。

第三，强制性。公共政策作为社会权威所选择或指定的一种行为规范或行为准则，有其合法性基础并且具有权威性，因而它对于社会成员特别是目标团体具有约束性和强制力。公共政策的强制性主要来源于公众利益的差异性和层次性。公众利益要求是不同的，满足了一部分人的利益，就可能满足不了另外一部分人的利益，甚至还会损害另一部分人的利益，同时，满足了近期的，也可能损害了长远的利益。因而公共政策与一切法律法规一样，具有普遍性和强制性的特点。

第四，相对稳定性。任何公共政策都必须保持一定的稳定性。朝令夕改、变化无常的政策，不仅会丧失政策的权威性和严肃性，而且还会使公共政策的目标团体无法执行，甚至使广大民众无所适从，影响人们对公共政策的信心。同时，公共政策是社会权威在一定历史时期根据当时的具体情况制定的，随着社会生活的变迁，经济、政治、文化系统中的具体情况也会发生种种变化。因此，公共政策也必然要相应地做出变化。所以，公共政策的稳定性又是相对的。

（三）卫生政策

卫生政策是国家政策体系中的一个重要组成部分。卫生工作作为国家社会生活中一个十分重要的领域，关系到国民的生命健康和身体素质，从某种角度讲，是一切社会事业的基础。卫生发展已不仅仅是卫生部门的职责，还与社会和经济发展的各个部门密切相关。它既促进社会和经济的发展，同时又依赖社会和经济的发展。

根据当代卫生事业的发展方向及面临的主要问题，将卫生政策定义为：研究社会如何以合理的方法，在能够负担的成本下（一定资源条件）达到高质量医疗卫生服务所需的各种机制。这一定义包括三层含义：①卫生政策属于社会政策，是为社会服务的，同时也必须是社会参与的；②卫生政策既要促使和保证高质量的卫生服务，又要面对现实，确保社会资源能够负担得起；③卫生政策尽可能采用合理方法、运用多种机制来引导卫生事业的发展。这是最关键也是最难的一点。

在我国，卫生政策涉及的范围比较广，主要包括：卫生工作的基本方针、卫生事业的发展战略、医疗机构的所有制结构、管理模式、运行机制、医疗保健制度等。按照我国现行卫生政策决策主体的不同，我国的卫生政策可以分为以下 3 种类型。

一是指导型卫生政策。这是党和政府领导决策的卫生政策。党中央和地方各级党委在相应的一些重大的卫生工作问题上制定总的卫生政策，以规定卫生工作的方向和指导原则。

二是法制型卫生政策。这是人民代表大会权利决策系统制定的卫生政策。权利系统通过民主程序，将关系到国家和全体人民利益的一些卫生问题形成卫生政策，用法律的形式固定下来，使其变为国家和人民的意志。人们通常所指的卫生法律法规就是法定化的卫生政策，它的作用在于尽可能消除卫生政策执行过程中的随意性。

三是实施性卫生政策，这是政府授权的卫生行政部门的行政决策系统制定的卫生政策，现行大量的卫生政策都属于这种类型。该类卫生政策有着明显的执行性特点，而且重点在于为医疗卫生单位及有关部门和人员提供具体可行的行动指南，它是对总的卫生政策的细化，有较大的选择性、灵活性和时效性。

卫生政策除具有公共政策的共同特点外，还具有以下特点。

第一，卫生政策既具有鲜明的阶级性，又有一定的共同性。在阶级社会中，政策代表阶级的利益和意志，并为统治阶级服务，卫生政策也不例外，具有鲜明的阶级性。另一方面，由于卫生事业是全人类的共同事业，人类健康有关的环境因素与生物因素是基本一致的，因此它又具有共同性。

第二，卫生政策既具有特定的部门性，又有广泛的社会性。现代社会，随着医学模式向生物—心理—社会综合模式的转变，无论什么卫生政策，它所面向的都是大小不同的"社会"，不但要依靠卫生部门，而且要依靠政府的力量，动员社会公共参与，利用卫生政策手段来解决社会卫生问题。初级卫生保健政策就是典型的例子。

第三，卫生政策既有相应的强制性，又具有相对的说服教育性。有些类型的卫生政策，特别是法制型的卫生政策，具有严格的强制性，如烈性传染病控制政策、突发性公共卫生事件处理政策的实施就是这样。但由于卫生政策涉及对象多是公众，需要人们理解和自觉接受后才能产生预期效果，因此又具有说服教育性。

第四，卫生政策既有很强的时效性，又有持续的稳定性，并应随着时代的发展不断研究和完善。

二、卫生政策的基本要素

（一）卫生事业的特征

随着社会的发展，人们对卫生事业的认识也越来越深刻和完善。当今，人们对卫生事业的以下特征普遍达成了共识：①健康是一种基本人权，因而应由国家政府予以保障。②医疗卫生保健是服务的一种，属于技术型服务和情感型服务相重叠的特殊产品，不仅需要较复杂的技术手段，还需要医患双方的情感交流。③医疗服务供需双方的关系是由供方垄断的。这是由医疗卫生服务的必需性、难以替代性及需方对所应接受的服务信息不对称而引起的。④卫生事业的效益观是社会效益第一。

从卫生事业的特征可知，医疗卫生服务较一般的商品和服务无论在内涵生产上还是外延管理上都远为复杂，往往具有多重性，相应的政策干预与导向也变得较为复杂。

（二）卫生政策的要素

1. 公平性　主要研究人们怎样得到卫生服务。其具体组成部分为：①人们的医疗保险享受情况；②医疗卫生服务的提供系统与提供方式，包括各种卫生机构和设施的分布；③消费者对医疗服务有关知识和信息的了解程度；④医疗卫生保健的系统特征及什么人、什么时候和为什么去寻求就医。

2. 质量　即指所提供的医疗服务的水平与能力。具体又分为：①从供方结构上保证质量，主要指医务人员的培训，包括医学教育与从业资格认定等。这是质量提高的第一步。②行医操作过程中的质量控制，也就是医疗卫生服务的提供方要有合理、正确的行医行为。③从结果看医疗服务的质量，即健康状况的改善和提高程度。④治疗和照顾的关系，即医疗卫生服务质量不仅要从医学科学角度考虑，而且还要加上照顾和关心这样一种成分，即服务态度。⑤注重医疗质量的同时，还应兼顾相应的成本—效果关系，即适宜质量、适宜服务的问题。

3. 费用　即由谁支付哪些医疗卫生服务。主要是研究个人、群体和社会三方面对卫生费用的分担比例。个人分担要考虑到公平性，群体要考虑家庭、单位或雇主的支付水平，而社会（包括政府）要考虑卫生费用占国民生产总值的比例、人均卫生费用及卫生事业费在政府预算及支出中的比例等。同时，卫生政策的费用要素还涉及一些非货币成本的价值度量，比如焦虑、不满意、痛苦等。

第二节　卫生政策的制定

一、卫生政策制定原则

（一）政策议程

政策议程就是将政策问题提上政府议事日程，纳入决策领域的过程。将一个政策问题提到政府机构的议程之上是解决该问题的关键一步。政策议程的形成过程，也就是问题有望获得解决的过程；就是统治阶级或人民群众反映和表达自己的愿望和要求，促使政策制定者制定政策予以满足的过程；也是政府或执政党集中综合它所代表的阶级、阶层和集团的利益，并通过政策制定予以体现的过程。

在政治系统中存在多种政策议程，科布和埃尔德认为可以将它分为系统议程和政府议程。系统议程是由那些被政治社区的成员普遍认为值得公众注意，并由与现存政府权威中的立法范围内的事务相关的一切问题；政府议程是由那些引起公共官员密切而又积极关注的问题组成。政府议程是行动的程序，是决策机关和人员对有关问题依照特定程序予以解决的实际活动过程，它比系统的程序更具体、更明确。问题经过一定的描述，为决策系统正式接受，并采取具体方案试图解决的时候，系统议程就转入政府议程。

社会问题要进入政策议程，既要有能够发现问题的观察机制，又要在公众与政府、上级与下级之间存在良好的沟通机制。社会问题进入政策议程的主要途径有以下几种：

一是政治领袖。政治领袖是决定政策议程的一个重要因素，无论是出于政治优先权的考虑，还是因为对公众利益的关切，或者两者兼而有之，政治领导人可能会密切关注某些特定的问题，将它们告知公众，并提出解决这些问题的方案。

二是政治组织。政治组织是形成政策议程的基本条件。政策问题是涉及国家和社会全局的大事情，关系到人们的切身利益，因而政策议程的形成往往是一个复杂的过程，通常情况下单靠个人的力量是难以实现的，必须借助一定的组织形式（如政党、政治团体和社会组织等）。在我国，这些政治组织主要是政府、政党、工会、妇联和青年组织。通过组织来集中、归纳和反映其所代表的集团的利益、要求和呼声，使之列入政策议程，以政策的形式予以满足，是这些组织的主要职能。

三是代议制。这是形成政策议程的一个基本途径。代议制是人民群众通过选举产生代表，组成代表大会和议会（国会）等，反映各自所代表的利益、愿望和要求，就有社会问题形成各种提案、建议等，以引起政府关注或要求政府列入议程。人民代表大会制是我国的根本政治制度，也是广大人民群众参政议政的基本形式。

四是选举制。这是和代表制度相配套的一种民主制度。社会选举制度是社会主义民主政治中公民表达自己意愿的重要途径。选举的过程实际上是选举人对自己的利益和意愿的一种选择，是对决策者的一种选择，也是对政策的一种选择。

五是行政人员。国家行政机关的工作人员在执行政策以及处理公务的过程中，因其接触范围较广，掌握信息较多，对群众生产和生活中遇到的实际问题也就比较了解，他们常常能在无意中发现与原有政策相关的新问题，认识到如果不解决这些新问题就将妨碍原有政策的执行，或者对整个国家和社会公共利益产生不良影响，因而将之列入政策议程。

六是利益集团。利益集团是在政治共同体中具有特殊利益的团体，它们在政治生活中的一个主要目的就是影响决策过程，以便实现自己的目的和主张。各种利益集团就与自己利益相关的问题单独或联合其他团体向政府提出要求，并通过游说、宣传、助选、抗议和施加压力等手段迫使政府将其列入政策议程。

七是专家学者。在各自的研究领域中，专家学者通过对课题的分析，能够发现某些重要问题，并能凭其专业优势和特长运用科学理论和分析技术对社会发展的趋势和进程进行科学预测，一旦取得对经济建设和社会发展产生巨大和深远影响的成果，也能通过各种渠道将之列入政策议程。

八是公众。公众在日常生产和生活中对于某些影响或损害其权益的问题不满时，一般通过各种渠道向政府反映，以求得到解决。在某些情况下，如果问题得不到解决，群众还会采取一些威胁性的方式向政府施加压力，迫使采取行动解决问题。

九是大众传播媒介。大众传播媒介被誉为"第四种力量"，具有信息量大、涉及面广、影响力强和传播迅速等特点，能形成强大的舆论压力，从而促使政策议程的建立。

十是危机和突发事件。突发事件会让相关问题的解决变得迫切，促使这一问题被提上政策议程。例如，2003 年"非典"的流行促使我国出台了一系列公共卫生政策。

（二）卫生政策制定原则

在实际工作中，进入卫生政策制定过程时，首先需要解决的就是确定卫生政策的指导思想。正确的政策来自正确的指导思想，这就是卫生政策议程确立的依据，这些依据主要有以下四个方面。

第一，事实依据。实事求是，一切从客观实际出发，以客观事实为依据，是制定卫生政策时的首要依据。以客观事实为依据，就是以中国的国情，及社会性质、经济状况、政治状况、卫生资源状况、群体健康状况等为依据。我国现行的卫生政策和改革工作的基本战略思想正是以中国的实际情况为依据，在实事求是地研究中国国情后确立的。

第二，理论依据。理论是客观实际的总结和概括。正确的理论往往从纷繁复杂的客观事实中抽象出规律性，指导人们认识新的客观实际，因此制定卫生政策的第二个基本原则是以科学的理论为依据，按客观规律办事。其次，由于卫生工作的专业性强，卫生事业的发展既有其社会学规律，又有其生物学规律，所以医学科学理论，卫生管理科学理论也是制定卫生政策不能忽视的理论依据。

第三，政策依据。卫生政策中的某些措施可能是纯技术措施，但是作为一级正式的政治性组织制定的卫生政策，却是一种政治性的措施。卫生政策的制定，还必须有其政策依据。当然，不同的卫生政策的制定系统制定卫生政策时所考虑的依据是不同的，一般来说，制定卫生政策时作为依据的政策大体上有三个方面：一是党在一定历史时期的总政策；二是政府依据党的总政策做出的施政性综合政策；三是上级卫生主管部门制定的政策。

第四，利益依据。社会主义国家的政策必须符合人民的利益，只有符合人民群众利益的政策，才能得到人民群众的理解和支持；只有符合人民群众利益的政策，才有利于社会的发展，才是正确的政策。因此，符合人民群众利益是我们制定卫生政策的又一重要依据和原则。人民群众利益在卫生保健方面具体体现为卫生工作的社会效益，主要表现在：通过不断提高医疗卫生保健服务质量，努力改善服务态度，逐步满足社会对医疗卫生保健日益提高的需要，从而有效地保护劳动力，保护人民群众健康。因此，制定各个方面的具体卫生政策时，必须以卫生工作的社会效益为依据、为准则。

（三）卫生政策议程确定程序

一是罗列社会性卫生问题。常用的方法有文献收录、意向调查、专题调研。

二是社会性卫生问题分类。用类别分析法，分析研究分类及其相互关系。

三是确定是否属于政策性问题。

四是确定问题严重程度、优先次序。

五是政策问题的分析。常用的定性方法有德尔菲法、列名团体法、意向调查法；常用的定量分析法包括调查法和预测方法等。

六是按优先次序分析潜在影响因素和根源、作用机制。常用的方法包括层次分析法、模型逻辑推理法、类比分析法、德尔菲法和多因素分析法等。

七是确定可能的问题解决方案。常用的方法有假设分析法、系统分析法、优先选择法。

八是进行可行性论证。政策问题确认的可行性论证一般包括政策问题的政治可行性、经济可行性、技术可行性和法律可行性等。

二、卫生政策制定步骤

（一）卫生政策目标的确定

卫生政策要针对所形成的政策问题，从区域角度，有解决全国范围面临的共同卫生问题，也有仅解决某一特定地区面临的卫生问题；从专业角度来看，有解决预防保健问题的，也有解决医疗问题的；从管理角度来看，有解决医疗卫生服务机构面临的经济问题、医疗服务对象面临的需求与需要问题、卫生事业总体发展问题的，也有仅解决某一具体卫生项目问题的。因此，在制定卫生政策时，首先要明确解决的政策问题是什么，即确定卫生政策目标，这是制定卫生政策的前提和基础。

（二）卫生政策方案的设计

卫生政策的目标确定后，就要围绕需要解决的问题对有关卫生保健工作或管理工作的政治环境、经济环境、社会环境、自然环境等各方面进一步进行调查研究，查阅和收集各种资料，召开研讨会，听取各方面的意见和建议，运用创造性思维构想出多种实现卫生政策的思路和方案轮廓，然后才有可能制定卫生政策的具体内容。这一步骤的重点，一是要保证卫生政策方案的多样性，二是要提供解决问题的创造性新思路。

（三）卫生政策方案的论证选优

论证就是对卫生政策方案进行比较，论证其技术上的可行性和社会经济上的效益性，为选优提供理论依据。卫生政策论证要有领导者、专家、方案起草人员和有实践经验的实际工作者参加，重大的卫生政策论证还需要召开多种形式的讨论会、研究会，广泛听取各方面的意见和建议。论证卫生政策方案要有全局观念、系统观念，对卫生政策方案中的每一项措施都要进行严密的分析，做出实事求是的评价，在全面系统分析的基础上得出科学结论。

一般来说，卫生政策的论证评价进程也就是卫生政策的选优过程。制定卫生政策时，设计卫生政策方案一般有一个基本方案，同时，还应起草备选方案。在选择方案时，通过比较评价来选定较优的政策方案。在实际工作中，卫生政策的评价选优主要体现在卫生政策方案措施的选优，对每一项基本措施权衡利弊，坚持符合实际需要、符合全局利益、符合效益的正确价值标准，选择最优措施，在综合评价的基础上做出卫生政策方案的选定。

（四）卫生政策决策

卫生政策设计能否成为政策的最后环节是政策决策。在未决策之前，所有政策设计都只是政策方案。因此，为最后实现政策目标，政策决策至关重要。

根据政策内容、作用范围与力度不同，卫生政策的决策机构和决策人员在中央和地方呈现不同的层次。政府、人民代表大会，是卫生政策决策的最高层次，其决策内容一般涉及多部门和社会参与的较重大政策，如区域卫生资源配置政策、医疗保障政策等，决策以规划、条例、法律、决议等形式为多。

小　　结

1. 卫生政策，就是研究社会如何以合理的方法，在能够负担的成本下（一定资源条件）达到高质量医疗卫生服务所需的各种机制。它属于社会政策，既要促使和保证高质量的卫生服务，又要面对现实，确保社会资源能够负担得起。因此必须尽可能采用合理方法、运用多种机制来引导卫生事业的发展。

2. 卫生政策的制定，要考虑几个关键要素

（1）可及性　包括人们对医疗保险享受情况，医疗卫生服务的提供系统与提供方式，消费者对医疗服务有关知识和信息的了解程度，及医疗卫生保健的系统特征。

（2）质量　要从结构—过程—结果三方面对医疗卫生服务质量进行全面控制，在提高服务态度的同时，兼顾成本—效果关系。

（3）效率　主要是研究个人、群体和社会三方面对卫生费用的分担比例。个人分担要考虑到公平性，群体要考虑家庭、单位或雇主的支付水平，而社会（包括政府）要考虑卫生费用占国民生产总值的比例、人均卫生费用及卫生事业费在政府预算及支出中的比例等。

3. 卫生政策的制定要遵循科学的议定程序　以事实、理论、政策为依据，符合人民群众的根本利益。在制定卫生政策时，首先要明确解决的政策问题是什么，然后围绕需要解决的问题对有关卫生保健工作或管理工作进行调查研究，形成初步的卫生政策方案。最后在进行比较论证的基础上，广泛听取各方面的意见和建议，形成科学的决策。

思　考　题

1. 卫生政策的概念是什么？
2. 卫生政策的基本要素有哪些？
3. 制定卫生政策的基本原则和步骤是什么？

【案例】

进一步深化医药卫生体制改革

2013 年，医改进入向纵深推进的攻坚阶段。根据国务院"十二五"医改规划提出的重点任务和主要目标，深化医改的重点任务涉及加快健全全民医保体系、巩固完善基本药物制度和基层医疗卫生机构运行新机制、积极推进公立医院改革、统筹推进相关领域改革四个方面。其中健全全民医保体系主要包括巩固扩大基本医保覆盖面、稳步提高保障水平，建立重特大疾病保障和救助机制等；巩固完善基本药物制度和基层运行新机制主要包括实施 2012 年版国家基本药物目录，创新绩效考核机制，落实乡村医生补偿政策等；推进公立医院改革主要包括评估第一批县级公立医院改革试点经验，启动第二批县级公立医院改革试点工作，拓展深化城市公立医院改革试点等；统筹推进相关领域改革主要包括加快推进社会资本办医，创新卫生人才培养使用制度等。

国务院办公厅同时对 2013 年深化医改的具体工作进行了安排部署。在 2013 年要完成的 26 项任务中，由国家卫生计生委、发展改革委、财政部等部门牵头负责。配合部门涉及教育部、工业和信息化部、民政部、商务部、国资委、保监会、食品药品监管总局、国家中医药管理局等 8 个部门。

同时提出了四个方面的保障措施：一是强化责任制，加强领导，密切配合，提高推进改革的协调力和执行力。二是落实政府投入，将年度医改任务所需资金纳入财政预算，并按时足额拨付到位，切实落实"政府卫生投入增长幅度高于经常性财政支出增长幅度，政府卫生投入占经常性财政支出的比重逐步提高"的要求，确保"十二五"期间政府医改投入力度和强度高于 2009～2011 年医改投入。加强资金监督管理。三是加强绩效考核，实施医改进展情况监测和效果评估，及时发现和研究解决医改实施中存在的问题。四是强化宣传引导，做好医改政策解读，合理引导社会预期，营造良好的舆论氛围。

（资料来源：中华人民共和国国家卫生和计划生育委员会，2013）

讨论：

结合本案例，思考在卫生政策的制定过程中，如何加强各相关部门之间的联动协调关系？

第七章　卫生管理工具

学习目标：通过本章的学习，学生应该了解卫生管理工具的定义。熟悉卫生管理中常用的管理方法及卫生管理工具的新进展。掌握基本的卫生政策决策模型及分析方法。

第一节　当代卫生管理工具

一、卫生管理工具概述

所谓管理工具，是指能够实现管理职能、完成管理目标、保证管理活动顺利进行的专门方式、手段、措施等。广义的管理工具，应该包括管理方法和管理技术。所谓管理技术，主要是指管理工具中正在逐渐定量化的部分。他是管理活动的主体作用于管理活动客体的桥梁。本节主要从资料收集和资料分析两方面来介绍卫生管理中最常用的方法和技术。

二、卫生管理中常用的管理方法与管理创新

（一）资料收集的方法

常用的收集资料的方法有文献法、观察法、访问法和试验法。可以根据研究的目的和研究对象的特点加以选择，但实际工作中各种方法往往交叉或结合使用。

1. 文献法　文献法是最基础和用途最广泛的资料收集方法。通常我们可以将文献分为未公开发表和公开发表两大类进行检索。未公开发表的文献主要有个人写的日记、文稿、笔记等，以及各单位内部文件、规章制度、统计报表、总结报告等。公开发表的文献包括各种类型的正式出版物和在互联网上发表的文献，是文献的主体，数量巨大。为准确全面地收集资料，可以采用按时间顺序或倒查的普查方法；也可以针对学科的发展特点针对该学科发展较快、文献发表较多的年代，采取抽查的方法；还可以利用作者在文献末尾所附的参考文献目录进行追溯查找。

在收集文献资料的过程中，应该注意的事项有：①应紧密围绕研究课题；②在内容上应尽可能丰富；③尽可能收集原始文献资料；④注重对收集文献资料的鉴别与筛选；⑤收集文献的态度要严肃，既不能断章取义，更不能肆意剽窃。

2. 观察法　观察法是研究者根据一定的研究目的、研究提纲或观察表，用自己的感官和科学观测仪器观察被研究对象，从而获取资料的一种方法。

在卫生管理研究中，观察法可以为研究者提供详细的第一手资料，可以对卫生管理领域的问题及现象有直接的感性认识。利用观察法还可以收集到用其他方法很难获取的信息，特别是当研究者与被研究者无法进行语言交流或处于不同文化背景的情况下，常采用观察法。科学的观察必须符合以下要求：①有明确的研究目的或假设；②预先有一定的理论准备和比较系统的观察方法；③由经过一定的专业训练的观察者用自己的感官及辅助工具进行观察，有针对性的了解正在发生、发展和变化的现象；④有系统的观察记录；⑤观察者对所观察的事实要有实质性、规律性的解释。

3. 访问法　也称访谈法，是通过询问的方式向访问对象了解情况。这是广泛应用的一种卫生管理研究资料收集的方法。

根据不同的划分标准，访问法可分为不同的类型。

根据访问过程的控制程度分类，可分为结构式访问、非结构式访问和半结构式访问。结构式访问是指访问员事先按照统一设计的、有一定结构的问卷或调查表进行的访问。而非结构性访问是指没有事先统一的调查问卷或调查表，也不规定标准的访谈程序，由访问者与访问对象就一些问题自由交谈的一种访问方法。半结构式访问是介于结构式访问和非结构式访问之间的一种访问方法。其特点是：有调查问卷或调查表，具有结构式访问的演进和标准化题目，又给访问者留有较大的表达自己的观点和意见的空间。

根据访问对象的构成分类，可分为个体访问和集体访问。个体访问是指由访问者对受访者逐一进行的单独访问。集体访问，也称调查会、座谈会，由一名或数名访问人员邀请多人同时作为访问对象，通过集体座谈方式进行的访谈。常见的集体访问包括专家会议法、德尔菲法、头脑风暴法等。

（1）专家会议法　专家会议法是专家运用自己的知识和经验，直观地对调研主题进行分析和综合，从中找出规律并做出判断。然后对专家意见进行整理、归纳并得出结论。

专家会议同个人判断比较，其优点在于专家提供的信息量较大；考虑的因素较多；提供的方案更为具体。专家会议有助于交换意见、相互启发、集思广益，通过内外反馈把思想集中于研究目标。其缺点在于专家代表的意见又受心理因素的影响，如屈服于权威和大多数人意见，忽视少数人的正确意见以及不愿公开修正已发表的意见等。

（2）德尔菲法　德尔菲法是专家会议法的一种发展，是由美国兰德公司于 1964 年首先用于技术预测的一种方法。它是采用匿名方式通过几轮咨询，征求专家们的意见，然后将他们的意见综合、整理、归纳，再反馈给各个专家供他们分析判断，提出新的论证。如此反复，已渐趋于一致。

采用德尔菲法的前提是需要成立一个领导小组，小组负责拟定主题，编制讨论主题一览表，选择专家，以及对讨论结果进行分析处理。专家的人数一般以 10~50 人为宜。人数太少，学科代表性有所限制，缺乏权威，影响预测精度；人数太多则难以组织，对结果处理也比较复杂，然而对一些重大问题，专家人士也可扩大到 100 人以上。

（3）头脑风暴法　头脑风暴法是由美国创造学家 AF 奥斯本于 1939 年首次提出、1953 年正式发表的一种激发性思维的方法。头脑风暴法可分为直接头脑风暴法和质疑头脑风暴法。前者是在专家群体决策中尽可能激发创造性，产生尽可能多的设想的方法，后者是对前者提出的设想、方案逐一质疑，分析其现实可行性的方法。头脑风暴法的参加人数一般为 5～10 人，有主持一名，主持人只主持会议，对设想不做评论。会议要主题明确，会议主题提前通报给与会人员，让与会者有一定的准备。设记录员 1～2 人，要求认真将与会者每一设想都完整记录下来。

在群体决策中，由于群体人员心理相互作用、相互影响，易屈服于权威或大多数人的意见，形成所谓的"群体思想"。群体思维易削弱群体的批判精神和创造力，损害决策的质量。而头脑风暴法恰恰避免了这一点。其遵循的原则是：①禁止批判和评论，也不要自谦；②目标集中，设想越多越好；③鼓励巧妙地利用和改善他人的设想；④与会人员一律平等；⑤主张独立思考，以免干扰他人思维；⑥提倡自由发言，畅所欲言，任意思考；⑦不强调个人成绩，以小组利益为重，人人创造民主环境，不让多数人意见阻碍个人新的观点的产生，激发个人追求更多更好的主意。

（4）实验法　实验法是指实验者有目的、有意识地施加、改变或控制一些因素，然后观察研究对象产生的效应，以建立变量间的因果关系的一种研究方法。

（二）资料分析方法

1. 卫生管理中常见定性资料分析方法　卫生管理学中常用的定性资料研究方法有 SWOT 分析法、利益相关者分析法、PEST 分析法、情景分析法等，下面分别就每种方法做简单介绍。

（1）SWOT 分析法　SWOT 分析法又称为态势分析法，它是由美国旧金山大学的管理学教授于 20 世纪 80 年代初提出的。随着卫生事业管理的发展和管理观念的不断更新，SWOT 分析法已经被卫生领域内的专家和行政部门的管理者广泛认可和接受。通过对卫生事业自身的既定内在条件进行分析，找出当前的主要问题，遭遇的挑战，面临的有利机遇，为未来的卫生规划及改革提供一定的理论基础。在卫生战略分析中，它是最常用的方法之一。

SWOT 分析法将与研究对象密切相关的各种优势、劣势、机会、威胁等因素进行提炼，对研究对象所处的情景进行全面、系统、准确的研究，从而根据研究结果制定相应的发展战略、计划以及对策等、其中 S、W 是内部因素，O、T 是外部因素。SWOT 分析法的主要步骤：

①环境因素分析：运用各种调查研究方法诸如观察法、文献分析法等分析目前的环境因素，研究相关主题，大到整个卫生领域，小到一家医院，包括其所处的各种环境因素，及外部环境和内部因素。

②SWOT 矩阵构造：将调查所得出的各种因素根据轻重缓急或影响程度等排序方式，构造 SWOT 矩阵。通过专家会议、德尔菲等方法，将那些对研究主体发展有直接

的、重要的、长远的影响的因素优先排列，而将次要的、可以暂缓的、短期影响的因素排列其后。

③行动计划的制订：在完成环境因素分析和 SWOT 矩阵构造之后，需制订出相应的行动计划。计划应注意优势因素，重点克服弱点因素，及时把握机会因素，善于化解威胁因素。考虑过去，立足当前，着眼未来，得出一系列卫生领域相关主题未来发展的可选择对策。

（2）利益相关者分析法　在卫生事业管理政策制定过程中，往往会牵涉到多方的利益相关者，并且这些主体间的冲突也愈来愈显示出复杂化的趋势。如何化解各个利益相关者之间的利益矛盾，实现作为社会利益核心的公共利益，越来越显示出其重要性和迫切性。

（3）PEST 分析方法　PEST 分析法通过政治、经济、社会和技术角度或者四个方面的因素分析从总体上把握宏观环境，并评价这些因素对卫生系统战略目标和战略制定的影响。

①政治因素：政治因素是指对组织活动具有实际与潜在影响的政治力量和有关的法律、法规等因素。当政治制度与体制、政府对卫生系统医疗活动的态度发生变化时，以及政府发布了对医疗活动具有约束力的法律、法规时，医疗活动必须随之做出调整。法律环境主要包括政府制定的对医疗活动具有约束力的法律、法规，如侵权责任法中对医疗纠纷处理的相关条文等，政治、法律环境实际上是和经济环境密不可分的一组因素。

②经济因素：经济因素是指一个国家的经济制度、经济结构、产业布局、资源状况、经济发展水平以及未来的经济走势等。构成经济环境的关键要素包括 GDP 的变化趋势、利率水平、通货膨胀的程度及趋势、失业率、居民可支配收入、卫生服务供给成本、医疗市场的完善机制、卫生服务市场需求状况等。由于医疗机构是处于宏观大环境中的微观个体，经济环境会决定和影响其自身发展规划的制定。

③社会因素：社会因素是指医疗机构所面对的服务人群的民族特征、文化传统、价值观念、宗教信仰、教育水平以及风俗习惯等因素。构成社会环境的要素包括人口规模、年龄结构、种族结构、收入分布、消费结构和水平、人口流动性等。其中人口规模直接影响着一个国家或地区医疗服务的数量，而年龄结构则对疾病的种类、构成等有一定的影响，进而决定医疗机构的种类及服务模式。社会因素中的价值观也直接或间接的影响人们的就医行为和就医决策。自然环境是指为卫生服务需求或服务提供的地理、气候、资源、生态等环境。不同的地区由于其所处的自然环境不同，疾病的发生与转归，医疗服务的可及性等都会不同。

④技术因素：卫生系统的技术因素不仅仅包括疾病检查与治疗的新技术、新药物等，还包括卫生管理的新方法和新模式，以及这些技术的发展趋势和应用前景等。

2. 常用定量资料分析方法

（1）投入 - 产出分析法　投入 - 产出分析法又称为部门联系平衡法，起源于 20 世纪 30 年代的美国，后来迅速推广到世界各国。其特点是：在考察部门间错综复杂的投入产出关系时，能够发现任何局部的最初变化对经济体系各个部门的影响。根据预测对象及需要的不同，投入产出模型按照计量单位可分为静态投入产出模型、动态投入产出模型两种类型。

（2）系统分析法　系统分析法最早是由美国兰德公司在第二次世界大战结束前后提出并加以使用的，其基本概念是指把要解决的问题作为一个系统，对系统要素进行综合分析，找出解决问题的可行方案的咨询办法。我们可以把一个复杂的卫生管理看作系统工程，通过系统目标分析、系统要素分析、系统资源分析和系统管理分析，可以准确地诊断问题，深刻地揭示问题起因，有效地提出解决方案。

系统分析具有若干特点：①最优化：寻求解决问题的最优方案；②定量化：不但要进行定量分析以确定其属性，还要进行定量分析以掌握其程度；③模型化：模型是对系统的简化及抽象处理的方法；④程序化：系统分析无论采取何种分析方法，在解决某个具体问题时都要按一定的程序进行。

（三）卫生管理工具新进展

1. 关键路径法　关键路径法是 1956 年美国杜邦公司提出的，在社会各领域广泛应用。在医疗卫生领域尤其是医院日常运作中，20 世纪 90 年代，针对质量保证及质量促进等卫生医疗服务问题，推出了质量效益型管理模式——临床路径。

2. 循证政策分析　1992 年，《美国医学会杂志》首次提出循证医学的概念，并在近 20 年内迅速发展。不仅成为一门关于如何遵循证据进行医学实践的科学，更发展为如何遵循证据进行医疗卫生决策的学问，为各国摆脱医疗卫生服务的困境提供了新的出路。

3. TOPSIS 法　又称理想解法，是有限方案多目标决策分析中的一种常用方法，广泛应用于医院绩效评价、卫生决策等多个领域。其基本原理是从评价对象归一化的原始数据矩阵中，找出其中的最优和最劣方案，然后通过评价二者之间的距离，求出评价对象与最优和最劣相对接近程度作为综合评价的依据。

第二节　卫生政策决策模型与分析方法

一、卫生政策决策模型

卫生决策过程中使用到的方法很多，这里简要介绍临床常用的决策树方法和卫生经济学决策方法。

（一）决策树方法

决策树方法是决策分析中最常见的方法，它模拟决策者在决策过程中的分析过程，采用分层的方法，用概率表示决策过程中各种机会事件及其相应结局的发生情况，犹如一棵不断分支的树，因而称为决策树，如图 7 - 1。

决策树模型包括 3 个主要成分：第一个是模型基本的树形结构；第二个是所涉及的

各种随机事件的发生概率；第三个是每一个结局的效用值。模型的基本结构由决策结、机会结和结局结构成。决策结由小方块表示；机会结由小圆圈表示；结局结由长方块表示。一般来说，模型从左到右，从初级决策结开始按照逻辑思维的顺序逐次展开，先发生的事件称为上游事件，后发生的事件称为下游事件或末梢事件。一般来说，机会结下面不应该再有决策结。每一个决策枝上的事件都是这个策略所产生的结果。例如，在临床决策中，从任何一个决策枝上所引出的所有事件都必须与该治疗方案有关，并且是该治疗方案的结果。

由于由机会结所引出的事件是互不相容的，因此各种可能事件的发生概率之和为1（或100%）。机会结包含所有的可能事件，但是对于每一个个体来说只可能有一种结局。决策结是决策者所能控制的，而机会结所引出的可能事件和结局是决策者无法控制的。

（二）常用卫生经济学决策方法

1. 成本效果分析　成本效果分析是经常用到的一种决策分析方法，可用于分析一套备选方案或措施的效果。

（1）基本思路　明确决策目的和确定备选方案，例如尽量减少疾病的发生、减少疾病引起的死亡还是尽量延长人群的平均寿命，然后进行成本的计算和效果的测量，选择成本效果比值最小的方案。

（2）效果测量　效果指标的确定取决于决策的目的，如果使用某种方法在人群中进行疾病筛选，目的在于早期发现病人，这时的效果指标就是发现的病人的数量；如果决策的目的是尽量减少疾病的发生，这时的效果评价指标就是疾病的发生率；如果决策的目的是尽量延长寿命，这时的效果指标就是期望寿命。

（3）增量分析　增量分析是成本效果分析的一个重要组成部分，是计算一个方案与另一个方案相比增加的效果比，称为增量比例。

（4）敏感性分析　对于某个方案来说，在一定的成本下获得一定的效果是由许多参数决定的。最常见的影响因素有人群的患病率，某种方法将会产生的副作用的大小等。在进行成本效果分析时，我们假设这些因素是固定不变的（用某次调查的点估计值估计），如果这些因素在一定的范围内（95%可信区间）发生变化，考察我们的决策结果会不会发生改变。

2. 成本效益分析　公共卫生决策部门在日常决策中常常需要在资金有限的情况下从许多项目中决定优先选择哪一个项目或哪几个项目，成本效益分析就是解决这种问题的一种决策方法。它通过比较各种备选方案的全部预期效益和全部与其成本的现值来评价这些备选方案，只有效益不低于成本的方案才是可选的方案。这种方案可以保证有限的医疗资源合理地分配利用，从而获得最大的效益。成本效益分析最早用于公共部门对投资项目的评估，此外，这个方案还大量地应用于分析现有项目是否需要扩大或缩小，如果需要，其扩大或缩小的最佳数量应是多少等。

3. 成本效用分析　常用的效用指标是人们对健康水平和生活质量满意程度的综合，

如表示寿命的数量和质量的指标——质量调整寿命年，表示残疾和寿命的指标——伤残调整年寿命。

如果以期望寿命作为评价指标，在进行成本效果分析时，比较的是每增加一年的期望寿命，各个方案的投入成本；在进行成本效用分析时，人们不仅要考虑各个方案延长寿命的多少，同时也考虑生命质量的高低，这里的评价指标就是质量调整寿命年，比较的是每增加1个质量调整年各个方案的投入成本。

（三）其他方法

随着人们对科学决策要求的提高，越来越多的方法被应用到卫生决策分析中，包括分类与回归树、马尔柯夫模型等。这些方法的应用，将促进卫生决策方法的进一步发展。

二、卫生政策分析方法

在卫生政策分析方面，常用的方法有利益相关集团分析法、政策图解法、场力分析法和 SWOT 分析等。本章重点介绍利益相关集团分析法。

1. 利益相关集团 指某些人、团体或者机构。他们能够改变某个政策的目标，影响政策目标的实现；或是当政策目标实现后，他们的利益会受到影响。也就是说，这些人或团体的利益与某个政策的目标密切相关，不管是现实的还是潜在的。例如，当一所医院打算降低某些医疗服务收费项目的价格时，政府部门也许会出面干预，因为这样做违反了政府的价格政策；其他医院也会反对，因为这样做可能会加剧医院之间的竞争；群众也许会欢迎，因为他们的医疗费用可能下降；媒体可能会大力炒作，因为他们发现了一个新闻亮点。这些团体都是利益相关集团。

利益相关集团分析的步骤：

第一步，确定利益相关集团。这需要从与某政策有关的大量机构和团体中寻找，然后列出清单。可采用下面的提示来分析某个政策目标可能对哪些人产生影响，具体包括：①谁可能从中得到好处？②谁可能受到负面的影响？③是否找到了容易受到伤害的群体？④是否找到了支持者和反对者？⑤这些利益相关集团之间的关系是什么？

第二步，估计利益相关集团的利益以及政策目标对其利益的可能影响。某些集团的利益可能并不十分容易判断，尤其是当这些利益是"隐藏"的、多方面的或者是与政策目标相冲突的时候。可采用下面的提示来发现这些利益：①某个利益相关集团在政策目标实现后可能得到什么？②可能得到的好处是什么？③这个集团哪些方面的利益与政策目标相冲突？④这个集团拥有的资源是什么？要回答这些问题，需要做深入的研究。对于正式的组织，可以掌握并分析他们现有的资料。例如政府，以正式发布的法律、法令和部门规章，以及工作报告、领导讲话，年报资料等作为分析的依据；而对于非正式的组织，如群众，就需要进行直接或者间接的调查研究，与这些利益集团直接接触，或者从了解他们情况的知情人那里获得有关的信息。

第三步，评价利益相关集团动用资源的能力。当某一个集团的利益与政策目标相符合或者相冲突的时候，它都有可能动用其资源来支持或者反对政策目标的实现。这些资源有：经济或者物质资源、社会地位、威望、信息、合法性和影响力等。

第四步，判断各个利益相关集团的立场。根据他们的利益与政策目标的关系，确定它们是支持还是反对政策目标的实现。

2. 利益相关集团分析的优缺点 利益相关集团分析能够让决策者更好地了解哪些人、哪些团体可能影响决策，他们的利益和他们所拥有的资源如何，以估计这些集团影响力的大小，从而使决策者心中有数，对重要的集团加以关注，保证政策目标的实现。

但是，由于利益相关集团分析更多地关注了各个集团本身，对于可能影响决策的所有团体缺乏一个整体的了解。所以，利益相关集团分析常在政策分析的前期进行，而且要与政策图解法结合起来，才能够更加明确地找出重要的利益相关集团。

小　结

1. 广义的卫生管理工具，是指卫生管理者以科学的态度，运用科学的思维，借助于社会学、管理学、经济学、流行病学和卫生统计学等学科的研究手段，研究和解决卫生管理实践中所面临的问题。

2. 卫生管理中常用的管理方法分为资料收集及资料分析方法。常用的收集资料的方法有文献法、观察法、访问法和试验法。实际工作中可以根据研究的目的和研究对象的特点加以选择，也可将各种方法交叉或结合使用。资料分析方法分为定性分析及定量分析法，卫生管理学中常用的定性资料研究方法有 SWOT 分析法、利益相关者分析法、PEST 分析法、情景分析法等，而常用定量资料分析方法有投入 – 产出分析法、系统分析法等。

3. 卫生决策过程中常用的工具包括决策树方法和卫生经济学决策方法。在卫生经济决策法中主要介绍了成本 – 效果分析法、成本 – 效益分析法及成本 – 效用分析法。在卫生政策的分析中，常用的方法有利益相关集团分析等。

思　考　题

1. 常用的卫生管理工具有哪些？
2. 常用的卫生决策模型有哪些？在使用时有哪些注意事项？
3. 常用的卫生分析方法有哪些？各自的特点是什么？

【案例】
决策树方法在卫生决策中的应用

1. 决策树分析的基本步骤

（1）明确决策问题，确定备选方案。

（2）列出所有可能的直接结局和最终结局。

（3）明确各种结局出现的概率。

（4）确定各种结局的效用值。

（5）根据结局发生的概率和最终结局的效用值计算对备选方案的期望值。

（6）对决策分析的结果进行敏感性试验或灵敏度分析。

2. 决策分析实例　众所周知，艾滋病病毒感染会导致很严重的后果，但是对于医务工作者来说，他们有时候不得不与 HIV 阳性的病人接触，在接触的过程中有可能发生针刺伤或皮肤存在破损而感染。有些药物似乎可以起到一定的预防作用，而存在的问题是感染发生的机会很小，药物预防不仅存在副作用而且预防的效果不肯定，对于那些本不会感染的医务工作者，预防性的服药只能是让他们白白遭受药物的副作用。这种情况下，怎样权衡药物的利弊呢？美国疾病控制中心（CDC）在有关检测数据和研究结果的支持下进行了以下的决策分析。根据上述分析绘制了决策树的基本结构：

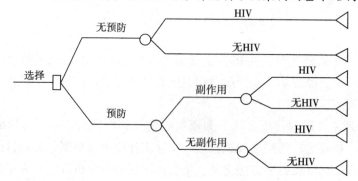

图 7-1   HIV 药物预防决策树的基本结构

基于以上分析结果，美国 CDC 颁布了医务人员在接触可疑 HIV 感染者或污染后药物预防的指南。

讨论：

决策树法在卫生管理决策中的局限性体现在哪些方面？

第四篇 管理实务篇

第八章 卫生规划管理

学习目标：通过本章的学习，要求学生掌握卫生规划的含义、基本原则、依据和具体程序。熟悉区域卫生规划的含义、特征、原则和编制程序。了解卫生规划评价的基本内容和步骤。

第一节 卫生规划概述

一、卫生规划的含义

（一）规划

规划是一种规范化或法律化的文本，是达到某个特定目的、目标的蓝图。规划通过展示系统或机构的工作目的、目标，以及明晰系统或机构在未来特定时间的发展节点，为决策提供依据或标准。

（二）卫生规划

卫生规划是卫生部门在政府领导下，通过确立一定时期内卫生事业发展的总体目标，并围绕这一目标制定的全局性战略和发展目标。卫生规划既涉及卫生事业发展的目标，也涉及实现卫生目标的方法，是较长一段时期内卫生发展战略方向、长远目标、主要步骤和重大措施的设想蓝图。理解卫生规划的含义，要把握以下五个方面：

1. **战略性** 卫生规划相对来说时间较长，所要解决的问题是卫生系统的发展方向、目标、方针和政策的一种总体设想，因此，卫生规划具有战略性和全局性的特点，通过卫生规划，可以更好地促使卫生事业管理者展望未来，预见变化，考虑变化的影响，制定适当的对策，减少外界环境变化对卫生事业发展的冲击。

2. **协调性** 协调性包括两个层次的含义，一是指卫生规划的制定和实现是政府宏观调控的一个重要手段，需要社会多部门的协作；二是指卫生事业发展的目标必须与当地社会经济发展相适应，即各地的卫生规划必须符合本地区社会经济发展水平、卫生状况以及居民卫生服务需求的实际情况。因此，卫生行政部门在制定卫生规划时必须以国家和地方的社会经济发展规划和卫生政策为依据，结合当地实际情况来规划卫生发展。

3. **可持续性** 可持续发展是人类对社会、经济发展的现代要求，作为指导卫生系统运作的卫生规划，在其制定过程中，尤其要强调可持续发展观。任何一项针对卫生活动的卫生规划，必须既满足当前卫生需求，同时又要兼顾将来的卫生需求；不仅能够解决现有的卫生问题，还必须尽可能地防止卫生问题的再次出现，解决可预见的将来的卫生问题，或者是避免新的卫生问题出现。因此，应当通过卫生规划的制定和实施，建立起卫生事业持续良性发展的运行机制。

4. **策略性** 卫生事业的根本目的是增进人群的健康。任何国家或地区的卫生资源总是有限的，因此，通过卫生规划可以减少重复性和浪费性的卫生活动，使得卫生资源的利用更为合理和有效，减少浪费和冗余。

5. **系统观** 卫生规划的制定，应体现系统的整体性、相关性、层次性、动态性。首先，卫生系统作为整个社会系统的要素之一，它与社会大系统不可分割，且与构成它的要素——预防、医疗、保健、康复、健康教育等不可分割，否则将不完整；其次，预防、医疗、保健、康复、健康教育等卫生子系统不是简单的堆积、相加，而是相互联系、相互制约的有机结合，并形成特有的功效，因而他们的功能大大超过了各自为政、单独工作的功能。这就要求在制定卫生规划时，一是要围绕社会发展总目标和当前卫生事业的发展目标，体现出卫生系统具有包含预防、医疗、保健、康复、健康教育等各个要素在内的、整体性的特征；二是制定的卫生规划中预防、医疗、保健、康复、健康教育等各个要素之间一定要结构合理，充分发挥系统各要素的功能，提高系统的整体功效。

（三）卫生规划的类型

卫生规划作为一种中长期计划，在不同的应用领域有不同的表现形式，可以是较大范围内整个社会卫生事业的发展规划，也可以是某个具体区域层面的区域卫生规划，也可以具体到某个机构或组织的卫生发展规划。具体可以分为卫生事业发展规划、区域卫生规划、疾病预防控制体系建设规划、妇幼保健事业发展规划、医疗机构设置规划、某某医院发展规划等。

二、卫生规划的功能

（一）确定卫生事业发展方向

制定卫生规划是要给一定区域范围内的卫生机构、卫生组织、卫生人员等提出未来的发展方向，通过寻找目标与现实之间的差距，找到努力的方向，并采取适当的措施应对社会大环境变化对目标的影响和冲击。

（二）统筹配置卫生资源

应把卫生系统作为一个整体来考虑，各种卫生资源兼顾利用，有效解决在某一区域内卫生资源分配不公平的问题，使卫生资源得到有效的、公平的利用。

（三）协调一致

卫生系统在社会提供服务的体系中是比较特殊的一个。医疗卫生机构和公共卫生机构中都有很多层次和不同类型。每类机构有各自的目标、服务内容，机构之间又有复杂的联系。卫生规划能够将它们兼容并蓄，在一个大环境、大背景下作为卫生系统来规划制定目标，有利于使工作相协调一致。

（四）有效控制和促进发展

卫生规划确定了在未来一定时期内所需达到的目标和标准，目标和标准有利于从宏观层面把握机构或组织的发展，在有效控制的同时能够促进发展，对于发展过剩的机构和组织起到有效抑制的作用，对于发展滞后的机构和组织起到积极促进的作用。

三、卫生规划的任务

卫生规划的任务有三个方面，首先，卫生规划是一张未来发展蓝图，又是一套可行性方案。通过卫生规划可以告诉卫生管理者和公众在未来一段时期卫生工作将要达到的目标和愿景。所以，卫生规划首先对未来即将达到的目标给予形象的描述。第二，卫生规划对实现蓝图所需要的方法、途径、资源、时间进度、涉及人员等问题予以回答，使目标的达成得以具体化和明确化。第三，卫生规划工作通过统筹规划和配置卫生资源，使卫生资源的供给能力与居民的卫生服务需求相适应，使供需之间处于平衡状态，资源得到有效利用。

第二节 制定卫生规划原则和依据

一、制定卫生规划的基本原则

（一）目标化原则

卫生规划的一项重点工作是构建卫生活动或卫生事业发展的目标，并且可以作为用来衡量实际绩效的标准。一般而言，卫生规划工作都是以提高居民健康状况为主要目标的。在这一主要目标的基础上，又可以分为多个具体的目标。在目标的制定过程中要注意指标化、具体化，这样才有可操作性。

（二）统筹兼顾原则

制定规划的过程，更多的是一个协调有关各方利益和诉求的过程。因此，要做到兼顾各相关部门和各个领域。一个好的卫生规划一定要得到发展改革部门、卫生计生部门、社会保障部门、财政部门、药品管理部门、各类卫生机构、各类人群的支持与积极配合才能得以实施。

（三）科学发展原则

卫生规划是一种长效机制，体现在规划的周期较长，不能仅仅看到当前的问题，还要关注长远的利益。卫生领域中医疗卫生服务更多是直接面对患者提供直接医疗服务的，对个体疾病的治疗效果直接而且显著，而公共卫生服务则更多是间接面对公众提供间接的预防保健服务，但其对群体、对整个环境的健康和卫生条件的改善有更高的成本收益。因此，从科学发展观角度，应该注重对公共卫生投入，推动卫生发展方式从注重疾病治疗向注重健康促进转变；从注重个体服务向注重家庭和社会群体服务转变；重点发展公共卫生、基层卫生等薄弱领域及医学模式转变要求的新领域，实现医疗卫生工作关口前移和重心下沉。

（四）系统化原则

卫生规划要涉及卫生系统的各个子系统，每个子系统、每个环节都在整个系统中扮演相应的角色、发挥相应的功能。卫生规划要动员卫生系统中的全体成员参与其中，明确各自的任务、工作内容，调动各自的积极性。

二、制定卫生规划的指导思想

指导思想是在一项活动中在人脑中占有压倒性优势的想法，是工作的行动指南。所有具体工作都是以指导思想为依据开展的，可见指导思想的重要性。制定卫生规划的指导思想要体现以下五个方面：

（一）以国民经济和社会发展规划、医疗卫生体制改革的相关政策为依据

2009 年开始启动的新医改提出，到 2020 年，基本建立覆盖城乡居民的基本医疗卫生制度，为群众提供安全、有效、方便、价廉的医疗卫生服务，实现人人享有基本医疗卫生服务的总体目标。在《中共中央国务院关于深化医药卫生体制改革的意见》中提出建设覆盖城乡居民的公共卫生服务体系、医疗服务体系、医疗保障体系、药品供应保障体系，形成四位一体的基本医疗卫生制度。四大体系相辅相成，配套建设，协调发展。因此，卫生规划的制定首先要与国家总体的医疗卫生走向相一致，要关注国家卫生改革的重点内容。

（二）以大卫生观为指导

大卫生观是指把卫生放在经济和社会发展的大背景下加以审视，站在全社会系统的

高度来认识和研究人民群众的卫生和健康问题。健康是经济社会发展的目标，卫生事业是全社会共同的事业，用这种观念和认识开展卫生规划工作，是卫生规划工作的进步，更是社会的进步。

（三）以主要卫生问题和人民健康需求为基础

随着社会经济的发展，我国影响人群健康的主要卫生问题已经发生了变化，传染性疾病发病率显著下降，慢性非传染性疾病成为影响人群健康的主要疾病类型。据预测，到 2020 年我国居民因慢性病死亡的比例将上升到 85%。同时，生活水平提高导致人民群众对医疗服务的需求也迅猛增长，这种健康需求的增长速度快于经济发展的增长速度，对卫生服务的需要和需求成为制定卫生规划的重要基础和依据。

（四）以社会经济发展及自然地理环境为条件

制定卫生规划要以当地的自然环境和政治经济环境为背景，不同的背景条件会对卫生规划的制定产生很大影响。卫生规划要与自然环境相适应，做到因地制宜，充分适应当地的环境，巧妙利用现有的条件。

（五）以提高人民群众健康水平为根本目标

任何卫生规划最终都要以提高人民群众的健康水平为根本目标，这是我国卫生事业发展的根本目标和出发点。

三、制定卫生规划的依据

在制定卫生规划的过程中要遵循的依据可以概括为以下六个方面：

（一）国际卫生发展的最新理论与相关政策

例如：世界卫生组织制定的全球卫生发展目标和评价指标、其他国家的卫生规划相关政策等。

（二）国内宏观发展政策和规划

例如：国家、省、市的"十三五"发展规划、与卫生相关行业的发展规划等。

（三）国内卫生发展政策和规划

例如：国家、省、市的卫生事业发展规划、国家医改方案及相关配套文件等。

（四）其他相关政策

例如：国家信息化发展战略、卫生信息发展战略等。

（五）社会经济发展相关统计资料

例如：地区行政区划、自然资源、国民经济水平、人口、就业、固定资产投资、财政、价格指数、环境保护、教育、科技、文化、体育、社会保障等方面的内容，其中选择与卫生相关性较强的资料。

（六）人口健康状况相关统计资料

例如：人群中性别、年龄、疾病的发病率、病死率、死亡率等疾病评价资料，婴儿死亡率、孕产妇死亡率、平均期望寿命等健康评价资料。

第三节　卫生规划制定程序

一、前期准备工作

（一）认识准备

相关人员尤其是领导层对卫生规划工作重要性的认可程度直接关系到规划编制和实施的质量。因此，首先应该做好对卫生管理领导层思想认识的开发。为什么要做卫生规划、卫生规划对卫生工作有什么样的影响、不做卫生规划而盲目开展卫生工作会带来什么后果？对这些问题的回答可以使决策者首先认识卫生规划的重要性，从而能够减少开展卫生规划研究的阻力，甚至会增加开展卫生规划的动力。思想上对卫生规划有了统一的认识，可以保证规划的权威性，保证规划研究相关资料的获取，保证工作经费的落实，保证参加规划工作人员的积极性。总之，对领导层从思想认识层面的开发是后续工作开展的重要保证。

（二）人员准备

成立编制组织是能否实现卫生规划目标的关键。根据卫生规划的特点，卫生规划编制组织应分为两个层次：第一个层次是卫生规划的领导小组，领导小组基本上由区域内政府的主要领导和发展改革委员会、财政、卫生和计生委等有关部门的领导和决策人员组成，其目的是将卫生规划自觉地纳入国民经济与社会发展规划之中。第二个层次是卫生规划编制的工作班子，工作班子人员的配备与素质在很大程度上影响着规划的质量和效率。卫生规划的工作班子应由一个多层次、多学科、多方面的人才群体组成，从专业上可以将工作班子人员分为三个方面，即咨询、调研、信息资料处理。直接参与区域卫生规划编制的工作人员，首先要接受培训。培训内容包括：卫生规划的概念、意义以及实施的目的；卫生规划的编制原则、内容、要求和技术方法；制定卫生规划需要进行的数据基线调查设计、数据收集、数据分析；有关技术报告的撰写与卫生规划的编制等。

（三）相关资料准备

各种必需的信息资料是制定卫生规划的基础，也是评价卫生规划实施效果的衡量标准。收集的信息资料必须正确、及时、完整和全面。

1. 资料收集途径与方法

（1）常规统计系统　在常规统计系统中能够收集到的数据均应从这些系统中获得。常规统计系统可以提供大量的信息资料，包括各种年鉴、统计年鉴、行业内的常规报表等。

（2）专题调查　对居民卫生服务需求、病种分类、疾病经济负担、卫生资源等这些在常规统计系统中无法得到的数据需要进行专题调查。使用设计的调查问卷在人群中按随机原则抽取样本进行抽样调查，对收集的问卷资料进行定量化的统计分析。

（3）已有的研究成果　在进行数据分析、推论时，所使用的技术参数或参考标准等，可以通过查阅已有的研究成果。在众多查阅到的已有研究成果中要注意已有研究成果的科学性和与本研究的相关性，在进行筛选的过程中应尽量选择得到公认并在实践中得到证实和应用的成果数据或标准。

（4）资料收集方法　收集方法有小组讨论、深入访谈法、观察法等方法，如不同性别、年龄人群对卫生服务的需求和满意度调查等，在进行问卷调查收集定量资料的同时，还可以通过深入访谈法收集定性资料，了解调查人群在调查问卷中涉及问题之外的内容。定性调查是对定量调查的有益补充，可以获取直观的感性认识。

2. 资料收集内容　包括：①地区的自然和地理概况；②社会经济概况；③人口及健康状况；④卫生资源概况；⑤卫生服务利用状况；⑥卫生需求状况等。

3. 需要注意的问题　在数据和信息资料的收集过程中一定要使信息收集人员首先对信息来源、数据计算方法、数据合理范围等有充分的认识，收集工作开始前做好相关的准备工作。在收集过程中首先对所收集到的信息资料进行审核，确定真实、准确、口径无误后，再进行后期的统计处理。

二、形势分析

形势分析是对卫生事业发展面临的宏观背景和社会特征做出判断。形势分析主要依靠信息的支持，卫生事业发展现状及其影响因素的信息内容主要包括：社会经济发展水平和自然生态环境；人口增长和年龄结构变化；居民健康模式转变和卫生服务需求；卫生资源配置和利用效率等多方面。形势分析要从卫生服务供需双方入手，不仅要对卫生服务供方，包括医疗、预防、保健、康复等服务范围、水平、费用和利用效率，更主要的是对社会经济发展、卫生服务和其他有关因素导致居民健康、疾病模式的变化进行详尽分析。通过健康需求和服务供给之间，以及与其他地区之间的比较，找出存在的问题和差距。

三、问题诊断

通过形势分析，发现存在的问题，按照问题的严重性决定卫生规划要解决的主要问题，确定主要卫生问题应注意两个方面：

一方面是居民主要健康问题现实的严重性和可能的危险性。确定主要卫生问题的基本原则应包括造成健康损失的主要疾病及危险因素的病因学和流行规律已经或基本清楚，并有符合成本效益的干预措施，即主要卫生问题是那些带有普遍性、关键性的卫生问题。

另一方面是应对卫生资源的配置和利用情况加以评估，分析卫生资源配置和利用与卫生问题之间的关系，从而探讨优化卫生资源配置的途径和方法，以改善和提高卫生服务能力。卫生资源配置问题主要表现在以下四个方面：一是卫生资源配置的总量、结构、分布等是否与卫生服务的需要和需求相适应；二是卫生资源总量是否足够解决已有的健康问题；三是卫生资源是否存在过剩或短缺；四是解决目前卫生资源存在问题的关键点。

四、确定发展目标

（一）目标

目标是一种成果，是经过努力所希望达到的水平。确定目标就确定了努力的方向。确定卫生规划的目标，是在对自然生态环境、社会经济发展所面临的主要卫生问题等分析的基础上，按照既符合国家卫生工作方针和卫生事业发展总目标，又适应当地国民经济和社会发展的总体规划以及居民对卫生服务需求的原则，正确处理历史与未来、内涵与外延、局部与整体、有利条件与制约因素、必要性与可能性、科学性与可行性的关系，因地制宜，量力而行。

（二）确定目标原则

1. 5W2H 原则　如何判断目标的好坏可以用 5W2H 原则，可以看目标是否能回答以下几个问题。

目的（why）——为什么要做？

内容（what）——要做什么？

人员（who）——谁来做？

地点（where）——在什么地方做？

时间（when）——什么时候完成？

方式（how）——怎样做？

经费预算（how much）——消耗多少资源？

2. 设定分目标　卫生规划的目标包括总目标和重点目标，这些目标还需进一步分解成具体的分目标，进而设定具体的指标。这种目标的层层分解，有利于使各层管理者明确自己的任务目标。目标的指标化可以提高可操作性，避免出现定性化目标的现象。在确定目标和具体指标上，常常采用问题排列法或德尔菲法。

（三）确定目标的要求

最终确定的目标要满足以下要求：

1. 可量化　确定目标应尽可能量化，用标准术语表达，使之便于进行效果间的横向和纵向比较。

2. 可行性 目标是在未来一定时期内应达到的标准，因此应在明确卫生改革与发展的总体方向和目标的同时，具有一定的挑战性和超前性，但重要的是要考虑目标是否能在规划期内实现，如果根本没有实现的可能性，则不符合实际。

3. 先进性 目标应充分体现国际和国家卫生发展的大方向和政策导向。

4. 全面性 目标的确定要覆盖主要的卫生问题。要分别确定居民健康水平目标和卫生资源合理配置目标。

五、拟定策略和措施

（一）目标差距分析

通过二次资料分析或现况调查对各指标的现况进行全面了解，进而运用差距分析法，分析目标指标值与现状之间的差距，是确立卫生规划实施战略的基础和前提。

（二）确立卫生规划重点

在明确卫生事业发展目标的逻辑关系的基础上，依据目标的重要程度和现实中问题的严重程度、目标差距分析中的差距大小，以及该目标对其他目标实现的影响程度，可综合评判目标的优先顺序，即卫生规划的战略重点。

比如在制定针对主要健康问题的战略时要看是否能有效达到和影响目标人群；是否能够降低当前的疾病负担；是否具有更高的成本效益；是否在实施过程中具有更高的成功可能性；是否能够使大部分人口受益。

（三）制定卫生规划战略

目标能够持续地得以实现，需借助于战略的把握。实现规划目标往往有多种战略可以选择。在通盘考虑环境和组织资源的基础上，总能从多种战略中寻找出一个相对满意的战略。因此，制定战略的过程包括多种战略的确立和在多种战略中择优两个方面。

确定战略的关键是设计标准明确和可行的策略。具体而言，应当包括以下几个方面的特点：

1. 对战略重点的影响因素、根源和作用机制有深刻的理解。

2. 对实现战略目标的主要障碍和约束条件非常清晰。

3. 具有严密的政策逻辑执行程序，以及监控、评价和反馈机制。

一份卫生规划方案框架应包括：①自然环境和社会经济概况；②卫生事业发展概况；③卫生规划的指导思想与基本原则；④存在的主要卫生问题；⑤卫生规划发展目标；⑥卫生规划策略与措施；⑦卫生规划时间进度与消耗资源预算；⑧卫生规划的监督与评价机制。

（四）卫生规划论证

卫生规划作为政府行为，在发布实施前需要组织相关人员对其科学性、可行性、规范性进行充分论证，如果尚有不完善之处还需要根据提出的论证意见对规划方案进行修改和完善。经可行性论证确认后，卫生规划正式报政府或人大常委会进行审核，批准后颁布实施。

（五）卫生规划实施

实施卫生规划是在社会主义市场经济条件下卫生管理体制改革的新举措。一是要广泛宣传卫生规划的思想，特别是对各级领导和各个管理部门。通过多种形式的宣传，解放思想、更新观念、排除阻力、达成共识。二是要形成良好的协作参与机制。卫生规划是一项协作性要求很高的战略，如环境卫生，水、粪便及垃圾的管理，需要环卫、环保部门参与；精神病、伤残人的保健服务需要民政部门的协作；健康教育需要文化、教育等部门的配合，在实施过程中，必须明确各部门的任务和职责，并加强考核。同时，卫生规划的科学性、可行性与适宜程度只有在实施中才能得以检验，并不断修正、补充和完善。

六、监督

在卫生规划实施的过程中，卫生行政部门要组织专家对规划的实施进行监督和检查。制定监督和检查的内容、方法、时间、负责人和责任人。卫生规划作为经政府或人民代表大会审议通过的有约束力的法规，应规定规划的法律效力和违反规划的处罚办法。据此对规划实施的进度、目标与指标的完成状况、对策与措施的落实程度等进行监督和检查，对未达到规划规定要求或违反规定的部门采取必要的处罚措施。

第四节　卫生规划评价

一、评价内容与评价指标

卫生规划评价是一个过程，是一个贯穿规划从设计到实施乃至完成的全过程。因此，规划评价的目的是对规划设计、规划方案、政策设计、实施手段与实施结果进行评价，并根据评价结果对其进行必要的调整，使其更具科学性、先进性和实用性。

通过对卫生规划进行评价，第一，可以获得有关实际各种状态的信息；第二，能够对即将开展或正在进行的工作做出积极的改进；第三，可以引导决策者对各种可能的决策做出最佳选择；第四，更好地明确相关各方的责任，使工作获得尽可能理想的成果；第五，可以帮助决策者判断该工作的可持续性。

（一）卫生规划评价的内容

卫生规划评价的内容大体上包括下列几个部分：

1. 适宜度　适宜度评价主要涉及卫生规划目标与环境的适宜性。主要评价内容有：
（1）是否符合国民经济和社会发展需要。

（2）是否符合国家卫生规划指导原则及有关的宏观卫生政策。

（3）是否符合地区人群卫生服务需要和需求。

（4）是否针对地区主要卫生问题。

（5）与实现目标的各项策略是否具有明显的关系。

（6）规划策略与各项干预措施是否具有明显的关系，是否能解决主要卫生问题。

2. 确切性 确切性评价主要是从量的方面评价规划目标、策略、干预措施及资源的投入状况是否与实际需求相适应，是否能满足卫生服务的需要。主要评价内容有：

（1）主要卫生问题的严重程度分析是否确切。

（2）主要卫生问题及其危险因素的增幅及变动趋势的预测是否准确。

（3）规划目标是否明确、具体。

（4）是否能筹集和规划足够的资源以满足实现规划目标的需要。

（5）资源的供求关系是否平衡，资源的短缺或过剩是否有适宜、可行的措施。

（6）干预措施是否进行了成本效益分析。

3. 公平性 卫生资源分配与利用的公平性是资源合理配置与有效利用的一个重要反映，包括资源在不同层次、结构、部门和人群间的分配和利用。对公平性的评价将通过卫生规划的制定与实施，体现在资源的分配、卫生服务的提供、人群健康权利的平等性、健康状况的改善程度以及社会福利满足的最大可能性等方面的均衡性变化。

4. 进度 进度评价主要是对规划实施的现状与规划实施计划做比较，评价规划实施的各项活动及实现程度是否按计划要求进行，如存在缺陷，应分析原因并及时加以解决。

5. 效率 效率是指产出与投入的比值。在投入一定的情况下，产出越多则效率越高；或者在产出一定的情况下，投入越少则效率越高。卫生规划的效率是指规划实施中投入的资源与取得的成果的对比关系，评价规划能否以更经济的资源投入获得同样的产出；或者以有限的资源获得更大的产出。同时，还应对资源的分配效率和技术效率进行评价。分配效率是指对等量的资源是否分配到可产生最大边际效益的项目活动的评价，主要反映卫生规划结果与资源分配的关系；技术效率是指是否达到了最优的生产要素组合，即在等量资源条件下是否产出更多的符合居民健康需要的卫生服务。

6. 效果 效果评价是指对规划目标实现的程度，即规划实施后，在改善居民健康状况和改善不合理资源配置方面的结果与成效进行评价。

7. 影响 主要评价卫生规划实施后对人群健康状况和社会经济发展的长期影响和贡献。

（二）规划评价指标

就卫生规划的总体评价来说，我国目前尚缺乏一套成熟的指标体系。根据我国区域卫生发展研究者和管理人员提出的观点，规划评价指标分为三大类：投入指标、过程指标和产出指标。投入指标反映规划活动所需要的各种生产要素和资源的投入数量与规模。过程指标也称工作指标，反映利用各种资源投入在实施规划中的进展和变化，包括资源的利用和服务的提供两个方面，它与投入指标的比较可用以评价资源的利用效率。产出指标反映了规划实施后的成效和结果。投入与产出指标的比较分析可反映规划的成本效益。下面就这三大类评价指标相应列出一些具体评价指标。

1. 投入指标

（1）卫生事业费占财政支出比例。

（2）防保经费占卫生事业经费比例。

（3）科教经费占卫生事业经费比例。

（4）人均卫生总费用。

（5）人均卫生事业经费。

（6）人均卫生全行业固定资产占用额。

（7）千人口卫生技术人员数（千人口医生数、千人口护士数、千农村人口村级卫生人员数）。

（8）千人口防保人员数。

（9）千人口医院病床数。

2. 过程指标

（1）预防保健指标　如计划免疫"四苗"覆盖率、孕产妇系统管理率、婴幼儿系统管理率、住院分娩率等。

（2）医疗服务指标　如门诊人次增减幅度、出院人次增减幅度、急诊人次增减幅度、家庭病床数增减幅度等。

（3）资源利用效率指标　医生年平均承担的门诊人次和住院人数、病床使用率、出院者平均住院日、主要设备使用效率等。

3. 产出指标

（1）人群健康水平指标　如婴儿死亡率、幼儿死亡率、法定传染病报告发病率、孕产妇死亡率、平均期望寿命等。

（2）疾病和伤残指标　如两周患病率、慢性病患病率、住院率、伤残率等。

（3）青少年生长发育指标　如身高、体重、胸围、出生低体重儿（＜2500g）比例等。

（4）健康行为指标　如吸烟率、盐摄入量、吸毒状况、参加体育锻炼人口比例等。

二、基本步骤与方法

（一）卫生规划评价基本步骤

1. 组成评价工作小组，其成员包括规划制定与实施的决策者、执行者及专业技术人员等。

2. 设计评价方案，确定评价目的、内容，选择评价方法及相应指标。

3. 建立信息系统确定要收集的数据及途径。

4. 收集数据及信息，实施评价。

5. 撰写评价报告。

（二）卫生规划评价方法

1. **规划方案的论证、评价**　由政府组织各方面人士、专家对卫生规划进行论证，以评价规划的科学性及可行性。

2. **规划实施过程的检查、监督评价**　对规划实施的具体各环节的实际做法（包括组织、部门和人员的任务分工及职责）与规划实施计划进行比较，以评价规划实施存在的问题及潜在的危险。

3. **规划实施前后比较评价**　在规划实施地区，将规划实施后与实施前的有关指标的基线数据与进展进行对比。此方法实施比较容易，但需注意规划实施过程中一些相关因素对规划实施结果的影响。

4. **规划计划值与实际执行情况的评价**　将规划实施前的指标预测值与规划实施后的实际发生的结果进行对比，评价和分析规划是否实现了预定的期望值。

5. **规划实施地区与非实施地区比较评价**　预先选择某一地区（与本地区有同质基础），即社会经济发展水平、居民健康与人口状况、卫生资源状况等方面因素比较相近的地区，收集规划实施地区与非实施地区的相关数据（或选择全国同类地区的平均值）进行比较分析，以评价规划实施引起的变化和效果。

第五节　区域卫生规划

一、区域卫生规划含义

区域卫生规划是指在一个特定的区域范围内，根据本区域社会经济发展、人口结构、地理及生态环境、卫生与疾病状况，以及不同人群的需求等因素，确定区域卫生发展的方向、模式、目标，以及相应的政策措施，统筹规划和合理配置卫生资源，合理布局不同层次、不同功能、不同规模的卫生机构，使卫生总供给与总需求基本平衡，促进区域卫生的整体发展。

区域卫生规划，是当今国际社会卫生发展的先进思想和科学管理模式，是区域内国民经济和社会发展规划的组成部分，是区域卫生发展和资源配置的综合规划体现。区域卫生规划的周期一般为 5 年。

在 20 世纪 50～60 年代间，世界卫生组织就开始向各国倡导推行区域卫生规划，我国在 1997 年《中共中央、国务院关于卫生改革与发展的决定》中明确提出："区域卫生规划是政府对卫生事业发展实行宏观调控的重要手段，它以满足区域内的全体居民的基本卫生服务需求为目标，对医疗机构、人员、床位、设备和经费等卫生资源实行统筹规划、合理配置。"在 2010 年的《国务院办公厅关于转发发展改革委卫生部等部门关于进一步鼓励和引导社会资本举办医疗机构意见的通知》（国办发〔2010〕58 号）和 2012 年的《国务院关于印发"十二五"期间深化医药卫生体制改革规划暨实施方案的通知》（国发〔2012〕11 号）两个文件中再次提出各地开展区域卫生规划，反映了随着医药卫生体制改革的不断深入，区域卫生规划工作显得日益重要。

二、区域卫生规划特征

（一）区域性

区域是一个地理学概念，是具有一定地域界限，有自己的地理环境、气候等特征。区域又是一个社会学概念，每一个区域都有自己的行政管理体制、经济发展水平、人口组成、文化习俗和生活方式等。所有这些都是影响区域卫生工作和居民健康状况的重要因素。区域卫生规划是在对本区域内特定的政治、经济、文化进行综合分析的基础上，针对本区域内的卫生状况进行的规划，它以一定的行政区域为依托。

根据我国国情，一般来说，区域卫生规划的"区域"单元以地区（市）为宜，大于这个范围，卫生问题的多样性就会增加，规划的针对性就会减弱。小于这个范围，则综合服务、筹措资源和宏观调控的能力及进行改革的权限就会降低。在这样的区域单位中，既能反映出较为广泛的卫生问题，同时又具有动员相当的卫生资源和运用行政资源解决卫生问题的能力。

（二）高效性

规划以优化配置区域卫生资源为核心，以提高区域内卫生资源的利用效率，满足区域内不同层次居民卫生服务需求为目标，围绕区域人群健康目标这个中心，对区域各项卫生资源"规划总量、调整存量、优化增量"，特别是对存量卫生资源从结构、空间分布上进行横向和纵向调整，推行卫生全行业管理，按照公平、效率的原则合理配置，使有限的卫生资源得到充分的利用。

目前，我国卫生资源的配置逐渐暴露出种种弊端，沿海和内地，城市和农村，医疗和预防，各类卫生专业之间，资源配置呈现出畸轻畸重态势，而在使用上又存在资源不足和资源浪费并存。为此，卫生资源的再调整和布局已势在必行。实施区域卫生规划，是社会主义市场经济体制下政府宏观调控卫生资源配置，解决医疗保健服务供需失衡的重大举措和主要手段，是促进卫生事业改革与协调发展的客观要求。

（三）整体性

主要体现在三个方面：第一，实施全行业管理。区域卫生规划着眼于提高卫生系统的综合服务能力，明确各层次各类医疗卫生机构的地位、功能及相互协作关系，形成功能互补、整体的、综合的卫生服务体系。第二，区域卫生规划是从战略角度研究卫生问题。区域卫生规划不是实施计划，尽管它的实现有赖于一系列完善的实施计划。区域卫生规划更多的是对区域卫生事业发展的全局做出筹划和抉择，站在战略层面上考虑整个卫生事业的发展方向和发展重点。第三，区域卫生规划需要社会各个部门协调行动。区域卫生规划是在对区域社会、经济、文化、卫生等因素综合分析，做出区域诊断的基础上编制的，是一个大卫生蓝图，是区域社会经济发展规划的重要组成部分，编制区域卫生规划作为一种政府行为，不仅需要卫生行政管理部门的积极努力，还需要政府有关部门和社会方方面面的大力支持和配合。区域卫生规划编制的全过程都要体现政府负责、卫生部门牵头、有关部门配合、社会参与和法律保障的精神。规划的实施着眼于区域全行业的管理，对区域内不同层次、不同部门的卫生机构统筹规划，合理的布局定位，力求在政府的组织下使区域内有限的卫生资源得到综合利用。

三、区域卫生规划原则

1. 从国情出发，与区域内国民经济和社会发展水平相适应，与人民群众的实际健康需求相协调。

2. 优先发展和保证基本卫生服务，大力推进社区卫生服务。重点加强农村卫生和预防保健，重视和发挥传统医药在卫生服务中的作用。

3. 符合成本效益，提倡资源共享，提高服务质量和效率。通过改革，逐步解决资源浪费与不足并存的矛盾。

4. 加快卫生管理体制和运行机制改革，对区域内所有卫生资源实行全行业管理。

四、区域卫生规划编制程序

区域卫生规划是区域各种要素纵横交织产生的整体效应，影响区域规划的因素很多，诸如区域经济、社会、文化、教育、伦理道德等，且这些因素经常处在动态变化之中，制定规划要确立动态模型，注意收集区域动态信息，规划要随动态信息不断地加以调整。实施区域规划是一个动态过程，要加强规划实施中的监测工作，及时了解规划实施进展等动态信息，对规划适宜程度、进度和效果进行监督和评价，发现问题，及时进行调整、修订和完善。

区域卫生规划的编制程序基本包括：首先是区域形势分析；其次是确定主要卫生问题和优先领域；再次是区域卫生发展战略目标和指标的确定；最后是实施区域卫生规划的策略和措施。

小 结

1. 卫生规划是卫生部门在政府领导下，通过确立一定时期内卫生事业发展的总体目标，并围绕这一目标制定全局性战略，协调各有关部门开发一个全面的、综合性活动过程。

2. 编制卫生规划有比较固定的程序和方法。

3. 区域卫生规划是卫生规划工作的一个具体应用，是针对特定区域的社会经济发展、人口结构、地理及生态环境、卫生与疾病状况以及不同人群的需求等因素开展的。

思 考 题

1. 卫生规划的编制程序有哪些？
2. 如何理解区域卫生规划的含义？区域卫生规划有何意义？
3. 针对某个具体的卫生领域，按程序制定一项卫生规划。

【案例】

某省卫生事业发展"十二五"规划部分内容

一、总体目标

以深化医药卫生体制改革统领卫生工作，到 2015 年，初步建立覆盖城乡居民的基本医疗卫生制度，为群众提供安全、有效、方便的医疗服务。努力实现城乡居民病有所医，人民群众健康水平进一步提高。

二、主要指标

1. 主要健康与食品安全指标　人均期望寿命：2015 年达到 76.8 岁；婴儿死亡率：2015 年降至 9.5‰以下；孕产妇死亡率：2015 年降至 15/10 万以下；到 2015 年全省城市饮用水水质综合合格率达到 95%。建立完善的全省食品安全事故应急体系。

2. 主要疾病控制指标　法定传染病报告率达到 95% 以上；以乡为单位适龄儿童免疫规划疫苗接种率达到 99%；从事接触职业病危害作业劳动者职业健康监护率达到 60% 以上；重症精神病患者有效管理率达到 80%。高血压和糖尿病患者规范化管理率达到 40%。

3. 妇幼卫生管理指标　3 岁以下儿童系统管理率达到 80%；孕产妇系统管理率达到 85%；孕产妇住院分娩率达到 98%。

4. 医疗保障制度发展指标　城镇职工和居民基本医疗保险参合率 95%；农村常住人口参合率 99%；新农合人均筹资水平达到农民居民人均纯收入的 4%；三项基本医疗保险政策范围内住院费用医保基金支付比例达到 75%。

5. 医疗卫生资源发展指标　每千人口执业医师（助理）数达到 1.8～2.0；每千人口注册护士数达到 2.7～3.0；每千人口床位数达到 4.1～5.1 张。

6. 医疗服务质量管理指标　二级以上综合医院平均住院日不超过 9 天；入出院诊断符合率达到 95%。

7. 医学科技发展指标　医学科技和重大疾病防治整体水平达到全国上中等水平；被国际引用的医学科技论文数量进入全国各省前 10 位；省级以上科技项目奖不少于 30 项；县医院普遍进入二级甲等医院，其中三级医院不少于 10 所；重大疾病诊疗规范普及到市级医院和发达的县级医院。

8. 公共卫生指标　农村卫生厕所普及率达到 30%；农村自来水普及率达到 60%。

9. 卫生投入指标　卫生总费用占 GDP 的比重达到 6%；政府卫生投入占卫生总费用的比重提高到 30% 以上；个人现金卫生支出控制在 30% 以下；政府卫生投入增长幅

度要略高于经常性财政支出的增长幅度；人均基本公共卫生经费标准不低于50元。

（资料来源：某省卫生事业发展"十二五"规划）

讨论：

请根据当前社会卫生事业发展状况对该省卫生事业发展"十二五"规划摘录内容中总体目标和主要指标制定的完整性和合理性进行评价。

（续）□□（本书□□□□□□□□□□□□，□□□□□□□□□，□□□□□□□50□□□

　　　　（□□□□□）□□□□□□□□　□□□□"□□□"□□□

　　□□

　　□□"□□"□□□□□□□□□□□□□□□□□□□□□□□□□□"□□"，□□□□□□□

　　□□□□□□□□□□□□□□□□□□□□□□□□□□□□□□□□□□□

第九章　卫生资源管理

　　学习目标：通过本章学习，要求学生掌握卫生人力资源、卫生财力资源及卫生信息资源管理的基本概念与内容。熟悉卫生人力资源管理的特点和主要内容，卫生财力资源的管理评价，以及信息技术在卫生信息资源管理中的应用。了解卫生人力规划与资源管理方法，卫生财力资源筹集、分配与利用，以及卫生信息资源的功能与分类等内容。

第一节　卫生资源管理概述

　　卫生资源是医疗卫生服务的基础要素。随着我国社会主义市场经济体制的建立和不断完善，如何科学、合理地进行卫生资源的优化配置，提高卫生资源配置效率与公平，已成为政府和社会关注的焦点问题之一。

一、卫生资源概述

（一）卫生资源的基本概念

　　卫生资源是卫生工作发展的重要因素，其含义有广义和狭义之分。从广义上讲，卫生资源是指人类开展一切卫生保健活动所使用的各类社会资源；从狭义上讲，卫生资源是指在一定的社会经济条件下，一个社会投入到卫生服务中的各类资源的总和。一个国家或地区拥有的卫生机构数、床位数、卫生技术人员数、医疗仪器设备数、人均卫生费用以及卫生总费用占国民生产总值（或国内生产总值）的比值等，都是衡量该国家或地区在一定时期内卫生资源水平的重要指标。同时，还可以用卫生资源量与服务人群数的相对比值来表示卫生资源的可获得性，如每千人口医生数、每千人口医院床位数等。

（二）卫生资源的基本形式

　　1. 卫生人力资源　卫生人力资源是指已经接受或正在接受卫生专业技术、卫生管理教育或培训，从而具有某种卫生技能及卫生领域管理知识的人员，主要以卫生技术人员的数量和质量来衡量。卫生人力资源作为医疗卫生服务活动的主体，他们的知识、经验、技术和道德情操等直接决定着医疗卫生服务的质量和效果。

　　2. 卫生物力资源　卫生物力资源是指卫生服务生产赖以进行的各种物质资料的总

称，主要包括卫生机构、床位、器材设备、药品及卫生材料等。卫生物力资源是进行各项卫生服务活动的物质保证。

3. 卫生财力资源　卫生财力资源是指国家、社会和个人在一定时期内，为达到防治疾病、提高健康的目的，在卫生保健领域所投入的经济资源。由于卫生财力资源是以货币形式表现出来的，并用于医疗卫生服务的经济资源，从而通常以卫生总费用来表示。

4. 卫生技术资源　卫生技术资源是卫生服务领域科学与技术的总称。

5. 卫生信息资源　卫生信息资源是指在医疗卫生活动中经过开发与组织的各类信息的集合，它是保证医疗卫生服务市场良性循环的重要条件，是制订卫生计划和决策的重要依据，也是协调卫生组织经营活动的有效手段。

此外，卫生资源的形式还有卫生管理、卫生服务能力、卫生政策及卫生法规等无形资源。

二、卫生资源配置

卫生资源配置是指卫生资源在不同的领域、地区、部门、项目、人群中的分配或转移，从而实现卫生资源一定的社会和经济效益的过程。卫生资源配置包括两层含义，一是卫生资源的分配，即初配置，主要指卫生资源的增量配置；二是卫生资源的转移，即再配置，主要指卫生资源的存量转移，也就是对卫生资源的重新配置，以实现卫生资源的优化配置。而卫生资源的优化配置是指在一定时间空间范围内，全部卫生资源在总量、结构与分布上，与居民的健康需要和卫生服务需求相适应的配置状态。卫生资源优化配置有两层含义，一是区域卫生服务总供给与总需求达到一定限度的动态平衡；二是实现资源效益或效率的最大化，即区域内卫生资源的组合与分配，达到了以最少的投入获得最优的卫生服务产出和最高的健康收益的状态。

（一）卫生资源配置方式

在市场经济体制下，经济资源的配置主要是通过价格、供求及竞争等市场机制来实现的。由于卫生资源有别于其他经济资源，卫生服务体现着一定的社会公益性与福利性，而鉴于卫生事业的特殊性，卫生资源的配置不能单纯地依靠市场机制来实现，而是要与政府的宏观调控相结合来实现。卫生资源配置方式主要有计划配置、市场配置以及计划与市场相结合的配置方式。

计划配置是卫生资源配置的重要手段，是以政府的指令性计划和行政手段为主的卫生资源配置方式。其主要表现是统一分配卫生资源，统一安排卫生机构、发展规模、服务项目、收费标准等。卫生资源的计划配置，能从全局和整体利益出发来规划卫生事业发展规模和配置卫生资源，能够较多地体现卫生事业的整体性和公平性，同时可以避免某些人为因素（如民族、地域和经济差异等因素）的影响而造成居民得不到应有健康保障的问题。

市场配置也是卫生资源配置的重要手段，并主要是通过竞争、价格、供求等市场机制来实现卫生资源在不同领域、区域等的分配。市场资源配置方式，以市场经济发展为基础，并自觉运用价值规律及经济杠杆的作用，可以将有限的卫生资源分配到不同层次、领域、区域等的医疗卫生服务中。这种配置方式能够较好地体现配置效率原则，可以满足居民多方面、多层次的卫生保健需求。

特别是，由于卫生服务的公益性与福利性质，以及市场机制存在的局限性，在卫生资源配置中，采用计划配置和市场配置相结合的方式，可以扬长避短，使有限的卫生资源得到优化配置，确保卫生资源利用的公平性和有效性。区域卫生规划是计划与市场相结合的有效配置方式，能够提高整个区域内的卫生服务效率与公平性。

（二）卫生资源配置的原则

1. 坚持以人为本，维护人民健康权益的原则　以保障居民健康为中心，以"人人享有基本卫生服务"为根本出发点和落脚点，是卫生资源配置应遵循的基本指导原则。随着我国经济社会的发展，人民群众对于健康的需求越来越高，居民健康已成为经济社会发展的重要指标之一，从而使提高居民的健康水平成为卫生事业发展的基本目标。卫生资源配置必须以维护人民群众的生存权与健康权为取向，提高服务质量，以满足群众多层次、多样化的医疗卫生服务需求，尤其是基本医疗卫生服务需求。

2. 与经济和社会发展相适应的原则　卫生事业的发展与经济社会发展相适应，是卫生资源配置中首要考虑的问题。目前，我国正处于全面建成小康社会的关键时期，随着经济的发展和人民生活水平的提高，城乡居民对卫生服务的需求有了很大的变化与提高，从而使卫生资源的配置总量不断增加，结构不断变化。特别是随着疾病谱的变化，即从以急性传染病为主转向以慢性非传染病为主，促使卫生服务的提供发生相应的变化。另一方面，我国已经进入老龄化时代，人口持续老龄化导致慢性病的发病率和患病率上升，社会和个人的医疗负担增加，这也要求卫生服务的提供要发生相应的变化。

3. 效率与公平兼顾原则　卫生资源总是有限的，从而只有合理、有效地配置卫生资源，提高卫生资源利用率和综合服务能力，才能达到充分利用卫生资源的目的。卫生资源配置的效率主要表现在两个方面，一方面是筹集多少资源以提供卫生服务，另一方面是在卫生资源投入既定的前提下，卫生资源配置如何达到帕累托最优；同时，保证社会成员得到公平的卫生服务是政府在卫生领域追求的重要目标之一。卫生资源配置的公平性主要体现在卫生服务筹资和卫生服务提供两个方面。卫生服务筹资的公平性，即资金来源的公平性；卫生服务提供的公平性，主要体现在需要公平性、可及公平性和健康公平性三个方面。卫生资源配置的公平和效率是卫生事业可持续发展必须解决的两个关键问题。

4. 保证重点兼顾全局的原则　我国属于农业大国，我国人口的多数仍在农村，农民是卫生服务的主要对象，而我国大部分农村地区，尤其老少边穷地区卫生基础薄弱，因此，在当前卫生资源配置中，要重点考虑向农村地区、预防保健领域倾斜，新增卫生投入与卫生经济政策要优先向落后地区、农村尤其老少边穷地区倾斜。

5. 投入产出原则　投入产出原则的实质是以较小的投入获得较大的产出。产出不仅包括直接经济效益，还包括间接经济效益和社会效益，即在满足卫生服务基本需要与公平的前提下，要重视卫生资源利用的效率与效益，提高卫生资源利用的综合效益，实现卫生资源配置的最优化和效益的最大化是卫生资源配置的核心与目标追求。坚持投入产出原则，有助于实现最小投入获得最大产出的资源配置目标，这既是资源配置必须坚持的原则，也是实现卫生资源优化配置的重要手段。

三、卫生资源管理

卫生资源管理是以国家卫生工作方针政策和社会卫生服务基本需求为依据，对卫生资源进行合理的配置、调控与监督，以充分有效地利用卫生资源的过程。当前，在社会主义市场经济体制与"基本医疗卫生制度"的背景下，我国卫生资源管理，要以"人人享有基本卫生服务"为取向，既要充分利用现有卫生资源，又要充分调动各方面的积极性，使卫生资源总量增多；既要合理配置卫生资源，提高卫生资源利用的公平性，又要优化卫生资源配置，提高卫生资源利用的综合效益；既要加强卫生资源的行业统一宏观管理，又要推进卫生资源的分级微观管理；既要推进卫生资源管理体制改革，又要协调部门责任与强化监督，实现卫生资源统一管理与可持续发展等，这是现阶段我国卫生资源管理的基本要求。

第二节　卫生人力资源管理

卫生人力资源是卫生资源中最重要的资源，是卫生事业发展的决定性因素。卫生人力资源管理已成为卫生管理学研究的热点。

一、卫生人力资源管理的概念

卫生人力资源是指在一定时间和一定区域范围内存在于卫生行业内部的具有一定专业技能的各类卫生工作者数量与质量的总和，通常指直接从事医疗卫生工作的卫生技术人员和卫生管理人员。卫生人力资源包括三个部分：一是实际拥有的卫生人力，即已经在医疗卫生部门工作的卫生技术人员和卫生管理人员；二是预期的卫生人力，即正在接受卫生专业或卫生管理教育与培训，达到一定技术水平，将到医疗卫生部门就业的人员；三是潜在的卫生人力，主要指接受过卫生专业技术培训，有一定卫生技术工作能力，但目前并没有从事卫生工作的人员。

卫生人力资源管理是指为实现组织或机构战略目标，运用现代人力资源管理原则和管理手段，对卫生人力资源进行规划、获取、整合、奖酬、调控和开发并加以利用的过程。

二、卫生人力资源供求分析

随着人口的增长、医疗保险覆盖率的提高以及人民生活水平的提高，社会对卫生服务的期望和需求也随之增加，而卫生服务需求量的增加必将刺激和促进卫生机构和卫生人力的结构调整和发展。开展卫生人力资源供求分析，可以研究如何使卫生服务供给更好地适应卫生服务需求的发展。

（一）卫生人力资源需求分析

卫生人力资源需求是指在一定的时间和一定的工资水平下，用人单位（或雇主）愿意且能够使用的卫生人力资源数量。卫生服务的消费者出于对健康的考虑形成了卫生服务需求，而这种需求必须通过卫生人力用人单位在提供卫生服务的过程中得以满足，用人单位也只有借助于它所拥有的卫生人力资源才能满足人们对卫生服务的需求。正是基于人们对卫生服务的需求，用人单位（或雇主）才形成了对卫生人力资源的需求。因此，影响卫生人力资源需求的因素与影响卫生服务需求的因素密切相关。

1. **价格** 卫生人力价格对于用人单位的需求有着重要影响，一般来说，价格高的卫生人力往往具有较好的专业技术水平。通常来讲，人们对普通商品的需求是符合需求定律的，即在其他条件不变时，价格上升，需求量下降；价格降低，需求量上升。但是，卫生专业的特殊性和人们对健康的渴望，使得人们对卫生人力资源的需求有时违背这种需求定律。在经济条件允许的范围内，人们有时更趋向于购买价格较高的卫生人力资源所提供的服务，这也使得用人单位有时也花高价雇佣一些卫生技术人员，从而形成对他们的有效需求。

2. **地理位置** 社会居民所处的地理位置对于卫生人力资源的需求有重要影响。居住在农村的居民往往是在其居住附近的村卫生室或乡镇卫生院来实现他们对卫生人力资源所提供的卫生服务需求的。地理位置有时限制了社会居民对卫生服务的需求，从而间接限制了对卫生人力资源的需求。

3. **教育程度** 人们所接受的教育程度对于卫生人力需求有影响。一般来说，消费者所受的教育程度越高，他们对卫生服务需求也就越高，从而对卫生人力资源的需求也就越多。反之，如果消费者所接受的教育程度较低，他们对卫生人力资源的需求也较低。此外，消费者所接受的教育程度对卫生人力需求的影响不仅表现在数量上，而且还表现在质量上。

4. **卫生技术人员的专业技术水平** 消费者对于卫生人力的需求更会受到卫生技术人员的专业技术水平的影响。一般来讲，每一个需要接受卫生服务的人，都希望提供这种卫生服务的医务人员有较高的专业技术水平。现实中，对高专业技术水平的医生需求量很大，患者经常需要排队或者提前预约；而有些专业技术水平较低的医生经常没有患者。

（二）卫生人力资源供给分析

卫生人力资源供给是指在一定技术条件和时期内，一定的价格水平下，卫生机构愿意并能够提供的卫生技术人员数量。针对卫生人力资源的供给状况进行分析是卫生人力资源供给研究的重要内容。一般来说，卫生人力资源供给分析是卫生发展计划或区域卫生规划中一个必要的组成部分，并需要不断地监测与评价。除此之外，由于卫生服务供给具有特殊性，卫生行政部门还需要按照对卫生人力市场的准入制度进行严格管理。

卫生人力资源的供给分析主要包括对卫生人力资源的数量、质量、编制和分布等的分析。在对卫生人力资源的供给数量和质量进行分析时，应该通过对卫生系统或卫生机构中卫生技术人员的利用现状进行分析，包括年龄、性别、离退休率、地区分布、教育层次（学历）、类别、人数、职称等方面的调查。

根据国家卫生与计划生育委员会统计信息中心公布的资料显示，近年来我国卫生人力资源总量持续增长，人员素质也在普遍提高。每千人口卫生技术人员呈上升趋势，但卫生资源配置不合理现象却日益凸显，卫生人力资源配置出现了城乡及地区间的不公平性。2011 年末，我国每千人口卫生技术人员数城市是农村的 2.5 倍；每千人口执业（助理）医师数城市为农村的 2.3 倍，每千人口注册护士数城市为农村的 3.4 倍。面对这样的现状，需要研究出台一些强有力的干预政策来缩小城乡和地区间卫生人力供给差距。

（三）卫生人力资源供求特点

1. 卫生人力资源的需求量取决于卫生服务需求，它是由消费者对卫生服务的需求派生出来的一种"派生需求"。用人单位雇佣卫生人力不是为了满足自己的消费需要，而是为了满足提供卫生服务的需要。能直接满足消费者对卫生服务需要的是各种卫生服务，但这些服务是依靠和运用卫生人力资源才能提供出来的。用人单位之所以需要卫生人力资源就是为了用这些资源来提供各种卫生服务，以满足卫生服务消费者的需求。正是由于卫生人力资源的这种"派生需求"，在研究卫生人力资源需求时，需要将卫生人力资源同市场结构特征结合起来。

2. 对于雇佣者来说，卫生人力资源的需求是一种"联合需求"。这是因为，任何一种卫生服务都不是由单一一种生产要素提供的，而必须是许多生产要素（如资产、设备等）共同作用的结果。同时，卫生人力这种生产要素同其他生产要素之间在一定程度上，还存在着互相替代或补充的关系，因此雇佣者对卫生人力资源这一生产要素的需求，不仅要受该要素价格的制约，还要受其他要素价格的制约。

3. 卫生人力资源不仅具备一般人力资源供给的能动性、两重性、时效性、再生性与社会性等特点，还具备培养周期长、管理过程复杂、专业性与技术性强等特点。

三、卫生人力资源管理基本原理

卫生人力资源管理是卫生资源管理的核心和卫生事业兴旺之本。当前，如何加强卫生人才资源开发，吸引、培养、壮大卫生人力资源队伍，促进卫生事业可持续发展，已经成为卫生事业所面临的一项重要课题。

通常，卫生人力资源管理，可分为宏观人力资源管理与微观人力资源管理。卫生人力资源宏观管理，是政府通过协调卫生人力规划、卫生人力培训与卫生人力使用三个关键环节，并采用政策、法规、经济等手段，促进卫生服务与卫生人力协调发展，从而使卫生人力在数量、质量与结构等方面能够促进卫生事业的发展，并满足居民对卫生服务的有效需求。从卫生人力资源微观管理的角度看，是各类卫生组织，对其所属工作人员的录用、聘任、任免、调配、培训、奖惩、工资、福利、辞退等一系列工作进行计划、组织、领导和管控的过程；这一过程，最为核心的是获取、激励、绩效管理与开发四个环节。显然，卫生人力资源管理过程是个持续的、循环往复的过程。

一般而言，在卫生人力资源管理中，需要遵循投资增值原理、互补合力原理、激励强化原理、个体差异原理与动态适应原理五个基本原理。

1. 投资增值原理　投资增值原理是指对卫生人力资源的投资可以使卫生人力资源增值，即卫生人力资源品质的提高和存量的增大。投资增值原理表明，任何一个卫生组织或机构，要想提高员工的服务或劳动能力乃至组织绩效，就必须在营养保健、理论教育、技能培训与组织纪律等方面进行投资，以提高人力资源品质和存量，从而才能实现员工的服务能力与组织绩效的提高。

2. 互补合力原理　互补合力原理是指互补产生的合力比单个人的能力简单相加而形成的合力要大得多。这个原理表明了现实人力资源管理中，人与人之间、团体与团体之间互补合力的重要性。在现代社会中，任何一个人都不可能孤立地去做事，人们只有结成一定的关系或联系，形成一个群体才能共事，而群体内部的关系如何，直接关系到该群体所承担任务的完成情况，卫生人力更依赖于群体的协作。

3. 激励强化原理　激励强化指的是通过对员工的物质的或精神的需求欲望给予满足的允诺，来强化其为获得满足就必须努力工作的心理动机，从而达到充分发挥积极性，使其努力工作的结果。人的行为来自其心理动机，而心理动机的形成又受到其需求欲望的驱使；通过针对人的不同需求欲望给予满足或限制，就可以影响其心理动机，从而达到改变其行为的目的，这一过程称为激励；激励的过程实质上就是激发、调动并发挥人的积极性，以实现人尽其才的过程。

4. 个体差异原理　"取人之长，避人之短"是人力资源管理的基本原则。人力资源存在个体差异，这种差异包括两方面，一是能力性质、特点的差异，即能力的特殊性不同；二是能力水平的差异。承认人与人之间能力、水平上的差异，目的是为了在人力资源的利用上坚持能级层次管理，使个人能力水平与岗位要求相适应，实现各尽所能，人尽其才。

5. 动态适应原理　动态适应原理指的是人力资源的供给与需求要通过不断的调整才能相互适应。随着事业的发展，适应又会变为不适应，又要不断调整达到重新适应，这种不适应－适应－再不适应－再适应的循环往复的过程，正是动态适应原理的体现。因此，从供求的角度看，动态适应原理即人力资源供求，在数量、质量方面的动态平衡，而且这种平衡是通过管理者不断干预、调整达到的，是相对的，而不是绝对的。

四、卫生人力资源的聘用与培训管理

在卫生事业的运行与发展中，无论是物质资源、财力资源或技术资源等，最终都要由人来管理或由人来直接使用并提供服务。卫生人力资源是卫生事业发展的第一资源，是卫生事业发展中具有决定性作用的资源因素。卫生人力资源的聘用管理是卫生人力管理的首要环节。一般地，在制定了卫生人力资源规划后，就进入了卫生人力资源聘用与培训阶段。

（一）卫生人力的聘用

从卫生人力资源微观管理来看，卫生人力的聘用是卫生组织根据组织的发展目标与职务体系的设计，以及职务标准、任职资格要求等，对现有在职人员和候选人员进行综合考察和评估，使合适的人选在合适的岗位上任职的过程。通俗来说，卫生人力的聘用是组织根据人力资源规划和职务分析的数量与质量的要求，通过信息的发布和科学甄选，获得本组织岗位所需的合格人才，并安排他们到组织所需岗位工作的活动和全过程。

显然，卫生人力资源的聘用，以卫生人力的获取、甄选为前提，即通常讲的选拔过程。传统的选拔方法有领导发现、举荐、组织考察和考试选拔等；现代的选拔方法，还包括能力测试、面谈、民主推荐、专家考评、组织考察、试用等选拔方式的结合。同时，从选拔的途径看，有内部选拔和外部招聘。内部选拔包括内部提升和内部调用等，是指从组织内部选拔那些能够胜任岗位要求的人员，充实到岗位上去的一种方法。此方法的优点是被选拔的对象个人资料可靠，对其优势和不足都比较了解，选拔此类人员可以激发组织内部人员的进取心，提高他们的工作热情；缺点是可供选拔的人员有限，一旦操作不慎，还容易挫伤组织内没有被提拔到的人的积极性。而公开招聘是指卫生组织向卫生组织外人员宣布招聘计划，提供一个公平竞争的机会，择优录用合格的人员担任卫生组织内部岗位的过程，包括求职者登记、公开招聘或职业介绍机构招聘等。

同时，在卫生人员聘用后，还要加强聘后管理，建立解聘、辞聘制度等，并要建立和完善岗位绩效管理制度，对聘用人员进行全面绩效管理，并把考核结果作为续聘、晋级、分配奖惩和解聘的主要依据。

（二）卫生人力的培训

卫生人力培训是指卫生组织根据整体规划，有计划地实施并帮助卫生人员有效提高能力、更新知识和培养职业精神的活动；通过有组织的知识传递、技能传递和信念传递，能够有效更新卫生人力的知识和技能，使其不断适应工作岗位要求。

卫生人力培训的内容，主要包括政治素质、职业道德、专业知识与技能以及其他相关素质内容；培训的方法主要有在职培训和脱产培训等；培训的种类，主要有新职工上岗培训、在岗培训、转岗培训、晋升培训、岗位咨询培训，以及新知识、新技能培训，或者绩效管理（考核）培训等。培训方法，按工作岗位可分为不脱产培训、脱产培训、半脱产培训；按培训时间可分为长期培训、中期培训、短期培训；按培训方式可划分为学历教育、岗位培训、专业证书制度培训等。

同时，从卫生人力培训的目标出发，卫生人力的培训应当遵循全员培养和重点培养相结合的培训原则，按需施教、讲求实效的原则，以及短期目标与长远发展相结合的原则。

为此，各类卫生人力培训都需要有培训方案，而培训项目是实施卫生人力在职培训的常用方式。一个完整的培训项目，应该包括三个阶段：一是培训需求分析阶段，此阶段形成对某一方面培训的建议，从而确定培训目标，并做出培训决策；二是培训设计与实施阶段，即制定培训方案，包括培训对象、培训内容、培训方法、培训时间与经费预算，以及对整个培训过程所进行的系统安排、培训效果评价计划等；三是培训评估阶段，通过对培训的设计、执行和结果进行评价分析、总结与反馈过程，以达到检验培训效果、改进培训设计、总结培训经验，最终提高培训水平的目的，从而使卫生人力的知识、技能和态度不断满足岗位要求。

五、卫生人力资源的评价

评价是确定成果（效）达到目标程度的过程，是卫生人力资源管理的重要组成部分。卫生人力资源评价是卫生人力资源管理的核心内容之一，并贯穿于卫生人力资源管理的全过程。

卫生人力资源的评价可以从两个方面理解，一是对卫生人力资源总体状况的评价，二是对卫生人力资源个体的评价，对个体的评价就是考核评价员工绩效高低的过程，这对规划卫生人力资源发展、卫生人事决策、卫生人员的激励，从而改善卫生人力资源水平具有重要意义。同时，从微观人力资源管理角度看，卫生人力资源评价包括卫生人力测评与卫生人力绩效考核两部分内容，卫生人力测评是对卫生人力的品德、智力与体力、能力等素质进行测评的过程；而卫生人力绩效考核是收集、分析、评价与反馈卫生人力岗位行为表现与工作结果的过程。

（一）考核评价的基本要求

绩效考核是卫生人力考评的基本方式，也是提高组织整体服务水平与竞争力的中心环节；绩效具有多因性、多维性和动态性的特点，因而实施卫生人力绩效考核，既要实现管理者的初衷，又要使员工乐于接受。

1. 全面性与整体性 员工的绩效具有多维的特点，设计考评体系必须注意将影响工作绩效的各方面因素都考虑进去，才能全面地反映员工的情况，从而避免片面性。

2. 公正性与客观性 对员工的评价是调动员工积极性的一个好办法，因此，必须体现公正、客观，考评人员不能将个人的恩怨、好恶等情绪掺杂进去，否则会适得其反。

3. 民主性与透明性 考评过程是一个全员参与的过程，充分发扬民主尤显重要，听取员工的意见是尊重员工民主权利的过程，特别是对于建立考评体系和考评标准的时候，应该注意倾听员工的意见。此外，还注意将考评程序、指标等内容公布于众，便于员工的监督。

4. 可行性与实用性 建立考评体系一定要贴近工作实际，既不要将标准定得过高，也不要敷衍从事。任何一次考评都需要一定的时间、人力、物力、财力，这些条件是否能够允许，考评人员应该做到心中有数。具体考评方法也要科学实用，方便操作。避免为了追求新奇，故意将方法神秘化、复杂化。

5. 定期化与制度化 评估考核是一种连续性的管理过程，因而必须定期化、制度化。评估考核是对员工能力、工作绩效、工作态度的评价，也是对他们未来行为表现的一种预测，因此只有程序化、制度化地进行评估考核，才能真正了解员工的潜能，才能发现组织的问题，从而有利于组织的有效管理。

（二）考核评价的主要内容

1. 卫生工作成绩 考评卫生人员在一定时间内对组织的贡献与价值，就是对员工工作行为结果所进行的考评与认定。卫生工作成绩考评主要包括卫生工作数量、质量、效果、效率、效益等内容。

2. 卫生服务能力 主要考评卫生人员岗位工作的基础能力，如基础理论、专业知识、实务知识与实践技能技巧，以及业务能力，包括理解力、应用力、表达力、指导力等。

3. 卫生工作态度 主要考评卫生人员工作的积极性、责任感、热情、自我认知等比较抽象的工作素质。

（三）考核评价的主体

1. 卫生人员的直接主管者考评。

2. 卫生人员的同行考评。一般而言，同行间的考评应具备三个条件：一是相互信任；二是彼此互通信息，熟悉对方的工作及业绩；三是奖惩与报酬不是彼此竞争的。

3. 卫生人员自我考评。自我考评有利于自我发展和个人成长，达到自我激励的目的，但自我评价要求每个人必须要诚实和公正。

4. 卫生服务对象考评。接受服务对象的监督和评价是很重要的，可以体现"以病人为中心"的服务理念。

（四）考核评价的步骤

从绩效管理的角度看，卫生人力考评是组织或岗位绩效管理计划、绩效沟通、绩效考核与绩效改进循环管理的一个环节。卫生人力绩效考核的步骤，基本包括三个方面：

1. 制定绩效考核标准 首先，确定卫生人力岗位绩效考评的项目和内容，这些项目和内容一般包括可以观察得到的行为、能由个人控制的行为与结果，以及岗位工作的重要方面；其次，对所要评价的项目和内容提出考核评价标准。

2. 确定绩效考核的权重系数 对所要绩效考评的项目和内容，确定在总评价中的权重值，如工作数量、质量、创造性工作等项目，在总评价中的权重是不同的；同时，各类评价人在总评价中的权重也应该是不同的，如上级、同事、自我、下级等的评价在总计分中的权重不同。

3. 实施绩效考核 即对被考核者进行评价与计分，并把所有得分进行加权，得到综合评价的总分。

（五）考核评价的方法

一般地，卫生人力考核评估的方法，主要有排列（排序）法、等级法、因素比较法、目标管理法以及360度考核法等。

六、卫生人力资源的激励

所谓激励，就是组织通过设计适当的奖酬形式与工作环境，以一定的行为规范和惩罚性措施等，来激发、引导、保持和归化组织成员的行为，以有效实现组织及其成员个人目标的系统活动；激励的最终目的是在实现组织预期目标的同时，也能让组织成员实现其个人目标，即达到组织目标和员工个人目标在客观上的统一。公平理论和目标－途径－期望理论，是激励设计与分析的基本理论框架。

卫生管理者对卫生人力资源的激励，可以是物质的，也可以是精神的，可灵活应用各种激励措施；政府主要通过卫生人力资源政策，对卫生人力资源的激励进行规范和宏观调控。

1. 建立卫生技术人员职称晋升制度　国家建立卫生技术人员职称晋升制度，依据各类技术人员达到的卫生技术水平授予一定的技术职称。

2. 不断完善卫生人力收入分配制度　国家制定和不断完善卫生机构各类卫生人员的收入分配机制，对各类医疗卫生机构实行的薪酬制度进行原则性规范，包括要求卫生事业单位对其工作人员实行岗位绩效工资制度；对从事医学基础研究和重要公益领域的高层次人才逐步建立特殊津贴制度；对部分紧缺的高层次人才，实行协议工资、项目工资等灵活多样的分配办法。

3. 特别岗位的卫生人才吸引政策　政府从战略的角度衡量卫生行业的紧缺人才，包括高层次卫生人才、农村卫生人才、社区卫生人才及中医药卫生人才等。国家对各类紧缺人才实行优先发展战略，制定专门政策，提供专项资金，创造必要的生活与工作条件，以吸引、留住这些紧缺人才。

4. 其他激励措施

对卫生人才的激励措施还包括假期、教育、学习进修机会、工作条件改善和配备辅助人员等。国家对此主要提出指导性意见，具体执行多属具体卫生机构微观卫生人力资源管理的范畴。

从卫生人力资源管理的发展趋势看，卫生人力尤其是医疗卫生机构管理人力的职业化与专业化势在必行。目前，国内医疗卫生机构最欠缺的不是技术和设备，而是具有职业化观念的管理者。随着生活水平的提高，健康需求的多样化对医疗机构的管理提出了更高的要求，管理者必须投入大量的时间和精力，运用管理知识、管理理论和管理技术对医疗卫生机构实施科学管理。因此，从管理者的知识结构、时间投入、管理能力等角度看，培养一批了解医疗机构运作状况，掌握现代卫生管理学知识，并以医疗机构管理为职业的管理人才，是医疗机构职业化管理队伍建设的必由之路，是卫生人力资源管理发展的鲜明趋势。

第三节　卫生财力资源管理

卫生财力资源是以货币形式表现出来的用于医疗卫生事业的经济资源，通常以卫生总费用来表示。卫生财力资源是卫生服务工作的经济保障，是卫生活动的基本资源，并为其他类资源的形成提供财力支持。目前，卫生总费用不断上涨是世界性的发展趋势，而上涨的原因主要有人口增长、年龄结构变化、疾病构成变化、医学科技发展、生活水平提高、医药卫生材料价格上涨等方面，卫生财力资源以及卫生总费用已是国际经济学界、卫生学界等研究的主要领域。

一、卫生财力资源概述

卫生财力资源是指国家、社会和个人在一定时期内，为达到防病治病、提高人民健康水平，在卫生保健领域内所投入的经济资源。广义的卫生财力资源是一切可以用货币表现的卫生资源，包括卫生人力、物资设备、设施、房屋建设、交通信息等费用，而狭义的卫生财力资源指卫生事业费用，并通常用卫生资金、卫生总费用表示。

二、卫生财力资源的筹集

卫生财力资源或卫生总费用的筹集有狭义和广义两种概念。狭义的卫生财力资源筹资是指卫生资金或卫生事业费用的筹集，包括卫生资金的来源以及各来源渠道的具体内容、数量和比例等；广义的卫生财力资源筹资不仅包括卫生资金的筹集，还包括卫生资金的分配和使用，即不仅要研究卫生资金从何而来，资金来源渠道和各渠道的数量，还要研究资金的去向和数量，即分配流向，以及资金的使用效率、公平性等问题。卫生财力资源的筹集直接受到社会经济环境、文化环境和政治环境等社会各方面因素的影响。概括地说，我国目前的卫生财力资源的筹集来源主要有政府投入、社会卫生筹资、个人卫生筹资、健康保险筹资等。

（一）政府卫生投入

在我国，政府卫生投入是指各级政府用于卫生保健事业的财政预算拨款，根据其经济用途，可划分为公共卫生服务经费和医疗保健制度投入，前者主要指政府投入到卫生服务提供方的资金，具体包括对卫生部门所属医疗机构的经费补贴、中医医院的经费补贴、卫生院经费补贴、防治防疫部门经费补贴、妇幼保健经费、计划生育经费补贴、高等医学教育经费补贴、预算内基本建设经费，医学科研经费、卫生行政部门管理费用等；后者指政府投入到卫生服务需方的资金，具体指政府投入到城镇职工基本医疗保险的经费、城镇居民基本医疗保险的经费和农村合作医疗制度的经费等。

（二）社会卫生筹资

在我国，社会卫生筹资是指来自于政府预算外社会各界投入到卫生事业的资金，它体现了社会各界对卫生事业的投入和重视程度。社会卫生筹资主要包括行政事业单位卫生支出、企业卫生支出、乡村集体经济卫生支出、私人办医卫生支出和一些其他卫生支出，如国际组织援助、海外华人华侨的捐助等。

（三）居民个人付费

居民个人付费是指居民利用自己可支配收入支付各项医疗卫生费用和各项医疗保险费用，主要包括城乡居民的医疗卫生费支出、按规定个人缴纳的保险费、参加各种商业医疗保险所支付的保险费等。

（四）社会健康保险

目前，在全民医保背景下，各类健康保险是卫生筹资的重要来源。

三、卫生财力资源的分配与利用

（一）卫生财力资源的分配

卫生资金是卫生财力资源的货币表现，卫生财力资源的分配实际上是指不同来源筹集的卫生资金的流向问题。通过政府的宏观调控和市场调节，科学合理地对所筹集到的卫生资金进行优化配置，分配到卫生服务的各个领域，通过汇集整理相应的卫生费用数据，就能反映全社会的卫生资金投入在不同部门、不同地区、不同领域、不同层次的配置和使用效果，可用来分析与评价卫生资源配置的公平性和合理性，为调整和制定卫生资源分配政策提供经济信息和客观依据。

从不同领域和不同部门看，卫生财力资源的分配具体表现为卫生部门、工业及其他部门、私人开业机构、村级卫生机构等医疗服务机构的财务收入，其中包括上级财政拨款和业务收入。

从服务项目来看，卫生财力资源的分配具体表现为医疗总费用、公共卫生服务总费用、卫生发展费用和其他卫生费用。

（二）卫生财力资源的利用

卫生财力资源的利用是指一定时期内（通常指一年）一个国家或地区的各级各类卫生机构，为了提供卫生服务而实际对卫生总费用的消耗和支出量，具体表现为卫生机构人员经费、设备购置费、修缮维护费、业务公务费等各项费用支出。卫生财力资源的利用可用来分析和评价卫生资源利用的合理性和经济效率，以加强卫生费用的有效利用与控制，提高卫生资金的使用效率。

卫生财力资源的利用主要表现为卫生资金的使用，卫生资金的使用是卫生服务的各个领域将分配到的资金合理运用到各个项目上，追求以最小的成本达到最大和最优的卫生服务产出的过程。卫生资金利用的主体包括医院、社区、公共卫生机构和保险机构，他们是卫生费用的支付对象，也是卫生服务相关产品的提供者。资金支出的形式有诊疗费、药品费、检查费、保险费、预防保健费、固定资产投入等。

一般地，评价卫生财力资源或卫生资金利用的绩效，主要通过资金利用的效率、效益与效果三方面来进行。资金利用效率是指评价费用消费与卫生业务活动数量之间的关系，如平均每诊疗人次的医疗费用、平均每床日住院医疗费用、平均每一出院者住院的医疗费用，以及某种住院医疗费用；资金利用效益是指以货币价值形式对一定的卫生资金投入使居民健康得到改善所产生的效益和社会影响进行衡量，卫生资金的利用效益往往用疾病经济损失加以评价；而资金利用效果分微观效果和宏观效果，微观效果是指卫生机构业务工作目标的实现程度；宏观效果是指社会卫生发展战略目标的实现程度。

四、卫生财力资源管理评价

（一）卫生财力资源管理的影响因素

1. 人口增长和老龄化 人口老龄化是人口类型从高出生、高死亡到低出生、低死亡转变过程中的必然趋势，是生育率下降和人类寿命显著延长的必然结果。目前，我国老龄人口高龄化趋势十分明显，我国老龄化人口已经占世界老年人口的1/5，占亚洲老年人口的1/2，成为世界老年人口最多的国家。而且，人口老龄化速度比其他国家都要快，如法国用了115年，美国用了60年，最短的日本也用了25年，而我国仅仅用了18年左右的时间。我国人口形势的基本特点已经向我们发出了警示，卫生事业与医疗保障事业正在面临老龄化带来的各种挑战，其中自然包括医疗卫生费用的增长，卫生财力资源管理面临日益严峻挑战。

2. 物价上涨因素 目前，卫生领域中房屋、设备、材料、药品、劳务及能源等各项生产要素的价格上涨，直接造成卫生总费用的增长。各国研究均证实了这一点。我国自1978年以来，GDP价格指数平均增加1%，人均卫生费用上涨2.07%，且影响程度越来越大。

3. 疾病谱发生改变 随着经济发展水平的提高，影响人群健康的主要疾病已由原来的传染病等疾病转变为肿瘤、心血管疾病等慢性非传染性疾病。这些慢性非传染性疾病的特点是病程长、不易治愈、费用较高。慢性病患者数量的快速增长，有可能使小部分人口占用了大部分卫生资源，从而一些国家已将慢性病列为卫生费用增长较为集中的疾病之一。

4. 医疗科学技术进步和新药的应用 随着经济的不断发展，越来越多的高新技术、设备逐渐应用到医疗领域，虽然治愈了很多以往无法治愈的疾病，挽救了很多以往无法挽救的生命，但也随之带来了卫生费用的较快增长。同时，新药的研发与使用是导致卫生费用增长的另一重要因素，这些药品的应用（有时并非合理应用），会进一步促使卫生总费用的上涨。

5. 居民对卫生服务需求的增长 居民对卫生服务的需求伴随着生活水平的提高呈现加大的趋势，人们对自己的健康状况越来越关注和重视，健康意识逐渐增强，原来可治可不治的疾病，现在基本都要去医院就诊或药店买药；另外，居民的健康投资意识也随着经济水平的提高而增强，对卫生保健品的消费较以往多得多，都会进一步促进卫生总费用的上涨。

6. 管理体制方面的因素   目前，我国主要实施的按项目付费的后付制的支付方式，造成医疗机构为追求收入尽可能多地提供医疗服务和药品，加上医疗机构的补偿机制不尽完善，医疗机构会尽可能多地提供那些补偿水平高的医疗卫生服务（如大型仪器设备检查）和新药贵药特药产品等，这些卫生管理方面的弊端，会间接造成卫生总费用的不断增长。

（二）卫生财力资源评价主要指标

1. 卫生总费用   卫生总费用是指一个国家或地区在一定时期内（通常是一年）全社会用于医疗卫生服务所消耗的资金总额，是以货币作为综合计量手段，从全社会角度反映卫生财力资源的全部运动过程，分析与评价卫生财力资源的筹集、分配和使用效果。

2. 政府卫生支出   政府卫生支出是指各级政府用于卫生事业的财政拨款，主要包括公共卫生服务经费与公费医疗经费，即医疗保健制度投入。

3. 人均卫生费用   人均卫生费用是消除人口增长因素对卫生财力资源或卫生总费用绝对值的影响，用来分析、评价公平性的重要指标，人均卫生费用一般用当年价格和可比价格两项指标来表示。

4. 卫生筹资总额   卫生筹资总额是反映卫生财力资源筹资总量的重要指标，用于评价全社会卫生投入水平，卫生筹资总额一般使用当年价格和可比价格两项指标来表示。

5. 卫生总费用占国内生产总值的百分比   卫生总费用占国内生产总值（GDP）百分比通常用来反映一定时期、一定经济水平下，一个国家对卫生事业的资金投入力度，以及国家对卫生工作的重视程度和全社会对居民健康的重视程度。

6. 卫生总费用年增长速度   卫生总费用年增长速度是反映一个国家或地区卫生财力资源变动趋势的重要指标，是监督与评价卫生总费用增长的重要指标。

7. 社会卫生支出占卫生总费用百分比   社会卫生支出占卫生总费用百分比，是衡量社会各界对卫生服务贡献程度的重要指标，反映多渠道筹集卫生财力资源的作用程度。

8. 居民个人卫生支出占卫生总费用百分比   居民个人卫生支出占卫生总费用的百分比，是衡量城乡居民个人对卫生服务费用负担程度的评价指标，各地区不同人群对卫生保健费用的自付率反映了不同地区人群享受卫生服务的公平程度。

9. 公共卫生服务经费占卫生总费用百分比   公共卫生服务经费占卫生总费用百分比是政府预算卫生支出的重要组成部分，是各级政府为防病治病、保障人民身体健康，由国家财政预算为社会全体成员提供的卫生保健服务资金，是反映国家财政对卫生事业发展重视程度和卫生服务公平性的重要指标。

（三）卫生财力资源的控制

改革开放 30 年来，我国卫生总费用稳步增长，卫生总费用占 GDP 比值一直处于上升趋势。现阶段，卫生总费用快速攀升，已经成为严峻的国际性问题，给国家、企事业单位和广大居民都带来较大经济压力。我国医药卫生体制改革的总体目标，就是要建立覆盖城乡居民的基本医疗卫生制度，为群众提供安全、有效、方便、价廉的医疗卫生服务。因此，采取适当的措施来控制卫生总费用的增长，对进一步推进我国医疗卫生改革与发展具有重要意义。控制卫生总费用，主要从以下几个方面进行：

1. 开展区域卫生规划　区域卫生规划是政府对卫生事业发展实行宏观调控的重要手段，它以满足区域内全体居民的基本卫生服务需求为目的，对机构、床位、人员、设备和经费等卫生资源实行统筹规划，合理配置，可以提高卫生资源分配与利用效率。

2. 完善医疗保障体系　加快建立和完善以基本医疗保障为主体、其他多种形式补充医疗保险和商业保险为补充、覆盖城乡居民的多层次医疗保障体系，注重商业健康保险与社会医疗保险的有效衔接，扩大医疗保险的覆盖面，发挥医保基金的作用，保证基本医疗服务，抑制医疗卫生资源的过度浪费，缓解群众"看病难""看病贵"的局面，确保城乡居民"人人享有基本医疗卫生服务"，具有重要意义。

3. 探求多元化支付方式　卫生费用的增长，存在合理的部分，也存在不合理的部分。当前国际社会为控制卫生总费用的不合理上涨，普遍采取的是预付制、人头付费制或按病种付费等方式。针对我国卫生费用不合理增长，要改变传统的以"按服务项目付费"为主的付费方式，探求合理的多元化支付方式，以提高卫生服务效率，缓解卫生服务需求无限性和卫生资源有限性之间的矛盾，促进卫生资源合理配置和卫生服务有效利用，最终探索出适合我国国情的支付方式，完善医疗保障制度改革。

4. 推进社区卫生服务　目前，我国对患者的就医流向缺乏有效的干预，多数患者并未经过转诊就直接到二、三级医疗机构就诊，从而使基层卫生机构的设备闲置，而二、三级医院由于其固定成本远高于基层医院，因而其费用也远高于基层医院，这就使原来可以节省的卫生资源存在浪费现象。社区卫生服务作为社区建设的重要组成部分，需要在广度和深度方面加强建设，建立切实可行的双向就诊制度，以更好地提供"六位一体"的综合服务。同时，加快对全科医生的规划培养，以充分发挥全科医生作为"守门人"的作用。

卫生总费用的控制是一项长期的历史任务，需要采取主动性的费用控制措施，并使之贯穿于卫生财力资源管理的各个阶段，而不能等费用增长到较高的程度时才开始管理控制行动。

第四节　卫生信息资源管理

随着现代化信息技术的广泛应用，人类已进入信息化时代。卫生信息资源是卫生资源的重要组成部分。随着经济社会的发展，卫生信息资源在卫生服务供求与管理中的重要性日益明显，从而使卫生信息资源管理成为卫生资源管理不可分割的重要组成部分。目前，一些发达国家已将卫生信息资源作为国家重要的信息资源加以开发、利用和管理。

一、卫生信息资源的概念

卫生信息资源是指人类在医疗卫生社会活动中所积累的，以与健康相关的信息为核心的各类信息活动要素的集合，主要包括：①卫生信息或数据；②卫生信息生产者，如管理者、统计学家、流行病学家、医务人员、数据收集与处理人员等；③设备、设施，如仪器、计算机软硬件、网络通信设备等；④资金等。

二、卫生信息资源的分类

按照不同的标准与范围，信息资源可以分为多种类型，而卫生信息资源就是信息资源中按专业（学科）划分出来的一个门类。依据显示信息资源的载体划分，卫生信息资源可分为载体信息资源、文献信息资源、实物信息资源、网络信息资源四种类型。结合卫生信息资源管理的实际，在现实的卫生信息资源体系中，人们常见和常用的卫生信息资源主要包括以下几大类型。

1. 卫生文献信息资源　卫生文献信息资源是以文献为载体的信息资源。文献信息资源依据其记录方式和载体材料又可以分为刻写型、印刷型、缩微型、机读型、声像型等五大类。其中刻写型卫生信息资源主要是指医疗卫生专业人员的手稿、手写纸质病例、手工登记资料、原始档案等；印刷型的卫生文献信息资源主要包括医疗卫生图书、报刊、特种文献资料（医学科研报告、医学会议文献、医学学位论文资料、医疗卫生技术标准资料、医疗卫生专利文献、政府及官方出版物等）、图书等。

2. 卫生数据资源　卫生数据资源包括以下几个方面：

（1）各类公司研制与开发并形成市场化运作的数据库（知识库）资源。如中国期刊全文数据库、中文生物医学期刊文献数据库、中国医院知识库、Medline、OVID、ProQuest、Springer、Elsevier、Kluwer 等。

（2）公共卫生领域中的各类疾病预防，职业健康保险，疾病监测的数据采集、登记存储、统计分析与检索及其管理资料。

（3）卫生系统领域的各类统计资料。

在卫生数据资源中，既包括有结构化的事实性报表数据，还包括许多非结构化的数据，如医学影像数据等。

3. 卫生信息网络与系统资源　卫生信息网络资源主要包括两种，一是为实现卫生信息资源快捷有效地传输而建立的各种网络（局域网、广域网）；二是从 Internet 网络上可以查找到的卫生信息资源，包括非正式出版的信息，如电子资源、专题讨论小组和论坛、电子会议、电子布告板新闻等传媒工具上的信息；正式出版信息，如网络数据库及电子出版物等。而卫生信息系统资源主要是指为实现卫生信息化而建立的各类与人、财、物有关的计算机管理信息系统及其相关设备。

4. 卫生组织机构信息资源 卫生组织机构信息资源主要是指医疗卫生领域各种学术团体和教育机构、企业和商业部门、国际组织和政府机构、行业协会等介绍和贯彻的宗旨、研究开发的信息资源或其产品、服务、成果的描述性信息。

5. 卫生专业人员与信息管理人员的智力资源 卫生专业技术人员所拥有的智慧、经验与知识是卫生信息资源的重要组成部分，他们常在交流、口述与讨论中传递丰富的卫生信息。卫生信息管理人员主要包括信息资源服务规划与管理者、统计人员、流行病学专业研究人员、医务人员、系统开发管理与维护人员、数据收集与处理人员、文献资料与档案管理人员等。卫生信息专业人员与信息管理人员既是卫生信息资源的生产者，又是卫生信息资源的开发利用者。

三、卫生信息资源管理

卫生信息资源管理是指对卫生、医疗、保健工作中信息活动的各种因素（包括信息、技术、人员、机构等）进行合理地计划、组织和控制，以及为实现卫生信息资源的充分开发和有效利用所进行的综合管理。显然，卫生信息资源管理属于卫生行业的信息资源管理范畴，除同政府部门和企业的信息资源管理有许多的共性外，应结合自身的特点来进行信息资源的管理活动。世界卫生组织（WHO）曾明确地把提高管理水平与改善卫生信息系统联系在一起，并明确指出："在妨碍管理有效性的因素中，主要是信息保障问题。"目前，一些发达国家已将卫生信息资源作为国家重要的信息资源加以开发、利用和管理。

从管理类型看，卫生信息资源管理可以划分不同的类型，如从技术手段来看，卫生信息资源管理可分为手工方式和计算机自动化管理方式；按管理对象划分，卫生信息资源管理可分为信息资源管理与信息活动管理；按组织机构划分，卫生信息资源管理可分为卫生行政部门的信息管理、卫生事业组织信息管理与医学科技信息管理等。

从管理内容看，卫生信息资源管理的内容是由管理目标决定的，其内容主要包括卫生信息管理的政策法规、卫生信息事业发展规划、卫生信息资源开发和共享机制、卫生信息标准规范、基础设施和网络建设与卫生信息安全等。

从基本环节看，卫生信息资源管理主要包括卫生信息资源的采集、组织、传播、利用四个环节。

（一）卫生信息资源的采集

卫生信息资源的采集是根据特定的目的和要求，将分散在不同时空的有关信息采掘和积聚起来的过程。资源采集是整个卫生信息资源管理流程中一个非常重要的环节，信息采集质量的高低直接影响整个信息储备的质量。

卫生信息的采集，需要坚持目的性原则，力求最大限度地满足各类用户的信息需求；系统性原则，即对信息进行有重点、有计划、按比例的动态补充，以保持信息采集的完整性和系统性；及时性原则，要及时地把握用户的信息需求，在第一时间将最新动态、最新水平和最新的信息资源提供给客户；可靠性原则，就是要保证收集到的信息能真实可靠的反映客观存在，为客户提供真实可靠的信息；经济性原则，要求信息采集工作要分析成本效益，以最小的投入获取最大的效益；预见性原则，信息采集工作既要立足于现实需要，又要有一定的超前性，要考虑到未来的发展。

一般地，卫生信息资源通过以下途径进行采集：①内部途径，一般指卫生行政管理机构、疾病控制中心、医疗单位、医学教学与科研机构、医药厂家和医疗设备部门内部形成的各种信息通道；②外部途径，指某组织机构以外的各种信息来源渠道，如文献部门、外部信息网络、大众传播媒介、社团组织及学术会议、政府部门。同时，卫生信息资源主要运用两种方法进采集：原始数据采集，即对基础性数据的记录、文献信息采集；文献信息采集，即对纸型（图书、期刊、会议论文等）和电子型（光盘、多媒体、网络信息等）两种形式的文献的信息进行收集。

（二）卫生信息资源组织

卫生信息组织是将无序的卫生信息资源变为有序的过程，即根据检索的需要和信息资源的特点，利用一定的规则和方法，通过对卫生信息资源的外在特征和内容特征进行描述和揭示，实现大量信息的有序转化。通过信息组织这个过程不仅将各种内容凌乱分散、质量参差不齐的信息浓缩归纳、序化和优化，形成精良的信息资源集合体，实现信息的增值，而且也为信息的检索利用打下坚实的基础。

卫生信息资源组织，主要通过两个步骤来实现：①信息描述，即按照一定的描述规则对信息的形式特征、主题内容进行全面描述，并给予记录的过程；②信息存储，即将信息描述的结果科学排列和组织放在一定的空间中，使其能被有效利用。

（三）卫生信息资源的传播

卫生信息资源的传播是指通过一定的媒介使卫生信息从时空的一点向另一点移动的过程。卫生信息资源的传播对卫生工作的发展有重要影响，通过信息的传播不仅可以让更广泛的人群了解、利用信息，使信息内容价值增值，而且可以促进科技进步和整个社会发展。

（四）卫生信息资源的分析利用

卫生信息资源的分析与利用是卫生信息管理的重要环节与步骤。卫生信息资源分析就是根据决策的需求，对卫生信息进行收集、加工和提供，以支持辅助决策。卫生信息分析常用的方法有卫生信息相关分析方法、卫生信息预测法和卫生信息综合评价法。而卫生信息资源的利用在形式上是一个循环过程，在内涵上则是一个螺旋上升、不断升华的递进过程。在卫生信息资源的利用过程中，信息提供人员用多种技术和方法对各种途径的信息资源进行广泛的采集，并依据一定的规则和原理对采集到的信息资源进行分门别类的组织，形成一个有序的信息储备。储备的信息可以通过特定的渠道主动传递到特定的用户，也可以是用户根据自己的需求目标有意识地检索相关的信息储备，用户对所获得的信息资源进行分析筛选加以利用，并产生新的信息资源，新的信息资源又被信息提供人员所采集，由此形成一个信息流的循环回路。在整个卫生信息资源利用的过程中，可以发现信息的内涵在不断地增值，人们在解决一些问题时会对已存在的信息进行有效利用和加工，融入新观点、思路，最终形成科学决策。

四、信息技术与卫生管理

随着现代化信息技术的广泛应用，人类已进入了信息化时代。现代信息技术的迅速发展，以互联网和通信技术为标志的现代网络社会已经形成，从而应用现代信息技术，实现信息管理的计算机化、网络化，即信息化已成为社会发展的基本目标，并已经影响社会经济生活的各方面、各领域。卫生信息化是在国家统一规划和组织下，在卫生领域广泛应用现代信息技术，深入开发、广泛利用卫生信息资源，以加速实现卫生管理、卫生服务现代化的进程。目前，现代信息技术在卫生管理中广泛应用，如办公自动化、医疗机构管理、医学科技管理、公共卫生服务管理以及卫生监督管理等领域或方面，从而形成了卫生信息资源管理系统。

（一）我国卫生信息管理系统框架

目前，我国卫生信息系统主要由卫生统计信息系统与医学科技信息系统两大部分组成，卫生统计信息系统在中央一级由国家卫生与计划生育委员会卫生统计信息中心负责管理，医学科技信息系统由中国医学科学院医学信息研究所管理，而有关疾病监测、疾控、卫生监督监测信息与预防医学科技信息主要由中国预防医学科学院公共卫生信息中心主管，这样，我国就形成了卫生计生委领导下的三个组织组成的中国卫生信息系统管理核心；三个中央组织在省级及以下行政区各有其管辖与联系组织，从而形成了卫生统计信息系统、医学科技信息系统，以及疾控、卫监与预防医学科技信息系统三个子系统。

从具体框架来看，我国卫生信息管理系统主要包括各级卫生信息平台、相关业务领域应用系统、基础数据库以及卫生信息专网等。

1. **卫生信息平台** 卫生信息平台是指国家、省（自治区、直辖市）、地市和县等各级卫生信息平台；国家级、省级卫生信息平台为综合卫生管理信息平台，地市级、县级卫生信息平台为区域卫生信息平台，并为医疗机构、基层卫生服务机构和居民提供信息服务，同时服务于药品供应、医疗保障、公共卫生和医疗服务监管业务。

2. **业务应用系统** 卫生业务应用系统是指公共卫生服务与监管、医疗服务与监管、医疗保障、基本药物制度监管、综合卫生管理等领域的应用系统。

3. **基础数据资源库** 基础数据资源库是指贯穿各级信息平台和业务应用系统间的居民电子健康档案和电子病历等基础数据库，居民电子健康档案是居民全生命周期的健康信息资源，电子病历是医疗服务活动产生的医疗信息记录，是健康档案的主要信息来源和重要组成部分。

4. **卫生信息专网** 卫生信息专网是连接各级卫生信息平台、各个业务应用系统及基础数据资源库的专用网络。由于卫生信息数据大，安全性要求高且大部分数据采取分散存储方式，因此需要建立专用网络，以满足各系统之间的数据共享。

（二）我国主要卫生信息管理系统

我国卫生信息系统主要包括医院信息系统、公共卫生信息系统、社区卫生信息系统、新农合信息系统、综合卫生管理信息平台、区域卫生信息平台和卫生决策支持系统等。

1. 医院信息系统　医院信息系统（HIS）是对医院及其所属部门的人流、物流、资金流进行综合管理，对医疗活动各阶段产生的数据进行采集、存储、处理、提取、传输、汇总、加工生成各种信息，从而为医院运行提供全面、自动化服务的信息系统。医院信息系统以电子病历为核心，主要包括业务应用信息系统、医院信息平台和基于信息平台的应用。

2. 公共卫生信息系统　公共卫生信息系统具有跨机构、跨层级和跨业务的特点，纵向分为国家、省、地（市）、区（县）、乡镇等多级信息系统，横向可分为疾病预防控制、妇幼保健、卫生监测和卫生突发应急等区域卫生业务信息系统。

3. 社区卫生综合信息系统　社区卫生综合信息系统以满足社区居民的基本卫生服务需求为目的，是融健康教育、预防、保健、康复、计划生育技术服务和一般常见病、多发病的诊疗等服务为一体的信息系统，可分为管理平台和业务平台。

4. 新型农村合作医疗信息系统　新型农村合作医疗信息系统的主要服务对象是卫生行政管理部门、新农合业务经办机构、参合农民等。新型农村合作医疗信息系统分为管理系统和业务系统。其中，管理系统主要为国家与省级卫生行政管理部门中新农合业务综合管理提供信息支撑，整体构架以国家、省两级为主；业务系统主要为省级以下新农合业务经办机构具体业务管理提供信息支撑。

5. 卫生综合管理信息平台　卫生综合管理信息平台建设目标是利用信息标准，部署通过信息分析工具、信息安全与共享技术支撑环境，整合卫生信息资源，实现卫生综合管理部门的互联互通和信息共享，促进业务协同，提高工作效率和决策水平。

6. 区域卫生信息平台　区域卫生信息平台是连接区域内医疗卫生机构基本业务信息系统的数据交换和共享平台，是不同系统间进行信息整合的基础和载体。其主要功能是共享电子健康档案、协同医疗卫生业务、辅助管理与决策等。

7. 卫生决策支持系统　卫生决策支持系统（HDSS）是利用决策科学及管理科学、运筹学等决策支持系统相关理论和计算机技术，面向医疗卫生领域的半结构化和非结构化决策问题，支持医疗卫生人员决策活动的具有智能作用的人机交互式信息系统。决策支持系统是在各种管理信息系统的基础上发展起来的，以辅助医疗卫生人员决策为目的。按照决策目标的不同，卫生决策支持系统可分为临床决策支持系统、应急指挥卫生决策支持系统、医院管理决策支持系统、卫生行政决策支持系统等。

小　　结

1. 卫生资源是人类开展卫生保健、维护健康活动的一切社会经济要素。卫生人力、物力、财力、信息等资源共同构成了卫生资源。卫生资源管理是合理利用卫生资源，从而有效实现社会卫生管理乃至组织管理目标的过程。对卫生资源进行科学管理，对于有效利用资源，优化资源配置，促进卫生改革与发展具有十分重要的意义。

2. 卫生人力资源是第一卫生资源，如何吸引、培养、壮大卫生人力资源，合理、有效配置卫生人力资源，是实现卫生事业持续健康发展及新医改所面临的一项重要课题。

3. 卫生财力资源是卫生事业健康发展的经济保障，是卫生活动的基本资源，并为其他类资源的形成提供财力支持。卫生财力资源的筹集、分配与利用，关系到我国卫生资源配置的公平性与效率。

4. 卫生信息资源管理是卫生资源管理的有机组成部分，可以提高医疗、卫生与康复保健服务中各类资源配置的整体功效，使有限的卫生资源能够得到更加充分合理的利用，提高卫生资源管理与服务效率。

思 考 题

1. 如何进行卫生人力规划？
2. 卫生财力资源是怎么进行分配和利用的？
3. 卫生信息资源对卫生管理有什么意义？

【案例】

北京扩大分级诊疗试点欲解卫生资源配置"倒三角"困局

为了解决医改中最棘手的问题——卫生资源配置的"倒三角"问题，北京世纪坛医院医疗联合体于2013年2月4日正式成立。这也意味着北京市分级诊疗的试点进一步扩大。一名内部监管人士说，分级诊疗以往推行了多年，但一直未形成规模，最常见的问题是在三甲医院就诊的患者难以转诊下去，障碍重重。病人主要的担忧之一就是基层医疗服务机构的诊疗能力，质疑其存在技术瓶颈。为解决技术瓶颈的障碍，从去年11月成立北京首个分级诊疗机构，即朝阳医院医疗联盟开始，三甲医院就在尝试向基层医疗服务单位输出人才、提供设备等。

世纪坛医院医疗联合体的亮点是，和前两家联盟相比，技术输出的投入力度、支持力度明显加大。北京世纪坛医院院长徐建立表示，成立医疗联合体后，在技术输出方面，将建立远程医疗会诊平台，世纪坛医院将即时在线展开对基层医疗服务单位的业务指导和技术支持，同时建立区域内国际化、规范化的肿瘤早期筛查体系，指导联合体成员单位开展肿瘤早期筛查。"我们还将组建北京世纪坛医院专家团队，对联合体成员单位定期查房、出诊和会诊。"世纪坛医院表示，依照双方协议，世纪坛方面还将免费接收联合体成员单位医务人员进修学习、参加医学继续教育项目、医疗培训的教育培训机制，并定期组织专家到联合体成员单位开展业务讲座。

（资料来源：王雅洁. 每日经济新闻，2013-02-06）

讨论：

1. 结合本章理论与案例，对于我国卫生资源配置"倒三角"问题及其原因，谈谈你的认识。

2. 针对本案例的分析，谈谈如何采取有效对策优化我国卫生资源配置？

第十章　医政管理与医疗服务监管

学习目标：通过本章学习，学生应该了解医政管理的基本职能、内容、对象和任务、医疗质量控制体系、医疗损害责任。熟悉医疗机构、医疗卫生专业技术人员、医疗技术、医疗设备准入管理、医疗质量管理方法、医疗事故的类别与等级、医疗事故处置及技术鉴定、医疗事故的行政处理。掌握医政管理、医疗质量、医疗安全、医疗纠纷、医疗事故的概念。

第一节　医政管理与医疗服务监管概述

一、医政管理的基本概念

医政管理是指政府卫生行政部门依照法律法规及有关规定对医疗机构、医疗技术人员、医疗服务及其相关领域实施行政准入并进行管理活动的过程；医疗服务监管是指政府卫生行政部门制定医疗机构、医疗服务、医疗质量监督管理的绩效考核评价体系并对医疗机构医疗服务实施监督管理的过程。

医政管理与医疗服务监管的行政主体是政府各级卫生行政部门，医政管理与医疗服务监管密切相关，2013年国家卫生和计划生育委员会将原卫生部的医政司和医管司合并组成医政医管司，相应各省、市、自治区卫生厅（局）设医政医管处，各市（地）卫生局设医政科，各县（旗）、县级市、市辖区卫生局设医政股（科）。

医政管理与医疗服务监管的实质就是医疗卫生工作的政务管理，以下统称为医政管理。与医院管理不同，医政管理是政府卫生行政机关对医疗卫生机构和医疗服务的管理，体现国家政策、法律和公共政策的强制性，属于公共行政管理。而医院管理是应用现代管理手段，使医院的人力、物力、财力等资源得到有效配置，达到医疗服务的最佳社会效益与经济效益，属于经营管理和公共事业管理。

二、医政管理的内容

医政管理内容主要体现在以下四个方面：对各级各类医疗机构的管理和评价；对各类医疗卫生人员的管理；对各项医疗工作的管理；对与医疗相关的各种卫生组织及其活动的行政管理。

医政管理对象是为社会提供医疗预防保健服务的各级各类医疗机构、采供血机构及其从业人员和执业活动。

医政管理任务是为广大人民群众提供质量优良、价格合理的医疗预防保健服务。

三、医政管理的职能范围

政府各级卫生行政部门行使医政管理的职能，主要包括：

1. 拟订医疗机构、医疗技术应用、医疗质量、医疗安全、医疗服务、采供血机构管理等有关政策规范、标准并组织实施。

2. 拟订医务人员执业标准和服务规范并组织实施。

3. 指导医院药事、临床实验室管理等工作，参与药品、医疗器械临床试验管理工作。

4. 拟订医疗机构和医疗服务全行业管理办法并监督实施，监督指导医疗机构评审评价，建立医疗机构医疗质量评价和监督体系，组织开展医疗质量、安全、服务监督和评价等工作。

5. 拟订公立医院运行监管、绩效评价和考核制度，建立健全以公益性为核心的公立医院监督制度，承担推进公立医院管理体制改革工作。

6. 其他相关医疗政务的综合管理。

第二节　卫生行业许可和准入管理

一、医疗机构准入管理

1994年2月，国务院颁布《医疗机构管理条例》（以下简称《条例》），同年8月，原卫生部（现国家卫生和计划生育管理委员会）根据《条例》制定了《医疗机构管理条例实施细则》（以下简称《细则》），9月发布《医疗机构设置规划》及《医疗机构基本标准（试行）》，严格医疗机构准入管理。2006年11月和2008年7月对《细则》做了部分修订。依据《条例》和《细则》的规定，医疗机构是指经登记取得《医疗机构执业许可证》的机构。

（一）医疗机构的类别

医疗机构包括以下几类：

1. 综合医院、中医医院、中西医结合医院、民族医医院、专科医院、康复医院。

2. 妇幼保健院。

3. 社区卫生服务中心、社区卫生服务站。

4. 中心卫生院、乡（镇）卫生院、街道卫生院。

5. 疗养院。

6. 综合门诊部、专科门诊部、中医门诊部、中西医结合门诊部、民族医门诊部。

7. 诊所、中医诊所、民族医诊所、卫生所、医务室、卫生保健所、卫生站。

8. 村卫生室（所）。

9. 急救中心、急救站。

10. 临床检验中心。

11. 专科疾病防治院、专科疾病防治所、专科疾病防治站。

12. 护理院、护理站。

13. 其他诊疗机构。

（二）医疗机构设置规划

依据《医疗机构设置规划》，医疗机构的设置以千人口床位数（千人口中医床位数）、千人口医师数（千人口中医师数）等主要指标为依据进行宏观调控，遵循公平性、整体效益、可及性、分级、公有制主导、中西医并重等主要原则建立以下医疗服务体系框架：

1. 按三级医疗预防保健网和分级医疗的要求，一、二、三级医院的设置应层次清楚、结构合理、功能明确，建立适合我国国情的分级医疗和双向转诊体系总体框架，以利于发挥整体功能。

2. 大力发展中间性医疗服务和设施（包括医院内康复医学科、社区康复、家庭病床、护理站、护理院、老年病和慢性病医疗机构等），充分发挥基层医疗机构的作用，合理分流病人，以促进急性病医院（或院内急性病部）的发展。

3. 建立健全急救医疗服务体系。急救医疗服务体系应由急救中心、急救站和医院急诊科（室）组成，合理布局，缩短服务半径，形成急救服务网络。

4. 其他医疗机构纳入三级医疗网与三级网密切配合、协调。

5. 建立中医、中西医结合、民族医医疗机构服务体系。

根据以上设置规划要求，单位或者个人申请设置医疗机构，应当提交下列文件：

1. 设置申请书。

2. 设置可行性研究报告。

3. 选址报告和建筑设计平面图。

县级以上地方人民政府卫生行政部门根据医疗机构设置规划，自受理设置申请之日起 30 日内，做出批准或者不批准的书面答复；批准设置的，发给设置医疗机构批准书。

（三）医疗机构的登记

1. 医疗机构执业登记 医疗机构执业，必须进行登记，领取《医疗机构执业许可证》（以下简称《许可证》）。申请医疗机构执业登记，应当具备下列条件：

（1）有设置医疗机构批准书。

（2）符合医疗机构的基本标准。

（3）有适合的名称、组织机构和场所。

（4）有与其开展的业务相适应的经费、设施、设备和专业卫生技术人员。

（5）有相应的规章制度。

（6）能够独立承担民事责任。

申请医疗机构执业登记须填写《医疗机构申请执业登记注册书》，并向登记机关提交下列材料：

（1）《设置医疗机构批准书》或者《设置医疗机构备案回执》。

（2）医疗机构用房产权证明或者使用证明。

（3）医疗机构建筑设计平面图。

（4）验资证明、资产评估报告。

（5）医疗机构规章制度。

（6）医疗机构法定代表人或者主要负责人以及各科室负责人名录和有关资格证书、执业证书复印件。

（7）省、自治区、直辖市卫生行政部门规定提供的其他材料。

申请门诊部、诊所、卫生所、医务室、卫生保健所和卫生站登记的，还应当提交附设药房（柜）的药品种类清单、卫生技术人员名录及其有关资格证书、执业证书复印件以及省、自治区、直辖市卫生行政部门规定提交的其他材料。

县级以上地方人民政府卫生行政部门自受理执业登记申请之日起45日内进行审核。审核合格的，予以登记，发给《许可证》。

2. 医疗机构校验　床位不满100张的医疗机构，其《许可证》每年校验1次；床位在100张以上的医疗机构，其《许可证》每3年校验1次。医疗机构应当于校验期满前3个月向登记机关申请办理校验手续。逾期不校验仍从事诊疗活动的，由县级以上人民政府卫生行政部门责令其限期补办校验手续；拒不校验的，吊销其《许可证》。具体校验手续参见卫生部2009年6月颁发的《医疗机构校验管理办法（试行）》。

3. 医疗机构变更及注销登记　医疗机构改变名称、场所、主要负责人、诊疗科目、床位的，必须向原登记机关办理变更登记。医疗机构歇业，必须向原登记机关办理注销登记；医疗机构非因改建、扩建、迁建原因停业超过1年的，视为歇业；经登记机关核准后，收缴《许可证》。

4. 医疗机构评审　根据《条例》规定，国家实行医疗机构评审制度，由专家组成的评审委员会按照医疗机构评审办法和评审标准，对医疗机构的执业活动、医疗服务质量等进行综合评价。1989年11月卫生部印发《有关实施医院分级管理的通知》和《综合医院分级管理标准（试行草案）》，1995年发布《医疗机构评审办法》，初步规范了我国医院评审工作实施行为。1998年8月，卫生部印发《卫生部关于医院评审工作的通知》，暂停医院评审工作，第一周期医院评审工作结束。新医改方案中明确要求探索建立医院评审评价制度，2011年9月卫生部发布《医院评审暂行办法》（以下简称《办法》）。医院评审是指医院按照《办法》要求，根据医疗机构基本标准和医院评审标准，开展自我评价，持续改进医院工作，并接受卫生行政部门对其规划级别的功能任务完成情况进行评价，以确定医院等级的过程。《办法》规定新建医院在取得《许可证》，执业满3年后方可申请首次评审。医院评审周期为4年。医院在等级证书有效期满前3个月可以向有评审权的卫生行政部门提出评审申请，提交材料：

（1）医院评审申请书。

（2）医院自评报告。

（3）评审周期内接受卫生行政部门及其他有关部门检查、指导结果及整改情况。

（4）评审周期内各年度出院患者病案首页信息及其他反映医疗质量安全、医院效率及诊疗水平等的数据信息。

（5）省级卫生行政部门规定提交的其他材料。

5. 医疗机构工商登记 医疗机构的工商登记是一种经营资格的行政许可。2000 年 9 月卫生部、财政部、国家计委联合发布《关于城镇医疗机构分类管理的实施意见》，医疗机构进行设置审批、登记注册和校验时，卫生行政部门会同有关部门根据医疗机构投资来源、经营性质等有关分类界定的规定予以核定，在执业登记中注明"非营利性"或"营利性"。营利性医疗机构是指医疗服务所得收益可用于投资者经济回报的医疗机构。取得《许可证》的营利性医疗机构，按有关法律法规还需到工商行政管理、税务等有关部门办理相关登记手续。

（四）医疗机构审批管理

为进一步规范和加强医疗机构审批管理，2008 年 7 月发布《卫生部关于医疗机构审批管理的若干规定》，内容有：严格医疗机构设置审批管理；规范医疗机构登记管理；规范医疗机构审批程序；加强医疗机构档案和信息化管理；严肃查处违规审批医疗机构的行为。各级卫生行政部门根据管理规定严格医疗机构等医疗服务要素的准入审批，切实加强对医疗机构执业活动的日常监管。

二、医疗卫生专业技术人员准入管理

医疗卫生专业技术人员是指受过高等或中等医疗卫生教育或培训，掌握医疗专业知识，经卫生行政部门审查合格，从事医疗、预防、药剂、医技、卫生技术管理等专业的专业技术人员。国家卫生行政主管部门对每一种卫生专业技术人员都从执业角度做了规定，这里主要介绍医师和护士的准入管理。

（一）医师准入管理

医师是指取得执业（助理）医师资格，经注册在医疗、预防、保健机构（包括计划生育技术服务机构）中执业的专业医务人员。我国医师类别有临床医师、中医师、口腔医师、公共卫生医师。每类医师又分为执业医师和执业助理医师两个级别。

1998 年 6 月中华人民共和国第九届全国人民代表大会常务委员会通过《中华人民共和国执业医师法》，配套文件有 1999 年《医师资格考试暂行办法》《医师执业注册暂行办法》，2000 年《医师资格考试报名资格暂行规定》《医师资格考试考务管理暂行规定》，2003 年《乡村医师从业管理条例》，2006 年《传统医学师承和确有专长人员医师资格考核考试办法》以及《医师资格考试报名资格规定（2006 版）》。

国家实行医师资格考试制度，考试方式分为实践技能考试和医学综合笔试。考试成绩合格的，授予执业医师资格或执业助理医师资格，由省级卫生行政部门颁发卫生部统一印制的《医师资格证书》。

国家实行医师执业注册制度，取得《医师资格证书》后，向卫生行政部门申请注册。经注册取得《医师执业证书》后，方可按照注册的执业地点、执业类别、执业范围，从事相应的医疗、预防、保健活动。获得执业（助理）医师资格后 2 年内未注册者，申请注册时，还应提交在省级以上卫生行政部门指定的机构接受 3 至 6 个月的培训并经考核合格的证明。

已注册执业的医师需要定期考核，卫生部 2007 年 7 月发布《医师定期考核管理办法》，2010 年发布《关于进一步做好医师定期考核管理工作的通知》。医师定期考核每两年为一个周期，考核包括业务水平测评、工作成绩和职业道德评定。卫生行政部门将考核结果记入《医师执业证书》的"执业记录"栏，并录入医师执业注册信息库。对考核不合格的医师，卫生行政部门可以责令其暂停执业活动 3 个月至 6 个月，并接受培训和继续医学教育；暂停执业活动期满，由考核机构再次进行考核。

另外，对于外国及港澳台医师行医也有相应的执业注册规定。1992 年卫生部发布《外国医师来华短期行医暂行管理办法》规定外国医师来华短期行医必须向卫生行政部门申请注册，审核合格者发给《外国医师短期行医许可证》，有效期不超过一年。2009 年发布《台湾地区医师在大陆短期行医管理规定》《香港、澳门特别行政区医师在内地短期行医管理规定》，规定港澳台医师在内地从事不超过 3 年的短期行医，应进行执业注册，取得《港澳医师短期行医执业证书》或《台湾医师短期行医执业证书》，执业类别可以为临床、中医、口腔三个类别之一。

（二）护士准入管理

护士是指按照相关法律规定取得《中华人民共和国护士执业证书》并经注册在医疗、预防、保健机构（包括计划生育技术服务机构）中从事护理工作的护理专业技术人员。

1993 年 3 月原卫生部发布的《中华人民共和国护士管理办法》对护士的考试、注册、执业等做了具体规定，建立了我国的护士执业资格考试制度和护士执业许可制度。2008 年 1 月中华人民共和国国务院发布《护士条例》，同年 5 月原卫生部发布《护士执业注册管理办法》，2010 年 7 月原卫生部、人力资源社会保障部联合发布《护士执业资格考试办法》。

国家护士执业资格考试原则上每年举行一次，包括专业实务和实践能力两个科目。考试一次性通过两个科目为考试成绩合格，考试成绩合格者才可申请护士执业注册。

护士执业，应当经执业注册取得护士执业证书。护士执业注册申请，应当自通过护士执业资格考试之日起 3 年内提出；逾期提出申请的，还应当在符合卫生主管部门规定条件的医疗卫生机构接受 3 个月临床护理培训并考核合格。护士执业注册有效期为 5 年，应在有效期届满前 30 日，向原注册部门申请延续注册。

三、医疗技术应用准入管理及手术分级管理

(一) 医疗技术应用准入管理

医疗技术，是指医疗机构及其医务人员以诊断和治疗疾病为目的，对疾病做出判断和消除疾病、缓解病情、减轻痛苦、改善功能、延长生命、帮助患者恢复健康而采取的诊断、治疗措施。2009 年 3 月原卫生部发布《医疗技术临床应用管理办法》，明确了国家建立医疗技术临床应用准入和管理制度，对医疗技术实行分类、分级管理。

医疗技术分为三类：

第一类医疗技术是指安全性、有效性确切，医疗机构通过常规管理在临床应用中能确保其安全性、有效性的技术。

第二类医疗技术是指安全性、有效性确切，涉及一定伦理问题或者风险较高，卫生行政部门应当加以控制管理的医疗技术。

第三类医疗技术是指具有下列情形之一，需要卫生行政部门加以严格控制管理的医疗技术：

1. 涉及重大伦理问题。
2. 高风险。
3. 安全性、有效性尚需经规范的临床试验研究进一步验证。
4. 需要使用稀缺资源。
5. 卫生部规定的其他需要特殊管理的医疗技术。

卫生部负责第三类医疗技术的临床应用管理工作，省级卫生行政部门负责第二类医疗技术临床应用管理工作，第一类医疗技术临床应用由医疗机构根据功能、任务、技术能力实施严格管理。

医疗机构开展通过临床应用能力技术审核的医疗技术，经相应的卫生行政部门审定后 30 日内到核发其《医疗机构执业许可证》的卫生行政部门办理诊疗科目项下的医疗技术登记。经登记后方可在临床应用。

(二) 手术分级管理

为加强医疗机构手术分级管理，规范医疗机构手术行为，2012 年 8 月卫生部发布《医疗机构手术分级管理办法（试行）》（以下简称《办法》）。《办法》中手术是指医疗机构及其医务人员使用手术器械在人体局部进行操作，以去除病变组织、修复损伤、移植组织或器官、植入医疗器械、缓解病痛、改善机体功能或形态等为目的的诊断或者治疗措施。医疗机构应当开展与其级别和诊疗科目相适应的手术，根据风险性和难易程度不同，手术分为四级：

一级手术是指风险较低、过程简单、技术难度低的手术。

二级手术是指有一定风险、过程复杂程度一般、有一定技术难度的手术。

三级手术是指风险较高、过程较复杂、难度较大的手术。

四级手术是指风险高、过程复杂、难度大的手术。

《办法》规定医疗机构按照《医疗技术临床应用管理办法》规定，获得第二类、第三类医疗技术临床应用资格后，方可开展相应手术。

《办法》还规定三级医院重点开展三、四级手术；二级医院重点开展二、三级手术；一级医院、乡镇卫生院可以开展一、二级手术，重点开展一级手术。社区卫生服务中心、社区卫生服务站、卫生保健所、门诊部（口腔科除外）、诊所（口腔科除外）、卫生所（室）、医务室等其他医疗机构，除为挽救患者生命而实施的急救性外科止血、小伤口处置或其他省级卫生行政部门有明确规定的项目外，原则上不得开展手术。遇有急危重症患者确需行急诊手术以挽救生命时，医疗机构可以越级开展手术，并做好以下工作：

1. 维护患者合法权益，履行知情同意的相关程序。

2. 请上级医院进行急会诊。

3. 手术结束后 24 小时内，向核发其《医疗机构执业许可证》的卫生行政部门备案。

四、大型医疗设备配置准入管理

大型医用设备是指在医疗卫生工作中所应用的具有高技术水平、大型、精密、贵重的仪器设备。1995 年 7 月卫生部发布《大型医用设备配置与应用管理暂行办法》，配套有《卫生部关于 X 射线计算机体层摄影装置 CT 等大型医用设备配置与应用管理实施细则》。2004 年 12 月原卫生部、发展改革委和财政部联合发布《大型医用设备配置与使用管理办法》，规定大型医用设备规划配置，并向社会公布；实行大型医用设备配置专家评审制度，组织专家开展大型医用设备规划配置评审；大型医用设备上岗人员要接受岗位培训，取得相应的上岗资质。大型医用设备管理品目分为甲、乙两类，甲类由国务院卫生行政部门管理，乙类由省级卫生行政部门管理。医疗机构获得《大型医用设备配置许可证》后，方可购置大型医用设备。

另外，对于首次从境外引进或国内研发制造，经药品监督管理部门注册，单台（套）市场售价在 500 万元人民币以上，但尚未列入国家大型医用设备管理品目的医学装备，2013 年卫生部又制定了《新型大型医用设备配置管理规定》，规定新型大型医用设备应当经过配置评估后，方可进入医疗机构使用；新型大型医用设备配置试用期为设备安装调试完成后 1 年；配置试用评估期间，停止受理配置申请，配置评估结束后制定并公布大型医用设备配置规划。

第三节　医疗质量控制与管理

一、医疗质量管理概述

狭义的医疗质量，主要是指医疗服务的及时性、有效性和安全性，又称诊疗质量；

广义的医疗质量，不仅涵盖诊疗质量的内容，还强调病人的满意度、医疗工作效率、医疗技术经济效果以及医疗的连续性和系统性，又称医疗服务质量。

（一）医疗质量管理主要内容

医疗质量管理包括的主要内容有：诊断是否正确、及时、全面；治疗是否及时、有效、彻底；诊疗时间的长短；有无因医、护、技和管理措施不当给病人带来不必要的痛苦、损害、感染和差错事故；医疗工作效率的高低；医疗技术使用的合理程度；医疗资源的利用效率及其经济效益；病人生存质量的测量；病人的满意度等。

（二）医疗质量管理的特点

1. 敏感性 由于医疗质量管理是以事后检查为主要手段的管理方法，所以医务人员容易产生回避与抵触情绪；病人因为缺乏医疗服务知识、盲目担心医院诊治不周，引起不必要的纠纷，亦会对此产生敏感情绪。

2. 复杂性 由于不同病种、病情及医疗技术本身的复杂性给质量分析判定及管理造成难度，提示质量管理需要高度的科学性和严谨性。

3. 自主性 医疗服务的对象是人，不同于一般产品，标准化程度、控制程度有限，医疗人员的主观能动性，自主的质量意识和水平难以统一。

（三）医疗质量管理基本原则

1. 病人至上，质量第一，费用合理的原则。
2. 预防为主，不断提高质量的原则。
3. 系统管理的原则，强调过程，全部门和全员的质量管理。
4. 标准化和数据化的原则。
5. 科学性与实用性相统一的原则。

（四）医疗质量评价

对医疗质量评价可以从以下几个方面进行：

1. 安全性 医疗服务安全是第一要素。只有建立在安全基础上的医疗服务，患者才有可能进行医疗服务消费。

2. 有效性 患者到医疗服务机构就医，是由于需要解决病痛，医疗机构应当最大限度地提供有效的医疗服务，使患者的病痛得到解释、缓解或解决。

3. 价廉性 能得到同样效果的医疗服务，以价廉者为质优。

4. 便捷性 医疗服务机构应当以最快捷的方式向患者提供服务，方便患者。患者有常见疾病能就近诊疗，急救能得到及时处置，方便和快捷要统一。

5. 效益性 就医疗服务机构而言，效益表现在经济效益和社会效益两个方面。如果投入与产出成正比，则该项服务有效益，有可持续性。

6. 舒适性 患者不仅自己的问题得到较好的解决，同时在整个就医过程中感觉很舒适，在精神上有满足感、价值感。

7. 忠诚性　患者通过就医过程的感受，对该医疗服务机构提供的医疗服务质量深信不疑，且乐于向周围群众做正面的宣传，更好地树立该医疗机构的形象。

其中前四项是一般的质量要求，应当达到；如果某项医疗服务不仅达到了前四项要求，还达到了后三项要求，那么该医疗服务质量可判定为优质。

二、医疗质量管理方法

（一）全面质量管理

全面质量管理就是以质量为中心，以全员参与为基础，使顾客满意和本组织所有成员及社会受益的管理。

1. 全面质量管理的特点

（1）全面性　质量的含义不仅包括产品和服务质量，而且还包括技术功能、价格、时间性等方面的特征，具有全面性。是全过程的质量管理，全员参与的质量管理，管理方法具有多样化的特点。

（2）服务性　服务性就是顾客至上，"以病人为中心"，把病人的要求看作是质量的最高标准。

（3）预防性　认真贯彻预防为主的原则，重视产品（服务）设计，在设计上加以改进，消除隐患。对生产过程进行控制，尽量把不合格品（医疗差错、事故隐患）消灭在它的形成过程中。事后检验也很重要，可以起到把关的作用，同时把检验信息反馈到有关部门可以起到预防的作用。

（4）科学性　运用各种统计方法和工具进行分析，用事实和数据反映质量问题，在强调数据化原则时，也不忽视质量中的非定量因素，综合运用定性和定量手段，准确判断质量水平。

2. 全面质量管理的过程　全面质量管理采用一套科学的办事程序即 PDCA 循环法，该法分为四个阶段。

（1）第一个阶段称为计划阶段　又叫 P 阶段（plan），这个阶段的主要内容是通过市场调查、用户访问、国家计划指示等，摸清用户对产品质量的要求，确定质量政策、质量目标和质量计划等。具体包括分析现状，找出存在的质量问题；分析产生质量问题的各种原因或影响因素；找出影响质量的主要因素；针对影响质量的主要因素，提出计划，制订措施。

（2）第二个阶段为执行阶段　又称 D 阶段（do），这个阶段是实施 D 阶段所规定的内容，如根据质量标准进行产品设计、试制、试验、其中包括计划执行前的人员培训。

（3）第三个阶段为检查阶段　又称 C 阶段（check），这个阶段主要是在计划执行过程中或执行之后，检查执行情况，是否符合计划的预期结果。

（4）第四个阶段为处理阶段　又称 A 阶段（action），主要是根据检查结果，采取相应的措施，成功的经验加以肯定，并予以标准化，或制定作业指导书，便于以后工作时遵循。对于没有解决的问题，应提给下一个 PDCA 循环中去解决。

在应用 PDCA 时，需要收集和整理大量的资料并进行系统分析。最常用的七种统计方法是排列图、因果图、直方图、分层法、相关图、控制图及统计分析表。

（二）ISO 9000 族标准

ISO 9000 族标准是国际标准化组织质量管理和质量保证技术委员会于 1987 年首次发布的关于质量管理和质量保证的系列标准，并定期修订再版。

1. ISO 9000 族标准质量管理原则

（1）顾客第一 组织依存于顾客，因此，组织应当理解顾客当前和未来的需求，满足顾客要求并争取超越顾客期望。

（2）领导作用 领导者确立组织统一的宗旨及方向，他们应当创造并保持使员工能充分参与实现组织目标的内部环境。

（3）员工参与 各级人员都是组织之本，只有他们的充分参与，才能使他们的才干为组织带来效益。

（4）过程方法 将活动和相关的资源作为过程进行管理，可以更高效地得到期望的结果。

（5）管理的系统性 将相互关联的过程作为系统加以识别、理解和管理，有助于组织提高实现目标的有效性和效率。

（6）持续改进 改进是指为改善产品质量以及提高过程的有效性和效率所开展的活动，当改进是渐进的且是一种循环的活动时，就是持续改进。

（7）以事实为决策的依据 有效决策是建立在数据和信息分析的基础上的。

（8）供方互利原则 组织与供方是相互依存的，互利的关系可增强双方创造价值的能力。

2. ISO 9000 族标准构成 ISO 9000 族标准包括四个核心标准及其他支持性标准和文件。四个核心标准包括 ISO 9000《质量管理体系——基础和术语》、ISO 9001《质量管理体系——要求》、ISO 9004《质量管理体系——业绩改进指南》、ISO 19011《质量和（或）环境管理体系审核指南》；支持性标准和文件有包括 ISO 10012《测量控制系统》、ISO/TR 10006《质量管理——项目管理质量指南》、ISO/TR 10007《质量管理——技术状态管理指南》、ISO/TR 10013《质量管理体系文件指南》、ISO/TR 10014《质量经济性管理指南》、ISO/TR 10015《质量管理——培训指南》等。

3. ISO 9000 族标准在卫生服务质量管理中的应用特点

（1）组织结构及服务过程的特点 不同级别卫生服务机构的组织结构不同，要求质量管理接口严密和一体化管理，并根据不同的卫生服务过程分别策划、分解和编制控制程序。

（2）顾客的特点 顾客是患者，质量管理体系应考虑患者的特殊性，包括医疗需求的特殊性、医患关系的特殊性和满意度监测的特殊性等。

（3）服务及服务实现的特点 主要表现在策划的多层次以及实现过程的个体化、

多样化和过程控制的复杂性，体现了卫生工作较高的专业化要求。

（4）"合同评审"的特殊性　卫生服务机构"合同评审"的特点是多元化、多次性，以及法律证据获得的严肃性，如病历、诊断证明书、知情同意书等。

（5）预防措施的特点　质量管理体系的预防措施标准除了一般过程中的预防措施要求外，还必须分别建立感染预防措施标准和风险防范预案。

（6）安全控制的特殊重要性　不安全的卫生服务危及人的健康和生命，是医疗服务的客观存在，也是质量管理首先要控制的问题。

（三）循证医学

循证医学即遵循证据的医学，包括慎重、准确、合理地使用当今最有效的临床依据，对患者采取正确的医疗措施；也包括利用对患者的随诊结果对医疗服务质量和医疗措施的投入效益进行评估。

1. 循证医学的证据质量分级　循证医学的证据质量分级有以下几种划分方法：

（1）美国预防医学工作组的分级方法

Ⅰ级证据：自至少一个设计良好的随机对照临床试验中获得的证据。

Ⅱ-1级证据：自设计良好的非随机对照试验中获得的证据。

Ⅱ-2级证据：来自设计良好的队列研究或病例对照研究（最好是多中心研究）的证据。

Ⅱ-3级证据：自多个带有或不带有干预的时间序列研究得出的证据。非对照试验中得出的差异极为明显的结果有时也可作为这一等级的证据。

Ⅲ级证据：来自临床经验、描述性研究或专家委员会报告的权威意见。

（2）英国的国家医疗保健服务部的分级体系

A级证据：具有一致性的、在不同群体中得到验证的随机对照临床研究、队列研究、全或无结论式研究、临床决策规则。

B级证据：具有一致性的回顾性队列研究、前瞻性队列研究、生态性研究、结果研究、病例对照研究，或是A级证据的外推得出的结论。

C级证据：病例序列研究或B级证据外推得出的结论。

D级证据：没有关键性评价的专家意见，或是基于基础医学研究得出的证据。

总的来说，指导临床决策的证据质量是由临床数据的质量以及这些数据的临床"导向性"综合确定的。尽管上述证据分级系统之间有差异，但其目的相同：使临床研究信息的应用者明确哪些研究更有可能是最有效的。

2. 循证医学的方法

（1）系统评价　系统评价基本过程是以某一具体卫生问题为基础，系统全面地收集全球所有已发表和未发表的研究结果，采用临床流行病学文献评价的原则和方法，筛选出符合质量标准的文献，进一步定性或定量合成，得出综合可靠的结论。同时，随着新的研究结果的出现及时更新。

（2）Meta分析　Meta分析是一种统计方法，用来比较和综合针对同一科学问题所取得的研究成果。Meta 分析实质上就是汇总相同研究目的的多个研究结果，并分析评价其合并效应量的一系列过程。

3. 循证医学在卫生服务质量管理中的应用　循证医学在卫生服务质量管理中的应用包括对影响卫生服务质量要素的管理和质量评价标准的循证制定，目前主要集中在质量要素的管理中，如循证诊断、循证治疗、循证护理、药品和技术设备的循证管理、循证预防、循证预后估计等。

（四）JCI 标准

JCI 是国际医疗卫生机构认证联合委员会用于对美国以外的医疗机构进行认证的附属机构。JCI 认证是一个严谨的体系，其理念是最大限度地实现可达到的标准，以病人为中心，建立相应的政策、制度和流程以鼓励持续不断的质量改进并符合当地的文化。JCI 标准涵盖 368 个标准（其中 200 个核心标准，168 个非核心标准），每个标准之下又包含几个衡量要素，共有 1033 小项。JCI 标准具有如下特点：

1. 广泛的国际性。

2. 标准的基本理念是基于持续改善患者安全和医疗质量。

3. 编排以患者为中心，围绕医疗机构为患者提供服务的功能进行组织，评审过程收集整个机构在遵守标准方面的信息，评审结论则是基于在整个机构中发现的对标准的总体遵守程度。

4. 评审过程的设计能够适应所在国的法律、文化或宗教等因素。

5. 现场评审工作对日常医疗工作干扰小。

6. 以患者为中心的评审过程，采用"追踪法"进行检查，具体体现在评审过程更加关注患者在医疗机构的经历。

（五）卫生服务质量差异分析法

服务质量的差异分析可以帮助管理人员发现质量问题产生的原因，以便采取相应的措施，缩小或消除这些差异，使得服务的质量符合顾客的期望，提高服务满意度。服务质量主要有以下五类差异：管理人员对顾客期望的理解存在差异；管理人员确定的质量标准与管理人员对顾客期望的理解之间存在差异；管理人员确定的服务质量标准与服务人员实际提供的服务质量之间存在差异；服务人员实际提供的服务与机构宣传的服务质量之间存在差异；顾客感知的服务质量或实际经历的质量与期望质量不同。

（六）其他质量管理方法和工具

质量管理方法还有分类法（分层法）、排列图法、因果分析图法、相关图法、控制图法、六西格玛管理、决策程序图法等。

三、医疗质量控制体系

在"质量控制"这一短语中，"质量"一词并不具有绝对意义上的"最好"的一般含义，质量是指"最适合于一定顾客的要求"；"控制"一词表示一种管理手段，包括四个步骤即制定质量标准，评价标准的执行情况，偏离标准时采了纠正措施，安排改善标准的计划。

（一）三级质量控制

医疗质量控制分为三级质量控制：

1. 基础质量控制（前馈控制） 指满足医疗工作要求的各要素所进行的质量管理，包括人员、技术、设备、物资和信息等方面，以素质教育、管理制度、岗位职责的落实为重点。

2. 环节质量控制（实时控制） 对各环节的具体工作实践所进行的质量管理，是全员管理，以病例为单元，以诊疗规范、技术常规的执行为重点。

3. 终末质量控制（反馈控制） 主要是参考各种评审、评价指南及标准，以数据为依据综合评价医疗终末效果的优劣，以质量控制指标的统计分析及质量缺陷整改为重点。

（二）医疗质量控制办法

1. 质控网络 卫生行政部门逐步建立和完善适合我国国情的医疗质量管理与控制体系，国家卫生和计划生育管理委员会负责制定医疗质量控制中心管理办法，并负责指导全国医疗质量管理与控制工作；各级卫生行政部门负责对医疗质量控制中心的建设和管理，建立区域质控网络，并根据法律、法规、规章、诊疗技术规范、指南，制定本行政区域质控程序和标准；医院设置专门质控机构，建立和完善院科两级医疗质量控制体系。

2. 质量考评 卫生行政部门及医疗机构自身定期和不定期进行质量考评。考评结果与机构、科室、个人利益挂钩。

3. 单病种质量控制与临床路径管理 确立控制病种，统一控制指标，建立考评制度。2009年12月原卫生部发布《临床路径管理试点工作方案》，临床路径管理体系已在全国推广实践中。

4. 行政督查 各级卫生行政部门列入常规性工作计划，并按照医疗机构分级管理权限组织实施。经常性检查和突击检查相结合，指导医疗机构进行医疗质量管理，保证医疗质量和安全。

5. 行政处罚 对医疗机构质量方面存在的问题，依据有关法规进行行政处罚，树立正确的医疗质量观，依法保护医患双方的合法权益。

6. 质量评价 充分应用同行评价、质量认证、医院评审、绩效评估等手段，对医疗机构的服务质量进行评价，以促进医疗质量的提高。

7. 社会公示 将医疗机构的质量指标评价结果与费用公示于众，接受群众监督，正确引导医疗消费，以达到提高医疗质量的目的。

第四节　医疗安全管理

一、医疗安全

医疗安全是指在医疗服务过程中，通过管理手段，规范各项规章制度，提高医务人员的责任感，保证病人的人身安全不因医疗失误或过失而受到伤害，即不发生医务人员因医疗失误或过失导致病人死亡、残疾以及身体组织、生理和心理健康等方面受损的不安全事件，同时避免因发生事故和医源性医疗纠纷而使医疗机构及当事人承受风险，包括经济风险、法律责任风险以及人身伤害风险等。

为切实保障医疗安全，国家制定了各种管理规范，如《医疗机构消防安全管理》《医疗机构基础设施消防安全规范》《医疗器械临床使用安全管理规范（试行）》《食品安全风险监测管理规定（试行）》《卫生部食品安全事故应急预案（试行）》《消毒产品卫生安全评价规定》《医院感染管理办法》《手术安全核查制度》《医疗机构临床用血管理办法》《抗菌药物临床应用管理办法》《处方管理办法》等。

二、医疗纠纷

医疗纠纷是指医患双方对诊疗结果及其原因产生分歧的纠纷，纠纷的主体是医患双方，分歧的焦点是对医疗后果（主要是不良后果）产生的原因、性质和危害性的认识差距。

（一）医疗纠纷的原因

医疗纠纷的原因有医患两方面。

1. 医方原因

（1）医疗事故引起的纠纷　医院为了回避矛盾，对医疗事故不做实事求是的处理而引起。

（2）医疗差错引起的纠纷　常因病人和医生对是否是医疗事故的意见不同而引起。

（3）服务态度引起的纠纷　多因患方认为医务人员的服务态度不好而引起，特别当病人出现严重不良后果时，患方易与服务态度联系起来而发生纠纷。

（4）不良行为引起的纠纷　医务人员索要红包、开人情方等不良行为而引起。

2. 患方原因

（1）缺乏基本的医学知识。

（2）对医院规章制度不理解。

（3）极少数患方企图通过医闹来达到谋利目的。

（二）医疗纠纷的解决

医疗纠纷可以通过一定程序进行处理。首先是医疗机构和病人及家属进行协商解决；自行协商解决不成，可以通过调解来解决，调解的方式主要有：

1. 行政调解 由卫生行政部门出面召集纠纷双方，在自愿基础上协调双方的立场和要求，最终解决纠纷。

2. 律师调解 聘请律师，由律师进行调解。

3. 仲裁调解 由地位居中的民间组织依照一定的规则对纠纷进行处理并做出裁决。

4. 诉讼调解 向人民法院起诉。

三、医疗事故

（一）医疗事故的概念

根据 2002 年 4 月中华人民共和国国务院令第 351 号《医疗事故处理条例》，医疗事故是指医疗机构及其医务人员在医疗活动中，违反医疗卫生管理法律、行政法规、部门规章和诊疗护理规范、常规，过失造成患者人身损害的事故。认定医疗事故必须具备下列五个条件：

1. 医疗事故的行为人必须是经过考核和卫生行政机关批准或承认，取得相应资格的各级各类卫生技术人员。

2. 医疗事故的行为人必须有诊疗护理工作中的过失。

3. 发生在诊疗护理工作中（包括为此服务的后勤和管理）。

4. 造成患者人身损害。

5. 危害行为和危害结果之间，必须有直接的因果关系。

（二）医疗事故的等级

根据对患者人身造成的损害程度，医疗事故分为四级：

一级医疗事故：造成患者死亡、重度残疾的。

二级医疗事故：造成患者中度残疾、器官组织损伤导致严重功能障碍的。

三级医疗事故：造成患者轻度残疾、器官组织损伤导致一般功能障碍的。

四级医疗事故：造成患者明显人身损害的其他后果的。

为了更科学划分医疗事故等级，2009 年 9 月原卫生部发布《医疗事故分级标准（试行）》，例举了医疗事故中常见的造成患者人身损害的后果，该标准中医疗事故一级乙等至三级戊等对应伤残等级一至十级。

（三）医疗事故的处置

医疗机构应当设置医疗服务质量监控部门或者配备专（兼）职人员，具体负责监督本医疗机构的医务人员的医疗服务工作。医疗机构应当制定防范、处理医疗事故的预案，预防医疗事故的发生，减轻医疗事故的损害。医务人员在医疗活动中发生或者发现医疗事故、可能引起医疗事故的医疗过失行为或者发生医疗事故争议的，立即向所在科室负责人报告，科室负责人向本医疗机构负责医疗服务质量监控的部门或者专（兼）

职人员报告；负责医疗服务质量监控的部门或者专（兼）职人员接到报告后，立即进行调查、核实，将有关情况如实向本医疗机构的负责人报告，并向患者通报、解释。发生医疗事故的医疗机构应当按照规定向所在地卫生行政部门报告。

发生或者发现医疗过失行为，医疗机构及其医务人员应当立即采取有效措施，避免或者减轻对患者身体健康的损害，防止损害扩大。发生医疗事故争议时，病历资料应当在医患双方在场的情况下封存和启封；疑似输液、输血、注射、药物等引起不良后果的，医患双方应当共同对现场实物进行封存和启封，需要对血液进行封存保留的，医疗机构应当通知提供该血液的采供血机构派员到场，封存的病历及现场实物由医疗机构保管。需要检验的，应当由双方共同指定的、依法具有检验资格的检验机构进行检验；双方无法共同指定时，由卫生行政部门指定。患者死亡，医患双方当事人不能确定死因或者对死因有异议的，应当进行尸检，尸检应当经死者近亲属同意并签字，尸检应当由按照国家有关规定取得相应资格的机构和病理解剖专业技术人员进行。

（四）医疗事故的技术鉴定

医疗事故技术鉴定由双方当事人共同委托负责医疗事故技术鉴定工作的医学会组织鉴定。地（市）级医学会负责组织首次医疗事故技术鉴定工作；省（自治区、直辖市）地方医学会负责组织再次鉴定工作；必要时，中华医学会可以组织疑难、复杂并在全国有重大影响的医疗事故争议的技术鉴定工作。

医学会建立专家库，专家库由具备良好业务素质和执业品德，受聘于医疗卫生机构或者医学教学、科研机构并担任相应专业高级技术职务3年以上的医疗卫生专业技术人员或具备高级技术任职资格的法医组成。参加医疗事故技术鉴定的相关专业的专家，由医患双方在医学会主持下从专家库中随机抽取，涉及死因、伤残等级鉴定的，应当从专家库中随机抽取法医参加专家鉴定组。双方当事人提交进行医疗事故技术鉴定所需的材料、书面陈述及答辩，专家鉴定组认真审查，综合分析患者的病情和个体差异，做出鉴定结论，并制作医疗事故技术鉴定书。

（五）医疗事故的行政处理与赔偿

卫生行政部门依据医疗事故技术鉴定结论，对发生医疗事故的医疗机构和医务人员做出行政处理以及进行医疗事故赔偿调解。医疗事故赔偿计算包括医疗费、误工费、住院伙食补助费、陪护费、残疾生活补助费、残疾用具费等项目，并考虑医疗事故等级、医疗过失行为在医疗事故损害后果中的责任程度因素、医疗事故损害后果与患者原有疾病状况之间的关系等因素确定具体赔偿数额。经调解，双方当事人就赔偿数额达成协议的，制作调解书，双方当事人履行。医疗机构发生医疗事故的，由卫生行政部门根据医疗事故等级和情节，给予警告；情节严重的，责令限期停业整顿直至由原发证部门吊销执业许可证。对负有责任的医务人员依照刑法关于医疗事故罪的规定，依法追究刑事责任；尚不够刑事处罚的，依法给予行政处分或者纪律处分，并可以责令暂停6个月以上1年以下执业活动，情节严重的，吊销其执业证书。

四、医疗损害责任

2009 年 12 月由中华人民共和国第十一届全国人民代表大会会议通过并发布《中华人民共和国侵权责任法》，2010 年 7 月起实施，对医疗损害责任做了新的规定，为依法行医、依法维权、依法解决医患纠纷提供了法律依据。该法规定的医疗损害责任主要有：患者在诊疗活动中受到损害，医疗机构及其医务人员有过错的；医务人员在诊疗活动中未向患者说明病情和医疗措施；医务人员在诊疗活动中未尽到与当时的医疗水平相应的诊疗义务；医疗机构违反法律、行政法规、规章以及其他有关诊疗规范的规定，隐匿或者拒绝提供与纠纷有关的病历资料，伪造、篡改或者销毁病历资料；因药品、消毒药剂、医疗器械的缺陷，或者输入不合格的血液造成患者损害；医疗机构及其医务人员泄露患者隐私或者未经患者同意公开其病历资料造成患者损害；医疗机构及其医务人员违反诊疗规范实施不必要的检查等。同时也规定，患者有损害，但因患者或者其近亲属不配合医疗机构进行符合诊疗规范的诊疗，或医务人员在抢救生命垂危的患者等紧急情况下已经尽到合理诊疗义务，或限于当时的医疗水平难以诊疗等情形，医疗机构不承担赔偿责任。医疗机构及其医务人员的合法权益受法律保护，干扰医疗秩序，妨害医务人员工作、生活的，应当依法承担法律责任。

五、医疗质量安全事件报告

2011 年 1 月卫生部发布《医疗质量安全事件报告暂行规定》《医疗质量安全告诫谈话制度暂行办法》，并启用医疗质量安全事件信息报告系统。医疗质量安全事件分级及报告时限如下：

一般医疗质量安全事件：造成 2 人以下轻度残疾、器官组织损伤导致一般功能障碍或其他人身损害后果。医疗机构应当自事件发现之日起 15 日内，上报有关信息。

重大医疗质量安全事件：造成 2 人以下死亡或中度以上残疾、器官组织损伤导致严重功能障碍；造成 3 人以上中度以下残疾、器官组织损伤或其他人身损害后果。医疗机构应当自事件发现之时起 12 小时内，上报有关信息。

特大医疗质量安全事件：造成 3 人以上死亡或重度残疾。医疗机构应当自事件发现之时起 2 小时内，上报有关信息。

有关卫生行政部门对医疗机构的医疗质量安全事件或者疑似医疗质量安全事件调查处理工作进行指导，必要时可组织专家开展事件的调查处理。

医疗机构发生重大、特大医疗质量安全事件的；发现医疗机构存在严重医疗质量安全隐患的，卫生行政部门在 30 个工作日内组织告诫谈话，谈话对象为医疗机构的负责人。告诫谈话结束后，谈话对象应组织落实整改意见并提交书面整改报告，卫生行政部门对整改措施的落实情况及其效果进行监督检查。

小　　结

1. 医政管理是政府卫生行政部门依照法律法规及有关规定对医疗机构、医疗技术人员、医疗服务及其相关领域实施行政准入并进行管理活动的过程。本章阐述了医政管理的内容和职能范围。明确表述了国家对卫生行业的服务要素实行准入管理，包括医疗机构准入、医疗卫生专业技术人员准入、医疗技术应用准入管理及手术分级管理、大型医疗设备配置准入管理。

2. 医疗质量管理是一个严谨而全面的系统工程，要加快建立和完善适合我国国情的医疗质量管理与控制体系。本章介绍了目前常用的医疗质量管理与控制方法。

3. 医疗安全是医疗服务的生命线，要积极防范和依法处置医疗纠纷和医疗事故，针对医疗安全管理，文中分别对医疗事故的等级、医疗事故处置及技术鉴定，医疗事故的行政处理、医疗质量安全事件报告等做了介绍。依法依规行医、保障医疗质量和医疗安全是卫生管理的重中之重。

思　考　题

1. 医政管理的主要任务和内容有哪些？
2. 试述医疗机构准入的基本流程。
3. 医师执业活动，应如何落实执业准入？
4. 如何评价医疗质量？
5. 试述医疗事故的定义及等级。

【案例】

一起医疗事故的处理

患者，王某，25岁，定期在某医院进行产前检查，孕中期抽血进行唐氏筛查，测定值1∶2905，提示检测低危。孕前彩超：孕中期，活胎，头颅脊柱大致正常，羊水中等。后经剖宫产娩出一男婴，经血染色体核型检查，确诊为21-三体综合征。经司法鉴定认为：唐氏筛查结果低危提示胎儿发生21-三体综合征的几率较低，并非完全排除其可能性，现有病历资料上未见医方对此进行详细解释并建议其做进一步详细检查以明确诊断的记录，某种程度上影响了患者的知情权、限制了其选择权，存在医疗缺陷。法院经审理认为：医院作为专业医疗机构，对于唐氏筛查结果的不完全准确以及存在更进一步的检测手段是明知的，但其没有告知患者唐氏筛查结果的意义及其不确定性，也没有告知存在羊水穿刺染色体检查的医疗手段，其根据唐氏筛查低危结果和患者系低龄产妇的条件得出了不需要进一步检查的结论，实际上是代替患者做出了选择，违反了该类检查的知情和自愿原则。对于发生的即使是很低概率的不利后果，亦应承担一定的赔偿责任，最后判定医院赔偿医疗费、抚养费、精神损害抚慰金共计15万余元。

依据《中华人民共和国侵权责任法》第五十五条："医务人员在诊疗活动中应当向患者说明病情和医疗措施。需要实施手术、特殊检查、特殊治疗的，医务人员应当及时向患者说明医疗风险、替代医疗方案等情况，并取得其书面同意；不宜向患者说明的，应当向患者的近亲属说明，并取得其书面同意。医务人员未尽到前款义务，造成患者损害的，医疗机构应当承担赔偿责任。"《医疗事故处理条例》第十一条："在医疗活动中，医疗机构及其医务人员应当将患者的病情、医疗措施、医疗风险等如实告知患者，及时解答其咨询；但是，应当避免对患者产生不利后果。"《产前诊断技术管理办法》第二十条规定："开展产前检查、助产技术的医疗保健机构在为孕妇进行早孕检查或产前检查时，遇到本办法第十七条所列情况的孕妇，应当进行有关知识的普及，提供咨询服务，并以书面形式如实告知孕妇或其件数，建议孕妇进行产前诊断。"第二十四条："在发现胎儿异常的情况下，经治医师必须将继续妊娠和终止妊娠可能出现的结果以及进一步处理意见，以书面形式明确告知孕妇，由孕妇夫妻双方自行选择处理方案，并签署知情同意书。"因此医疗机构应当严格按照相关法律法规的规定全面履行告知义务，为了避免日后产生纠纷，应采用书面形式。

（资料来源：郑雪倩. 医院管理学——医院法律事务分册. 北京：人民卫生出版社，2011）

讨论：

1. 医疗纠纷有哪些处理途径？
2. 结合本案例，谈谈医院如何防范和处置医疗事故？

第十一章　中医药管理

学习目标：通过学习本章内容，了解中医药事业在我国卫生事业中的重要作用，我国中医药发展的基本概况，相关的法律、法规和政策；熟悉中医药事业管理机构和主要内容；掌握我国中医药管理的原则和中医药工作的基本方针。

第一节　中医药管理概述

一、中医药事业发展的基本状况

我国中医药事业是包括中医医疗、保健、科研、教育、产业、文化"六位一体"全面协调可持续发展的有机整体。

（一）中医医疗

1. 中医医疗服务资源

（1）机构　新中国成立后，特别是改革开放以后，提供中医医疗与预防保健服务的机构得到了快速的发展。1950 年全国只有 4 所中医医院，1978 年全国中医医院总数上升为 447 所，2012 年全国中医医院的总数达到了 2886 所，另外还有中西医结合医院 312 所和民族医医院 199 所。1986 年全国有中医门诊部、诊所共计 392 所，2012 年中医类门诊部达到 1215 所、中医诊所 27209 个、中西医结合诊所 7088 个、民族医诊所 410 个。除上述中医医院、门诊部和诊所外，在大部分的综合医院、乡镇卫生院、社区卫生服务中心都设有中医科室。还有大量村卫生室为农村居民提供着简、便、验、廉的中医药服务。全国 77.7% 的综合医院、75.6% 的社区卫生服务中心、51.6% 的社区卫生服务站、66.5% 的乡镇卫生院、57.5% 的村卫生室都可以提供中医服务。全国能够提供中医服务的各类卫生机构占所有卫生机构的比例达到 59.6%。

（2）床位　1950 年全国中医医院总计床位数仅为 0.01 万张，1978 年为 3.4 万张，2012 年全国中医医院床位达到 54.8 万张。

（3）人员　1986 年，全国各类卫生机构中医药人员总数为 49.8 万人。其中，中医师和中药师为 14.8 万人，中医士、中药士、中药剂员和其他中医共计 36.4 万人。2012 年全国各类卫生机构共有中医药人员 47.69 万人，其中，中医执业医师 30.54 万人、中医执业助理医师 5.14 万人、见习中医师 1.25 万人、中药师（士）10.76 万人。

（4）疗法与技术　中医疗法及技术主要包括：中草药临床辨证遣方用药、中药成药及中药制剂应用、中医各类传统非药物疗法［针灸、刺络法（放血）、推拿、灸、拔罐、敷贴、刮痧、砭术等］、中医技术与物理技术结合的各类疗法（经络仪治疗、电针治疗等）、中医保健处方调养等。这些技术在中医机构里都得到普遍的应用，其中针刺、推拿、灸、拔罐、敷贴、中医保健处方调养等简便验廉的技术则在基层医疗机构得到较广泛的应用。

2. 中医医疗服务

（1）服务提供　中医住院服务主要由中医类别（中医、中西医结合、民族医）医院及综合医院中医科提供，门诊服务的提供方则包括中医医院、综合医院（中医科）、中医门诊部及诊所、社区卫生服务中心及乡镇卫生院中医科、社区卫生服务站及村卫生室中医医生及掌握一技之长的乡村中医。此外，部分专科医院、综合门诊部及其他卫生机构也提供中医门诊服务。按照服务类别看，中医类别医院和综合医院中医科提供中医门诊和中医住院服务，其他各类机构主要提供中医门诊服务。按照服务内容看，中医类别医院和综合医院中医科主要提供复杂、慢性、疑难疾病的中医药门诊及住院诊疗服务，提供服务按疾病构成顺序居前列的疾病主要有脑梗死或脑出血（中风）、腰椎间盘突出症、颈椎病、骨伤、糖尿病（消渴）、原发性高血压、慢性胃炎、冠心病、咳嗽、不孕、慢性病毒性肝炎、肛肠疾病、骨性关节炎、周围性面瘫等；社区卫生服务中心、乡镇卫生院中医科室主要提供常见病、多发病的诊治及慢性病的社区预防、保健、康复服务，主要承担高血压、冠心病、糖尿病、慢性支气管炎、脑卒中、肿瘤、老年关节病的中医药防治与康复服务，提供慢性胃炎、咳嗽、颈肩腰腿疼痛等一般疾病的中医药诊治和亚健康人群的保健任务。

（2）服务量　2012 年，全国中医类别（中医、中西医结合、民族医）医院、门诊部、诊所等医疗机构总计提供门诊诊疗服务 5.7 亿人次，住院服务 1805.5 万人次。能够应用中医技术和方法进行亚健康人群保健和健康教育、传染病预防、慢性病防治的社区卫生服务中心分别占 60%、50% 和 40% 左右。

（二）中医预防保健

中医预防保健服务正在成为各级各类医疗机构的重要服务内容之一。中医医院的服务领域逐步扩大，中医预防保健服务提供的形式多样、数量增加、水平提高。

自国家中医药管理局 2007 年启动"治未病"健康工程以来，全国先后确定了 65 个地区为"治未病"预防保健服务试点地区，探索建立以区域为单位开展中医预防保健服务工作的机制和模式。试点地区的政府、中医药和卫生计生行政主管部门、中医医院、综合医院、卫生监督机构、专业站所、疾病预防控制机构、社区卫生服务机构、社会性中医养生保健机构等均不同程度开展了中医预防保健服务工作，初步形成了区域中医预防保健服务网络，建立了体系的框架和效果评价指标，并着力打造了中医预防保健服务提供平台建设、中医预防保健技术支撑建设、中医预防保健队伍建设、中医预防保健政策保障建设四个平台。

（三）中医药科技

1. 中医药科技资源　中医药科学研究始于新中国成立。新中国成立以来，国家先后制定的一系列科技规划和相关的科技政策推动了中医药研究的进展。1954 年中国中医研究院作为国家级中医药研究机构成立，是全国第一家独立的中医药科研机构。

我国中医药科研的主体包括独立设置的中医药科研机构、高等院校、医药企业、大中型医疗机构。2012 年，全国独立设置的中医药科学研究与技术开发机构共有 88 所，其中部属科研机构 11 所、省属科研机构 46 所、地市属科研机构 31 所。另有 2 所科学技术信息与文献研究机构共有从业人员约 20000 人。

中医药科研机构的主要任务包括：开展中医药基础研究和应用研究，试验发展和推动中医药科技成果应用，提供中医药科技服务，承担国家、地方、企业委托、国际合作、自选科技项目。

2. 中医药科技发展方向　1962 年 10 月，中央同意卫生部党组《关于改进祖国医学遗产的研究和继承工作的意见》，第一次比较系统地提出了中医药研究的政策。20 世纪 60 年代到 70 年代中期，我国中医科学研究的重点是总结中医的临床经验，开展中医、针灸的研究，用现代科学方法整理研究我国的医药遗产。20 世纪 70 年代末到 80 年代，中医药重点研究的主要方向为中西医结合研究针麻原理；病毒性肝炎、癌症的防治及新型中西药物开发。20 世纪 80 年代末，国务院发布的《国家中长期科学技术发展纲领》（以下简称《纲领》），提出了到 2000 年、2020 年我国科技发展的战略、方针、政策和发展重点。在确定社会发展领域医药卫生科学技术发展重点时，《纲领》强调"要充分利用和发展我国宝贵的传统医药和丰富的药物资源，加强对民族医药学的研究"。

20 世纪 90 年代，中医科技的重点任务是加强重大疾病的中西医防治研究，加强中医中药、中医临床以及新型药物和新型医疗器械研究。1996 年国家科委和国家计委联合组织编制了《全国科技发展"九五"计划和到 2010 年远景目标纲要（草案）》，中药现代化发展的科技问题得到了关注。与之相应，中药复方药物标准化研究、中药现代化产业化研究与开发、中药现代化关键问题的基础研究，分别进入了国家"九五"科技攻关计划项目、"九五"科技攻关计划重中之重项目和"九五"攀登计划。

进入 21 世纪，"中药现代化"仍然是中医药科技发展的主题。2006 年国家科技部、发改委发布的《国家"十一五"科学技术发展规划》提出"十一五"期间新药创制、重大传染病防治的重点任务为：开发疗效可靠、质量稳定的中药新药，研制具有知识产权和市场竞争力的新药，完善新药创制和中药现代化技术平台，初步形成支撑我国药业发展的新药创制技术体系；研究制定艾滋病、病毒性肝炎等重大传染病的中医、中西医结合防治方案。

3. 中医药主要科技成果　中医药研究最著名的科技成果是 20 世纪 60～70 年代青蒿素的发明。1969 年由中国中医研究院中药研究所屠呦呦研究员带领的研究团队筛选了 2000 余个中草药方并整理出了 640 种抗疟药方集，检测了 200 多种中草药方和 380

多个中草药提取物，发现了青蒿提取物对鼠疟原虫的有效抑制作用。针对后续试验效果不明显问题，通过查阅古代文献，特别是东晋名医葛洪的著作《肘后备急方》中的"青蒿一握，以水二升渍，绞取汁，尽服之"，得到提示：常用煎熬和高温提取的方法可能破坏了青蒿有效成分。改用乙醚低温提取后，研究人员如愿获得理想的结果。在此基础上，其他团队的研究也获得了重要的突破，获得了纯度更高的青蒿提取物。这一成果为青蒿素系列产品研发奠定了基础，挽救了全球数百万疟疾病人的生命，对国际上疟疾防控发挥了重要作用，屠呦呦研究员获得了诺贝尔生理学或医学奖。

近 10 年来，中医科技在中医药继承与创新发展中取得的主要成果包括：

（1）重大疾病防治　在治疗心脑血管疾病、恶性肿瘤、老年病、糖尿病并发症、肝病方面，初步形成了有效的综合治疗方案，研制了一批新药。在防治艾滋病、SARS、疟疾等传染病方面的研究取得了有影响的成绩。

（2）常见、多发疾病诊治系统　研究、规范了一批临床适宜技术，向基层卫生机构进行了推广。

（3）传统文献、经验传承　组织整理抢救了 1100 种中医诊籍秘典；组织编纂完成了《中医方剂大辞典》《中华本草》；对 19 个民族近百部民族医药文献进行了系统整理；开展了名老中医学术经验研究与整理。

（4）中药资源保护　主要开展了中药资源普查技术、珍稀濒危资源保护、野生药材变家种的人工栽培。

（5）中药研发　主要进行中药饮片研究、中药生产新工艺新技术研究、中药材和中药饮片质量标准及控制研究、中药新药研发。

（四）中医药教育

1. 中医药院校教育

（1）中医药教育机构　1956 年，我国建立了第一批高等中医药院校，开始了高等中医药院校教育。至 2012 年，全国中等中医药学校 52 所，设置中医药专业的中等西医学校和非医学校共计 287 所。

（2）中医药教育规模　中医药院校教育始于 20 世纪 50 年代，经过 50 多年的发展，中医药教育已经形成了完整的学历、学位层次。中医药学历教育包括研究生、本科、专科及中专。中医药专业的学位包括博士、硕士及学士。直至 20 世纪 80 年代末，高等中医药院校的专业设置仅有中医、中药、针灸推拿、民族医等几个专业，1987 年全国中医药院校毕业生总数仅为 5585 人。2012 年全国中医药本科专业已经形成包括中医、中药、中西医结合，下设的二级专业包括中医基础、中医临床、针灸推拿、民族医药等 20 余个。2012 年，全国高等中医药院校总计毕业各种学历、各类专业学生 12.1 万人，高等西医院校、非医院校、研究机构中医药专业总计毕业 2.1 万人；中等中医药学校总计毕业 4.1 万人，中等西医学校、非医学校中医药专业总计毕业 2.6 万人。

2. 中医师承教育　中医临床人才师承教育是中医药人才培养的特色形式，是培养中医临床名医、名家的重要途径，对于中医学术流派传承也有重要意义。

当前师承教育的形式主要有：一种是师承方式获得专业知识和技能，再经过执业资格考试取得相应的执业资格；另一种是选择具有执业资格的中高级专业人员作为老中医专家学术经验继承人，通过经验传承、跟师培养等方式进行学习；第三种是近年出现的对于本科入学的学生采取"院校教育—师承—家传"相结合的新型中医药人才培养模式，这种教育在课程设置、教学方式等方面跳出既往中医药高等教育人才培养模式的惯性思维，在培养过程中，增加文、史、哲知识及中医经典著作等内容的传授，配备"国学导师组"和"经典导师组"，强化人文精神及人文素养的培养，强调学生课内外中医临床跟诊实习、实训，加强中医辨证思维和临床能力培养。

3. 中医药继续教育 中医药继续教育的形式主要包括住院医师规范化培训、中医药继续教育项目。中医住院医师规范化培训由国家中医药管理局制定政策、整体规划、统筹管理，由省级中医药管理部门制定本地区规划、方案，组织实施，国家和省级中医药管理部门成立中医药毕业后教育委员会，负责政策研究、业务指导、督导检查和质量评估。中医药继续教育项目包括国家、省、单位等不同层级。内容包括理论学习、技术培训、经验研讨等。

（五）中药生产与使用

1. 资源与产出 我国中药材资源品种丰富，达到 12000 余种。其中，植物药种类 11000 余种、动物药种类 1500 余种、矿物类药 80 余种，随着中药生产规模的不断扩大，国家越来越重视中药材的资源保护问题。有关部门加大了对变野生为家养、家种，规范化生产的资金支持和管理制度。全国建立了 120 多个重点中药材品种的规范化种植研究示范基地。

截至 2012 年底，全国中药企业达 2515 家，年产值达 18255 亿元。2005 年至今，中药行业增长率保持在 20% 以上，超过全国医药行业的平均水平，成为我国快速增长的产业之一。以中医理论为基础，以中药材为原料的保健食品越来越受到人民群众喜爱和欢迎，目前已占据了超过三分之一的国内保健食品市场。随着我国中药日化行业的普及和人民群众对中药日化用品的热衷，中药题材的护肤化妆类产品、洗涤类产品及口腔清洁类产品快速增长，已占据 20% 的相关产品市场，增长速度也远高于其他题材的相关产品，蕴含着广阔的市场前景。

2. 中药生产的分类管理 中药按是否加工及加工工艺分为中药材、中药饮片、中成药、医疗机构院内中药制剂等。

（1）中药材 一般指药材原植、动、矿物除去非药用部位的商品药材。中药材资源保护目前遵照国家《野生药材资源保护条例》进行管理。

（2）中药饮片 中药饮片是将原药材进行净选、切制和其他炮制等工艺而制成一定规格的炮制品。

（3）中成药 中成药是按一定的配方将中药加工或提取后制成的具有一定规格，可以直接用于防病治病的药品。中成药的种类既包括传统的丸散膏丹，也包括新型的滴丸、颗粒剂、注射剂等。

（4）医疗机构院内中药制剂　　医疗机构院内中药制剂是医疗机构根据本单位临床需要经批准而配制、自用的固定的中药处方制剂。长期以来，医疗机构中药制剂在满足临床需求、促进中医药事业发展方面发挥了重要作用。

根据《中华人民共和国药品管理法》及《药品流通监督管理方法》（暂行）的有关规定，生产中药饮片、中药成药的企业必须依法取得《药品生产许可证》，医疗机构配制制剂必须取得《医疗机构制剂许可证》，批发中药饮片必须是持有经营范围包括饮片的《药品经营许可证》的药品批发企业。各有关药品生产、经营单位和医疗机构必须从具有合法资质的单位采购中药饮片。此外，生产、经营还必须通过相应的质量管理规范。

（六）中医药文化

1. 中医药文化的内涵　　中医药（民族医药）文化是体现中医药特色优势的精神文明与物质文明的总和，是中华优秀文化传承体系的重要组成部分。中医药文化传承主要内容包括：

（1）中医药核心价值体系构建　　总结研究中华民族对生命、健康和疾病的认识与理解，从精神、行为、物质等层面提炼中医药文化核心价值和精神实质。深入探讨中医药文化核心价值体系的建设内容和方法，传承创新，建设具有中国特色、中医特点、行业特征并体现时代精神的中医文化核心价值体系。

（2）中医药文化源流及内涵研究　　开展中医药文献、文物、古迹资源普查工作，系统研究中医药典籍、文物、古迹和古今名医学术思想及其文化素养。梳理中医药文化源流脉络，挖掘、整理、研究中医药文化内涵和原创思维，为搭建中医药文化理论构架提供资源和依据。

（3）中医药非物质文化遗产保护与传承　　持续做好特色理论、技术、疗法、方药等非物质文化遗产的挖掘、整理、研究、应用等工作，为非物质文化遗产中医药项目代表性传承创造良好传习条件，推动中医药项目列入国家级非物质文化遗产名录、"人类非物质文化遗产代表作名录"和"世界记忆名录"，切实加强中医药非物质文化遗产的保护与传承。

2. 中医药文化建设　　中医药文化建设主要包括研究、制定有利于各级各类中医医疗、保健机构开展文化建设的政策与措施。鼓励中医药科研机构加强文化建设和开展中医药文化研究。强化教育机构在文化传承中的重要责任，发挥教育机构知识密集、人才密集和文化氛围浓厚的优势，研究探索中医药文化人才培养与传承的思路和方法。建设富有中医药特色的校园文化，在人才培养的全过程中融入中医药文化理念与实践，逐步构建中医药教育机构文化体系。推进中医药文化知识进学校、进课堂，培养具备文化素养的中医药专业技术人才。筛选一批有中医药文化特色的企业，建设中医药文化建设示范基地，全面带动中药产业机构文化建设，研发具有文化内涵的中医药名牌产品。

（七）中医药对外交流

近10年来，随着中医药对外交流与合作规模的不断扩大，中医药在国际上的影响力越来越大，迄今为止已传播到 160 多个国家和地区。中国的 40 多个援外医疗队派出中医药人员 400 余人次。中药产品出口额超过 10 亿美元。进入 21 世纪以来，中医药对外交流已经开始从民间为主向民间及政府间合作转变。我国已与世界上 70 多个国家和地区签订了含有中医药合作内容的政府间协议。2012 年全国高等中医药院校有在校留学生 5393 人，毕业生 2179 人，遍及亚、非、欧、美、大洋洲。

二、中医药事业发展的工作方针

（一）新中国中医药工作方针（1949～1979）

1950 年 8 月 7 日第一届全国卫生工作会议在北京召开。毛泽东为大会题词："团结新老中西各部分医药卫生人员，组成巩固的统一战线，为开展伟大的人民卫生工作而奋斗。"会议提出了"面向工农兵、预防为主、团结中西医"的指导新中国卫生工作建设的三大方针。

（二）改革开放后中医药工作方针的调整（1980～2005）

1980 年，卫生部召开全国中医和中西医结合工作会议。会议进一步明确了中医药事业发展的基本政策与工作方针，包括继承、发展中医药；团结中医；中西医结合；中医中药现代化；扶持中医；发展中药。

1982 年，中医药的发展写进了国家的根本大法，标志着中医药发展从此有了明确的法律保障。《中华人民共和国宪法》规定国家发展医疗卫生事业，发展现代医药和我国传统医药。

1986 年，国务院常务会议讨论了中医中药问题，提出了发展中医中药的几点意见，做出了关于成立国家中医管理局的决定。同年 7 月，国务院正式下达了《关于成立国家中医管理局的通知》。国家中医管理局是国务院直属机构，由卫生部代管，计划、财政单列。此后，全国省级中医药行政管理机构陆续成立。

1990 年，中共中央关于制定国民经济和社会发展十年规划和"八五"计划的建议指出，卫生工作要贯彻预防为主、依靠科技进步、动员全社会参与、中西医协调发展、为人民健康服务的方针。

1991 年，第七届全国人大第四次会议通过的《中华人民共和国国民经济和社会发展十年规划和第八个五年计划纲要》将中医工作方针中的"中西医协调发展"，改为"中西医并重"。此后，"中西医并重"一直是卫生工作的基本方针之一。

1992 年，为了提高中药品种的质量，保护中药生产企业的合法权益，促进中药事业的发展，国务院颁布了《中药品种保护条例》。

2001 年，《中华人民共和国药品管理法》颁布。规定国家发展现代药和传统药，充分发挥其在预防、医疗和保健中的作用。国家保护野生药材资源，鼓励培育新药材。

（三）新医改时期中医药的工作方针（2006 年至今）

2006 年，《中共中央关于构建社会主义和谐社会若干重大问题的决定》明确提出

"大力扶持中医药和民族医药发展"。

2009年，《中共中央国务院关于深化医药卫生体制改革的意见》再次重申新时期的卫生工作指导方针是预防为主、以农村为重点、中西医并重。强调了充分发挥中医药（民族医药）在疾病预防控制、应对突发公共卫生事件、医疗服务中的作用。加强中医临床研究基地和中医院建设，组织开展中医药防治疑难疾病的联合攻关。在基层医疗卫生服务中，大力推广中医药适宜技术。采取扶持中医药发展政策，促进中医药集成创新。

2009年，国务院出台《国务院关于扶持和促进中医药事业发展的若干意见》，明确了中医药事业发展的基本原则：坚持中西医并重，把中医药与西医药摆在同等重要位置；坚持继承与创新的辩证统一，既要保持特色优势又要积极利用现代科技；坚持中医与西医相互取长补短、发挥各自优势，促进中西医结合；坚持统筹兼顾，推进中医药医疗、保健、科研、教育、产业、文化全面发展；坚持发挥政府扶持作用，动员各方面力量共同促进中医药事业发展。

2013年，《国务院关于促进健康服务业发展的若干意见》将"全面发展中医药医疗保健服务"作为八项主要任务之一。

新一轮医改以来，为了解决中医药事业发展开不够快、不够均衡，还不能适应人民群众日益增长的健康需求等问题，中医药发展的基本方针更强调了中西医并重，强调了政府在中医药事业发展中的责任。

新中国的中医药工作方针经历了"团结中西医—中西医结合—中西医协调发展—中西医并重—扶持和发展中医药和民族医药"的变化。

第二节　中医药管理的基本内容

一、中医药战略管理

中医药战略管理的主要内容包括中医药卫生战略管理、中医药经济战略管理、中医药科技战略管理、中医药文化战略管理、中医药生态战略管理等。具体来说就是基于"整体思维、系统运行、三观互动"思想的中医药医疗、保健、科研、教育、产业、文化"六位一体"全面协调可持续发展。

二、中医药医政管理

中医药医政管理的主要内容包括中医医院管理、综合医院中医药工作管理、民间医药管理、民族医药管理、中药管理、民族药管理、中西医结合管理、基层卫生机构中医药管理、突发公共卫生事件和重大疾病防治管理等。具体包括：规划、指导和协调中医、中西医结合、民族医资源结构布局及其运行机制的改革，拟订中医、中西医结合，民族医各类医疗、保健等机构管理规范和技术标准并监督执行。

三、中医药教育管理

中医药教育管理的主要内容包括制定院校教育、师承教育、毕业后教育、继续教育、中医药名医培养、基层中医药人才培养的有关规划及指导文件；制定中医药人才发展规划；制定中医药专业技术人员资格标准；参与指导中医药教育教学改革，组织实施中医药人才培养项目。

四、中医药人才管理

中医药人才主要包括中医药专业技术人员、中医药技能型人才和中医药复合型人才。中医药人才管理的内容主要是：改革中医药院校教育；完善中医药师承和继续教育制度；加快中医药基层人才和技术骨干的培养；完善中医药人才考核评价制度。

五、中医药资源管理

中医药资源主要包括中医药植物资源、动物资源和矿物资源。中医药资源管理的内容主要是：加强对中药资源的保护、研究开发和合理利用；加强中药资源监测和信息网络建设；保护药用野生动植物资源，加快种质资源库建设，在药用野生动植物资源集中分布区建设保护区，建立一批繁育基地，加强珍稀濒危品种保护、繁育和替代品研究，促进资源恢复与增长；结合农业结构调整，建设道地药材良种繁育体系和中药材种植规范化、规模化生产基地，开展技术培训和示范推广；合理调控、依法监管中药原材料出口。

第三节 中医药管理的机构与职能

一、中医药管理的机构

（一）新中国成立以来中医药管理机构及沿革

1949~1986年：1949年卫生部医政处设中医科；1953年中医科改为中医处；1954年卫生部设立中医司。

1986~1988年：1986年成立国家中医管理局，为国务院直属局，由卫生部代管。

1988~1998年：1988年国家中医管理局改为国家中医药管理局，中医、中药由国家中医药管理局统一管理。

1998年至今：1998年国务院机构改革，保留国家中医药管理局，改为卫生部管理的主管国家中医药事业的行政机构，将中药生产的行业管理职能交给国家经济贸易委员会，将中药监督管理职能交给国家药品监督管理局，保留中药资源保护、中药产业发展规划及产业政策制定职责。

（二）中医药行政管理机构

1. 国家中医药管理局　国家中医药管理局是我国政府管理中医药行业的国家机构，隶属于卫生部。国家中医药管理局内设办公室、人事教育司、规划财务司、政策法规与监督司、医政司（中西医结合与民族医药司）、科技司、国际合作司（港澳台办公室）、机关党委等职能部门（图11-1）。

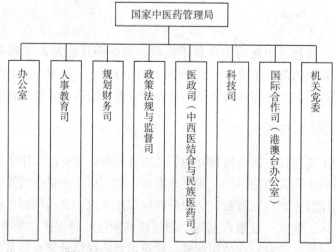

图 11-1　国家中医药管理局组织机构图

2. 省级中医药行政管理机构　至 2012 年底，全国省级中医药行政管理机构的设置分为以下几种情况：副厅级中医（药）管理局，共 12 个；处级中医（药）管理局，共 17 个；卫生计生委内设中医处 2 个。除卫生计生委内设的 2 个中医处外，其他省级中医药行政管理机构内设处室从 2 个到 7 个不等，主要有办公室、人事、规划财务、政策法规、医政、科技、教育等 7 类处室。

3. 乡市及以下级别中医行政管理机构　至 2012 年底，全国只有 20% 左右的地市县设置了中医药行政管理部门。其中部分县级机构没有专职人员。

二、中医药管理的职能

1. 国家中医药管理局

（1）拟订中医药和民族医药事业发展的战略、规划、政策和相关标准，起草有关法律法规和部门规章草案，参与国家重大中医药项目的规划和组织实施。

（2）承担中医医疗、预防、保健、康复及临床用药等的监督管理责任。规划、指导和协调中医医疗、科研机构的结构布局及其运行机制的改革。拟订各类中医医疗、保健等机构管理规范和技术标准并监督执行。

（3）负责监督和协调医疗、研究机构的中西医结合工作，拟订有关管理规范和技术标准。

（4）负责指导民族医药的理论、医术、药物的发掘、整理、总结和提高工作，拟订民族医医疗机构管理规范和技术标准并监督执行。

（5）组织开展中药资源普查，促进中药资源的保护、开发和合理利用，参与制定中药产业发展规划、产业政策和中医药的扶持政策，参与国家基本药物制度建设。

（6）组织拟订中医人才发展规划，会同有关部门拟订中医药专业技术人员资格标准并组织实施。会同有关部门组织开展中医药师承教育、毕业后教育、继续教育和相关人才培训工作，参与指导中医药教育教学改革，参与拟订各级各类中医药教育发展规划。

（7）拟订和组织实施中医药科学研究、技术开发规划，指导中医药科研条件和能力建设，管理国家重点中医药科研项目，促进中医药科技成果的转化、应用和推广。

（8）承担保护濒临消亡的中医诊疗技术和中药生产加工技术的工作，组织开展对中医古籍的整理研究和中医药文化的继承发展，提出保护中医非物质文化遗产的建议，推动中医药防病治病知识普及。

（9）组织开展中医药国际推广、应用和传播工作，开展中医药国际交流合作和与港澳台的中医药合作。

（10）承办国务院及卫生部交办的其他事项。

2. 省级中医药行政管理机构

（1）贯彻执行国家和省有关中医药工作的方针政策和法律法规，拟订省域内中医药和民族医药事业发展的规划、政策及相关管理规范和技术标准。

（2）起草有关地方性法规、规章草案。

（3）参与制定中药产业发展规划、产业政策和中医药扶持政策，参与重大中医药项目的规划和组织实施。

（4）承担中医医疗、预防、保健、康复等的监督管理任务。

（5）促进中药资源的保护、开发和合理利用。

（6）组织拟订中医药人才发展规划，实施中医药专业技术人员资格管理，组织开展中医药人才继续教育和培养工作，参与拟订各类中医药教育发展规划和参与指导中医药教育教学改革。

（7）拟订和组织实施中医药科学研究、技术开发规划。

（8）管理重点中医药科研项目，促进中医药科技成果的转化、应用和推广；保护中医药文化遗产。

（9）推动中医药防病治病知识普及。开展中医药交流与合作。

（10）承办省人民政府、国家中医药管理局和省卫生厅交办的其他事项。

3. 乡市及以下级别中医行政管理机构 地市及以下级别中医药行政管理机构主要承担中医医疗、预防、保健、康复等的监督管理、中医药专业技术人员资格管理和承办上级管理机构交办的相关事项。

第四节　中医药事业发展的保障措施

一、政策保障

党和国家对中医药事业的发展十分重视，制定了一系列政策与法律法规保护、扶持、促进中医药事业的发展。

（一）主要法律法规

1. 宪法　《中华人民共和国宪法》第 21 条规定："国家发展医疗卫生事业，发展现代医药和我国传统医药，鼓励和支持农村集体经济组织、国家企业事业组织和街道组织举办各种卫生设施，开展群众性的卫生活动，保护人民健康。"宪法的这一规定从根本上确立了中医药和民族医药等传统医药的法律地位。

2. 医药卫生相关法律　《中华人民共和国执业医师法》《中华人民共和国药品管理法》的相关法条分别规定了中医药人员准入条件，规范了中药（包括中药材、中药饮片）生产、加工、经营管理。

3. 法规　《中华人民共和国中医药条例》对中医药医疗机构、从业人员、科研与教育、保障措施等方面做出规定，还特别规定了民族医药独立的学术地位，指出民族医药享受与中医药相同的政策和特殊待遇。国务院颁布的《野生药材资源保护管理条例》《中药品种保护条例》等法规，规定了中药资源的保护及合理开发利用，为中药产业可持续发展提供了基本保证。

4. 标准及行业规范　《中华人民共和国药典》《药品生产质量管理规范》《医疗机构药事管理规定》《中药饮片生产企业质量管理办法》《中医坐堂医诊所管理办法》《传统医学师承和确有专长人员医师资格考核考试法》《药品注册管理办法》《中药注册管理补充规定》等一系列规范性文件，对中医药相关问题都做出了特别规定，对确保中医医疗服务提供与中药产品的生产及使用安全，维护人民群众的健康及生命安全发挥了重要作用。

2012 年中医药单独立法再次提上议程。新提出的立法宗旨强调突出扶持、保护和促进中医药，坚持中西医并重的原则，强调遵循中医药的发展规律，体现中医药的发展特点，发挥中医药的特色优势。重点解决好现阶段影响中医药事业发展的根本性、基础性和制度性问题。力争通过立法支持中医药积极开展服务，扩大服务内容，拓宽服务领域；确立对中医药服务的补偿机制；确定中医药传承创新的政策；建立中药材资源保护机制，处理好中药材资源保护和利用的关系；在法律框架内建立中医药传统知识保护制度，完整地保存中医药传统知识，保障中医药传统知识的延续和发展，更好地维护国家利益。

（二）主要政策

中医的相关政策是政府解决不同时期中医药事业发展中存在的重大问题，实现中医药事业发展目标的主要手段。

2009 年国务院出台的《关于扶持和促进中医药事业发展的若干意见》（以下简称《意见》）明确了新时期的中医药政策，主要包括：

1. 事业发展规划 根据国民经济和社会发展总体规划和医疗卫生事业，医药产业发展要求，编制实施国家中医药中长期发展专项规划。充分发挥中医药工作部际协调机制作用，加强对中医药工作的统筹协调。

2. 相关卫生经济政策 加大中医药政府投入，重点支持开展中医药特色服务、公立中医医院基础设施建设、重点学科和重点专科建设以及中医药人才培养。落实政府对公立中医医院投入倾斜政策，研究制订有利于公立中医医院发挥中医药特色优势的具体补助办法。完善相关财政补助政策，鼓励基层医疗卫生机构提供中医药适宜技术与服务。制定优惠政策，鼓励企事业单位、社会团体和个人捐资支持中医药事业。合理确定中医医疗服务收费项目和价格，充分体现服务成本和技术劳务价值。

3. 医疗保障政策和基本药物政策 鼓励中医药服务的提供和使用。将符合条件的中医医疗机构纳入城镇职工基本医疗保险、城镇居民基本医疗保险和新型农村合作医疗的定点医疗机构范围，将符合条件的中医诊疗项目、中药品种和医疗机构中药制剂纳入报销范围。按照中西药并重原则，合理确定国家基本药物目录中的中药品种，基本药物的供应保障、价格制定、临床应用、报销比例充分考虑中药特点，鼓励使用中药。

4. 中医药立法和知识产权保护 积极推进中医药立法进程，完善法律法规与中医药监督执法体系。规范中医药监督执法标准，包括从业人员资格、机构条件、医疗广告、医疗气功等准入标准。

二、资源保障

中药材资源是中医药的物质基础，中药材资源短缺直接影响到中医药防病治病的疗效，关系到维护人民用药的可及性和有效性。中药材资源枯竭所引发中药材市场的无序和价格迅速攀升，直接影响到中药产业的生存，关系到中药材品质和安全性。中医药资源短缺问题背后是深层次中药材资源保护、开发与利用，关系到中医药事业的可持续发展。

1. 发挥政府主导性，保障中药材资源持续发展 形成中药材的种植生产、市场价格统一的管理机制，制订全国中药材发展规划，对中药材实行宏观调控，使其科学、合理、有序的发展，以满足中医药繁荣和民众健康的需求。

2. 加强政府监管，加大政策保护力度 开展野生药材管理制度的立法研究，修订和完善《条例》，加强野生药材资源管理、实现野生药材资源永续利用。

3. 开展珍稀濒危中药资源的替代品研究 建立濒危中药材自然保护区，加强中药材替代品研究。鼓励野生变家种解决中药材野生资源枯竭。

4. 加强对珍稀濒危中药的系统研究 开展药用动植物的濒危和保护等级划分、重要珍稀濒危药用动植物的遗传多样性、生殖生物学以及保护策略等保护生物学研究，重视其栽培（或养殖）和保护，确保野生药用动植物资源的安全和可持续利用。

5. 加强中药材科学生产，满足市场需求 遵循中药材资源自然生长规律，实施规模化、规范化科学种植和培育。

小　结

中医药事业是包括中医医疗与预防保健、中医药教育、中医药科技、中药生产、中医药文化、中医药国际交流在内的六位一体的有机整体。

我国中医药事业发展的指导思想为把满足人民群众对中医药服务的需求作为中医药工作的出发点，遵循中医药发展规律，保持和发扬中医药特色优势，推动继承与创新，丰富和发展中医药理论与实践，促进中医中药协调发展，为提高全民健康水平服务。

我国中医药工作方针分为三个阶段，分别是新中国中医药工作方针、改革开放后中医药工作方针的调整、新医改时期中医药的工作方针。

中医药管理的基本内容有中医药战略管理、中医药医政管理、中医药教育管理、中医药人才管理、中医药资源管理。

思　考　题

1. 请简要论述中医药管理的基本内容。
2. 结合实际情况，谈谈将中医药上升为国家战略的意义。
3. 请论述中医药在健康服务业中的地位和作用。

【案例】

T 集团的国际化战略

随着 2014 年底安国数字化中药都交易大厅主体工程的封顶，T 将拥有中国第一家全面信息化、数字化的专业药材交易市场……这一项目是由 T 斥资 30 亿人民币建设，坐落于河北省安国市内。在这之前，安国中药材交易市场，是北方地区最大的中药材交易集散地，但多年来只停留于"集散"的发展模型中。与今时现代化的产业发展或已有距离。

在董事长的设想中，未来，T 将分设以中西医结合为特色的连锁诊疗和植物药、精品饮片及保健品分销两大核心业务，并设立诊疗、营销、物流、教育、信息和认证等职能模块，形成六大职能中心。

在这些布局推进的同时，中国第一粒能够通过 FDA 认证的中药——T 生产的复方丹参滴丸，正式进入第三期临床试验阶段。同时，T 已经将国际化的总部建在了美国的马里兰州，这个总部的建设花了 T 约 4000 万美元。

在 T 的内部规划中，资本战略的实施路径，战略投资事业群将成为 T 控股集团对外投资于大健康产业资产管理平台，不断完善产业投资并购、创新产品和技术投资功能，推进国际投资和商务合作，加强产业金融服务平台建设，带动大健康产业裂变式发展。

T 于 1994 年创立，至今 20 年，从复方丹参滴丸一个创新科技成果的诞生，到中药现代化，及 2002 年步入大健康领域，T 实现了两条腿走路的模式。亦打造了涵盖现代中药、化学药、生物药、保健品、生物茶、特殊功能水、现代白酒等大健康产业集群。2013 年底总资产达 262 亿元，销售额达 240 亿元。"未来，主要将着手高端处方药国际市场的开拓，巩固在产业链或商业生态圈的领导地位"，T 内部人士称。

在深入推进产业发展和投资的双轮驱动下，T 将聚焦具有优势资源的治疗领域，不断完善大产品、大终端市场结构，以战略资本化、资本资产化、资产证券化、证券现金化等价值实现途径来为 T 创造价值。"未来，T 的动作或将主要集中在资本运作层面。"据了解 T 的业内人士透露，从 2013 年至今，T 已经斥资 16 亿并购了 11 个项目。

2014 年 4 月，T 耗资 18000 万元收购天津宝士力置业发展公司持有的医药营销公司 30% 的股份，又为其丰富了销售网络。

而人才战略，是 T 得以迅速国际化发展的核心，在董事长的主导下，将会继续增加这一飞速发展的筹码。

（资料来源：经济观察报《中药国际化？T 试水》，2014 - 05 - 30）

讨论：

1. 请结合实际，探讨 T 集团大健康产业的内涵和发展战略。

2. 请论述 T 集团中药国际化的核心优势。

第十二章　食品药品监督管理

学习目标：通过本章学习，学生应该了解中国食品药品监督与管理的体系构成，熟悉药品质量和医疗器械监督管理的相应规章制度，掌握食品药品监督管理的原则。

第一节　食品药品监督管理概述

一、食品药品监督管理的概念

（一）食品监督管理的概念

食品监督管理是国家食品监督管理部门依据相关的法律规章，为保证食品安全，保障公众身体健康和生命安全，对食品安全实行从农田到餐桌的全过程监管。

为了达到食品监督管理的目的，国家制定、颁布了一系列法律规章，包括《中华人民共和国食品安全法》（主席令第9号）、《中华人民共和国食品安全法实施条例》（国务院令第557号）、《餐饮服务许可管理办法》、《餐饮服务食品安全监督管理办法》、《餐饮服务食品安全监督管理办法》（卫生部令第71号）、《餐饮业食品卫生管理办法》、《学生集体用餐卫生监督办法》、《食品卫生行政处罚办法》、《食品卫生监督程序》、《餐饮业食品索证管理规定》、《食物中毒事故处理办法》等。

（二）药品监督管理的概念

为加强药品监督管理，保证药品质量，保障人体用药安全，维护人民身体健康和用药的合法权益，国家药品监督管理部门依据相应的法律规章，对药品的研发、生产、经营、使用、价格、广告、不良反应等进行监督管理，对中药材及其种植的质量监督管理。随着互联网的广泛运用，药品互联网销售监督管理已经成了药品监督管理的重点之一。

为保障人体用药安全，维护人民身体健康和用药的合法权益，必须保证药品质量，国家出台了相应的法律规章，如《中华人民共和国药品管理法》（主席令第45号）、《麻醉药品和精神药品管理条例》（国务院令第442号）、《药品经营质量管理规范》（卫生部令第90号）、《药品不良反应报告和监测管理办法》（卫生部令第81号）、《药品生产质量管理规范》（2010 年修订）（卫生部令第 79 号）、《药品类易制毒化学品管理办法》（卫生部令第 72 号）等。

二、中国食品药品监督管理的沿革

新中国的成立，从计划经济到市场为主导的经济变革，我国食品药品的监督管理也发生了巨大的变化。

（一）中国食品监督管理的沿革

1. 从新中国成立到改革开放　新中国成立初期，中国食品监督管理体制受前苏联卫生防疫体系的影响，由卫生部门管辖食品卫生，由卫生防疫部门负责监管。1949 年长春市成立了中国第一个卫生防疫站，至 1959 年全国大部分公社卫生所建立起卫生防疫组，此时，全国基本形成了初具规模的卫生防疫和食品卫生监督网络。1965 年国家第一部中央层面的综合食品卫生管理规章《食品卫生管理试行条例》由卫生部、第一轻工业部等部门联合出台，标志着我国食品卫生监督管理进入了法制化轨道。但"文革"期间的 10 年，卫生防疫体系及其工作遭受了严重破坏，食品监督管理处于全面停顿状态。

这个时期的管控体制是寓食品卫生管理于行政管理之中，即以主管部门管控为主，卫生部门监督管理为辅。食品安全管理主体分工是：由轻工业部门管理食品加工企业，商业部门管理食品经营和流通行业，卫生部门承担着食品质量和卫生监管职能。这时期的食品监管体现的是以行政手段对食品行业的产业管理。

2. 改革开放后

（1）1978 年到 2003 年　这一时期随着经济政策的调整与改革，食品工业生产经营模式和所有制形式都发生了根本变化，市场经济时期，政府职能从产业管理和直接管理转向市场监管和间接管理。在食品安全监管体系方面，也不断变化调整。在卫生部的大力推动下，1982 年我国推出《中华人民共和国食品卫生法（试行）》，1995 年将此法中事业单位执法修订为行政执法并正式通过，从法律的角度明确了卫生行政部门在食品卫生监管中的主体地位，原来政企合一的行业监管体制逐步退出，食品监管进入了法制化的轨道。

1995 年至 2003 年，农业部负责农产品生产加工，国家质检总局负责食品生产加工，国家工商总局负责食品流通，食品消费由卫生部负责。

这一时期的主要特征是监管多头，责任不到位，存在职能交叉、分工不明确、协调难度大、监管效率低的现象，消费者权益没能得到有效的保障。

（2）2003 年至 2013 年　2003 年国务院机构改革方案出台，在国家药品监督管理局的基础上建立了国家食品药品监督管理局，规定食品药品监管部门负有对食品安全进行综合监督、组织协调和依法组织查处重大事故的职责。卫生部、农业部、国家质监总局、工商管理局和食品药品监督管理局成为食品安全监管的主要部门，卫生部、农业部、国家质监总局和工商管理局 4 部门实行分段监管，卫生部负责全国食品、化妆品、生活饮用水、餐饮业和食堂的卫生监督管理工作，农业部门负责初级农产品生产环节的监管，质监部门负责食品生产加工环节的监管，工商部门负责食品流通环节的监管。

这一时期的主要特点是确立了监管环节各部门监管的原则，采取"分段监管为主、品种监管为辅"的多部门综合监管模式，形成"全国统一领导、地方政府负责、部门指导协调和各方联合行动"的监管格局。

根据《中华人民共和国食品安全法》规定，2010年初国务院决定设立国务院食品安全委员会，为国务院食品安全工作的高层次议事协调机构，国务院食品安全委员会办公室具体承担委员会的日常工作。经国务院和中央编委同意，中央编办于2010年12月6日印发《关于国务院食品安全委员会办公室机构设置的通知》（中央编办发〔2010〕202号），对国务院食品安全委员会办公室主要职责、内设机构、人员编制以及与其他部门的职责分工等事项做了具体规定，为进一步加强食品安全工作提供了组织保障。

（3）2013年以后 2013年3月22日国家食品药品监督管理总局成立，是中华人民共和国国务院正部级直属机构，取代了原国家食品药品监督管理局和国务院食品安全委员会办公室。

（二）中国药品监督管理的沿革

1. 1949年到1978年 1949年11月1日，中央人民政府成立卫生部，之后在医政局下设药政处，政府监管机构及职能逐步完善，除了对医药产业进行计划生产管理之外，还建立了药政、药检机构，并对医药商业和医药工业进行行政管理，如生产计划下达、质量管理、人事任免等。该时期的特征：中国药品监管属于计划经济时代的政府行为，以计划指令和对生产的直接干预对企业进行管理。

2. 1978年改革开放到1998年 中国药品监管进入粗放式的发展阶段，从20世纪80年代中期开始，国家在城市推行经济体制改革，医疗卫生领域也受经济体制改革的思想影响，药品生产和经营企业市场意识增强，中央政府专门设立国家医药管理局对医药企业进行行业管理。这一时期政府对医药企业的直接干预相应减少。

1998年以前中国主管药品监督管理的是卫生行政部门，县级以上地方各级卫生行政部门的药政机构主管其所辖行政区域的药品监督管理工作。

3. 1998年到2012年 1998年国务院机构改革将"政企分开""一事进一门"作为重要原则，1998年根据《国务院关于机构设置的通知》组建了国家药品监督管理局，主管全国药品监督管理工作。1998年4月，国家药品监督管理局正式挂牌，新成立的国家药品监督管理局，直属国务院领导，结束了药品监管长期存在的多头管理、职责交叉、政企不分的问题，此时政府加强了对药品研发、生产、流通、使用的监管力度，这一阶段为政府以监管为主的"监、帮、促"阶段（"以监督为中心，监、帮、促相结合"）的工作方针，在扮演监管者角色的同时还担当产业促进者。2000年，药品监管系统开始实行省以下垂直管理。2003年更名为国家食品药品监督管理局（简称国家药监局），2003年3月，十届全国人大一次会议通过的国务院机构改革方案，国家食品药品监督管理局（State Food and Drug Administration，SFDA）为国务院直属机构，行使国家药品监督管理的职能，负责食品、保健品、化妆品安全管理的综合监督和组织协调，依法组织开展对重大事故的查处。2008 年 3 月，十一届全国人民代表大会一次会议通过了国务院机构改革方案，确定了国家食品药品监督管理局（副部级），为卫生部管理的国家局。

1998 年到 2004 年这一阶段药品管理局的监管特点是"监、帮、促"相结合。2005年至今食品药品监督管理局的监管特点是以科学监管为核心，将监管工作的重要性提升到前所未有的高度，政府扮演监管者的角色。

4. 2013 年至今 2013 年 3 月 22 日国家食品药品监督管理总局成立，是中华人民共和国国务院正部级直属机构，取代了原国家食品药品监督管理局和国务院食品安全委员会办公室。

（三）国家食品药品监督管理总局主要职责

国家食品药品监督管理总局的主要职责有：

1. 负责起草食品（含食品添加剂、保健食品，下同）安全、药品（含中药、民族药，下同）、医疗器械、化妆品监督管理的法律法规草案，拟订政策规划，制定部门规章，推动建立落实食品安全企业主体责任、地方人民政府负总责的机制，建立食品药品重大信息直报制度，并组织实施和监督检查，着力防范区域性、系统性食品药品安全风险。

2. 负责制定食品行政许可的实施办法并监督实施。建立食品安全隐患排查治理机制，制定全国食品安全检查年度计划、重大整顿治理方案并组织落实。负责建立食品安全信息统一公布制度，公布重大食品安全信息。参与制订食品安全风险监测计划、食品安全标准，根据食品安全风险监测计划开展食品安全风险监测工作。

3. 负责组织制定、公布国家药典等药品和医疗器械标准、分类管理制度并监督实施。负责制定药品和医疗器械研制、生产、经营、使用质量管理规范并监督实施。负责药品、医疗器械注册并监督检查。建立药品不良反应、医疗器械不良事件监测体系，并开展监测和处置工作。拟订并完善执业药师资格准入制度，指导监督执业药师注册工作。参与制定国家基本药物目录，配合实施国家基本药物制度。制定化妆品监督管理办法并监督实施。

4. 负责制定食品、药品、医疗器械、化妆品监督管理的稽查制度并组织实施，组织查处重大违法行为。建立问题产品召回和处置制度并监督实施。

5. 负责食品药品安全事故应急体系建设，组织和指导食品药品安全事故应急处置和调查处理工作，监督事故查处落实情况。

6. 负责制定食品药品安全科技发展规划并组织实施，推动食品药品检验检测体系、电子监管追溯体系和信息化建设。

7. 负责开展食品药品安全宣传、教育培训、国际交流与合作。推进诚信体系建设。

8. 指导地方食品药品监督管理工作，规范行政执法行为，完善行政执法与刑事司法衔接机制。

9. 承担国务院食品安全委员会日常工作。负责食品安全监督管理综合协调，推动健全协调联动机制。督促检查省级人民政府履行食品安全监督管理职责并负责考核评价。

10. 承办国务院以及国务院食品安全委员会交办的其他事项。

三、食品药品监督管理的原则

食品药品监督管理关系到人民的安全、健康，如何做好监督管理首先要掌握食品药品监督管理的原则。食品药品监督管理的原则是管理部门对食品药品进行监督管理所依据的准则。

（一）质量原则

质量是组织的生命线，只有坚持质量至上，组织才能对其所面对的公众、机构负责。食品药品监督管理必须坚持这一原则，因为其监管的对象关系到人体的健康，质量不合格的产品将对人体的身心健康存在极大的风险，所以在监管中要重视质量原则，不符合质量规范的产品要坚决按法律规章进行监管和执法处治。

（二）安全原则

美国心理学家马斯洛提出的人类需求 5 层次学说，把需求分成生理需求、安全需求、归属与爱的需求、尊重需求和自我实现需求五类，依次由较低层次到较高层次排列。安全需求是人类在满足了最基本的生理需求的基础上的进一步需求，药品是用来增进人体健康的，用于治疗疾病、预防疾病、诊断疾病等，如果药品对人体不安全，那就事与愿违，所以在监管过程中要注重安全原则。

（三）经济原则

现阶段我国食品药品监督管理的投入无论从资金、人力、技术等方面来看都是不足的，但作为政府主管食品药品安全的部门，要构建经济合理的监管方案，为人群提供食品药品的安全保障。

（四）依法行政原则

法律、法规是食品药品监督管理行政执法的唯一依据，监督管理部门应该做什么、不该做什么和如何做都必须服从法律、法规的有关规定。

（五）科学监管原则

树立和落实科学监管理念，做到实事求是，在科学理论的指导下，运用科学先进的方法和技术，努力维护人群的饮食用药安全。

（六）强化监督原则

为了严格按照法律规定的职责和程序办事，防止滥用职权、以权谋私和不负责任，必须从制度上强化监督机制，在完善内部监督的同时，自觉接受来自专门监督机关、舆论监督部门、全社会和监督相对人的监督。《行政诉讼法》实施后，在案件处理过程中引进听证程序，是逐步强化监督机制的重要体现。

第二节 药品质量监督管理

一、质量监督管理

（一）质量监督管理的概念和特点

1. 概念 国际标准化组织（ISO）对质量监督的定义是："为了确保满足规定的要求，对实体的状况进行连续的监视和验证，并对记录进行分析（ISO/8402 - 1994，GB/T6583 - 1994）。"

质量监督管理是指政府相关部门根据政府法令或规定，对产品、服务质量和企业保证质量所具备的条件进行监督的活动。

2. 特点 ①质量监督是一种质量分析和评价活动，监督的对象是产品、服务、质量体系、生产条件、有关的质量文件和记录等；②质量监督的依据是各种质量法规和产品技术标准；③质量监督的范围包括从生产、运输、贮存到销售流通的整个过程；④质量监督的目的是保护消费者、社会和国家的利益不受侵害，维护正常的社会经济秩序，促进市场经济的发展。

（二）药品质量监督管理的概念和内容

1. 概念 药品质量监督管理是指政府药监部门，依据法律授权及法定的药品标准、法规、制度、政策，对本国研制、生产、销售、使用的药品质量（包括进出口药品质量）及影响药品质量的工作质量、保证体系的质量所进行的监督管理。

药品质量监督管理的目的和依据：①药品质量监督管理是政府为了保证和控制药品质量所进行的监督管理活动；②国家通过制定、颁布药品管理法律、行政法规，强制推行对药品质量的监督管理；③通过立法授权（或最高当局授权）政府的药品监督管理部门行使药品质量监督管理的职权。

药品标准是国家对药品质量规格及检验方法所做的技术规定，是药品生产、供应、使用、检验和管理部门共同遵循的法定依据。凡正式批准生产的药品、辅料和基质，以及商品经营的中药材，都要制定标准。国家药品标准是法定的强制性标准。国家药品标准包括CFDA颁布的《中华人民共和国药典》、药品注册标准和其他药品标准。

药品标准有狭义、广义两种，狭义的药品标准是指药品质量规格和检验方法的技术标准，如《中国药典》；广义的药品标准是指药品质量的技术标准和药品研制、生产、经营、使用管理工作的标准，如《药品生产质量管理规范》（GMP）、《药品供应贮运管理规范》（GSP）、《新药临床试验规范》（GCP）、《中药材生产质量管理规范（试行）》

（GAP）等。制定药品标准的原则是质量第一，充分体现"安全有效、技术先进、经济合理"的理念，使药品标准起到促进提高药品质量、择优发展的作用。

2. 药品质量监督管理内容　现阶段药品质量监督管理内容包括药品管理、药事组织管理和执业药师管理三个方面，主要内容有：①制定和执行药品标准；②制定国家基本药物目录；③实行新药审批制度，生产药品审批制度，进口药品注册、检验制度，负责药品检验；④建立和执行药品不良反应监测报告制度；⑤药品的再评价和药品品种的整顿和淘汰；⑥严格控制麻醉药品、精神药品和毒性药品，确保人们用药安全；⑦对药品生产企业、经营企业、医疗机构和中药材市场的药品进行抽查、检验，及时处理药品质量问题；⑧指导药品生产企业和药品经营企业的药品检验机构和人员的业务工作；⑨行使监督权，调查、处理药品质量、中毒事故，取缔假药，处理不合格药品，执行行政处罚，对需要追究刑事责任的向司法部门控告。

二、中国药品生产质量管理规范

（一）概念

中国《药品生产质量管理规范》（Good Manufacture Practice of Drugs，GMP）是对中国境内的药品生产企业进行的药品生产和质量管理的基本准则，适用于药品制剂生产的全过程和原料药生产中影响成品质量的关键工序。要求企业从原料、人员、设施设备、生产过程、包装运输、质量控制等方面按国家有关法规达到卫生质量要求，形成一套可操作的作业规范，帮助企业及时发现生产过程中存在的问题，并加以改善。GMP要求制药生产企业应具备良好的生产设备，合理的生产过程，完善的质量管理和严格的检测系统，最终确保产品质量符合法规要求。

为保证药品生产企业能按GMP规范进行生产，国家特制定了《药品生产质量管理规范认证管理办法》，依法对药品生产企业（车间）和药品品种实施GMP监督检查。药品GMP认证中，虽然国际上药品的概念包括兽药，但只有中国和澳大利亚等少数几个国家是将人用药GMP和兽药GMP分开。我国的药品GMP认证分为国家和省两级进行，根据《中华人民共和国药品管理法实施条例》的规定，省级以上人民政府药品监督管理部门应当按照《药品生产质量管理规范》和国务院药品监督管理部门规定的实施办法和实施步骤，组织对药品生产企业的认证工作；符合《药品生产质量管理规范》的，发给认证证书。其中，生产注射剂、放射性药品和国务院药品监督管理部门规定的生物制品的药品生产企业的认证工作，由国务院药品监督管理部门负责。

（二）发展历史

1. GMP的由来　1961年，一直曾用于妊娠反应的药物"反应停"，导致成千上万的畸胎，波及世界各地，受害人数超过15000人。出生的婴儿没有臂和腿，手直接连接在躯体上，形似海豹，被称为"海豹肢"，这样的畸形婴儿死亡率达50%以上。在市场上流通了6年的该药品未经严格的临床试验，并且，最初生产该药的药厂曾隐瞒收到的有关该药毒性的一百多例报告。致使一些国家如日本迟至 1963 年才停止使用反应停，导致了近千例畸形婴儿的出生。而美国是少数幸免于难的国家之一，原因是 FDA 在审查此药时发现该药品缺乏足够的临床试验资料而拒绝进口。"反应停"事件让世界范围内的药品监管部门都陷入深思，这一事件促使了 GMP 诞生。

1963 年，美国 FDA 颁布了世界上第一部《药品生产质量管理规范》，从此，GMP 在世界各国或联邦组织得到不断更新和发展。目前，GMP 制度愈加"国际化"，国家的规范不断向国际性规范靠拢或由其取代；二是 GMP 制度愈加有效和实用，朝着"治本"的方向发展；三是对人的素质要求和系统管理愈加严格和提高。

2. 中国 GMP 的发展

（1）GMP 的正式颁布　1982 年，中国医药工业公司制定了《药品生产质量管理规范》并在医药行业推行，该试行本经修订后于 1985 年作为 GMP 正式颁布，并要求全行业执行。我国政府的 GMP 制定工作始于 1984 年，经过对我国药品生产状况历时 5 年的调研、分析和多次修改，于 1988 年 3 月由中华人民共和国卫生部正式颁布，此为我国的第一版 GMP。

（2）GMP 的修订　1992 年修订颁布了第二版 GMP。1998 年原国家药品监督管理局对我国的 GMP 进行了第二次修订，并于 1999 年 3 月 18 日颁布了我国的第三版 GMP，该版 GMP 自 1999 年 8 月 1 日起实施，其适用范围是药品制剂生产的全过程和原料药生产中影响成品质量的精、烘、包等关键环节。根据中华人民共和国卫生部部长签署的 2011 年第 79 号令，《药品生产质量管理规范》（2010 年修订），已于 2010 年 10 月 19 日经卫生部部务会议审议通过，自 2011 年 3 月 1 日起施行。

（三）中国《药品生产质量管理规范（2010 年修订）》

我国自 1988 年第一次颁布药品 GMP 至今已有 20 多年，其间经历 1992 年和 1998 年两次修订，截至 2004 年 6 月 30 日，实现了所有原料药和制剂均在符合药品 GMP 的条件下生产的目标。

新版药品 GMP 共 14 章、313 条，相对于 1998 年修订的药品 GMP，篇幅大量增加。新版药品 GMP 吸收国际先进经验，结合我国国情，按照"软件硬件并重"的原则，贯彻质量风险管理和药品生产全过程管理的理念，更加注重科学性，强调指导性和可操作性，达到了与世界卫生组织药品 GMP 的一致性。

中国新版 GMP 与 1998 版相比从管理和技术要求上具有相当大的进步。特别是在无菌制剂和原料药的生产方面提出了很高的要求，新版 GMP 以欧盟 GMP 为基础，考虑到国内差距，以 WHO2003 版为底线。新版 GMP 认证有两个时间节点：药品生产企业血液制品、疫苗、注射剂等无菌药品的生产，应在 2013 年 12 月 31 日前达到新版药品 GMP 要求；其他类别药品的生产均应在 2015 年 12 月 31 日前达到新版药品 GMP 要求。未达到新版药品 GMP 要求的企业（车间），在上述规定期限后不得继续生产药品。

新版药品 GMP 修订的主要特点：一是加强了药品生产质量管理体系建设，大幅提高对企业质量管理软件方面的要求。细化了对构建实用、有效质量管理体系的要求，强化药品生产关键环节的控制和管理，以促进企业质量管理水平的提高。二是全面强化了从业人员的素质要求。增加了对从事药品生产质量管理人员素质要求的条款和内容，进一步明确职责。如新版药品 GMP 明确药品生产企业的关键人员包括企业负责人、生产管理负责人、质量管理负责人、质量受权人等必须具有的资质和应履行的职责。三是细化了操作规程、生产记录等文件管理规定，增加了指导性和可操作性。四是进一步完善了药品安全保障措施。引入了质量风险管理的概念，在原辅料采购、生产工艺变更、操作中的偏差处理、发现问题的调查和纠正、上市后药品质量的监控等方面，增加了供应商审计、变更控制、纠正和预防措施、产品质量回顾分析等新制度和措施，对各个环节可能出现的风险进行管理和控制，主动防范质量事故的发生。提高了无菌制剂生产环境标准，增加了生产环境在线监测要求，提高了无菌药品的质量保证水平。

第三节　医疗器械的监督与管理

随着科学技术水平的不断提高，高科技在医疗设备和器械中被广泛应用，使医学科技的发展进入了一个崭新的时代，人们借助于高技术设备，使疾病的预防、诊断、治疗达到了一个新的高度，切实做好医疗器械的监督管理，能最大限度地为临床和科研服务，提高人群的健康水平。

为了保证医疗器械的安全、有效，保障人体健康和生命安全，2000 年 1 月 4 日国务院发布《医疗器械监督管理条例》（以下简称《条例》），并于 2014 年 2 月 12 日修订，自 2014 年 6 月 1 日起施行。

在中华人民共和国境内从事医疗器械的研制、生产、经营、使用活动及其监督管理，应当遵守本条例。国务院食品药品监督管理部门负责全国医疗器械监督管理工作。国务院有关部门在各自的职责范围内负责与医疗器械有关的监督管理工作。县级以上地方人民政府食品药品监督管理部门负责本行政区域的医疗器械监督管理工作。县级以上地方人民政府有关部门在各自的职责范围内负责与医疗器械有关的监督管理工作。国务院食品药品监督管理部门应当配合国务院有关部门，贯彻实施国家医疗器械产业规划和政策。

一、医疗器械管理分类制度

（一）医疗器械分类管理

国家对医疗器械按照风险程度实行分类管理，国务院食品药品监督管理部门充分听取医疗器械生产经营企业以及使用单位、行业组织的意见，并参考国际医疗器械分类实践，适时调整分类目录，医疗器械分类目录向社会公布。目录分为低、中、高风险 3 类。

第一类是风险程度低，实行常规管理可以保证其安全、有效的医疗器械。

第二类是具有中度风险，需要严格控制管理以保证其安全、有效的医疗器械。

第三类是具有较高风险，需要采取特别措施严格控制管理以保证其安全、有效的医疗器械。

（二）医疗器械风险评价

医疗器械的研制应当遵循安全、有效和节约的原则。国家鼓励医疗器械的研究与创新，发挥市场机制的作用，促进医疗器械新技术的推广和应用，推动医疗器械产业的发展。但对医疗器械的风险要进行评价，判断其分类管理的类别。

评价医疗器械风险程度，应当考虑医疗器械的预期目的、结构特征、使用方法等因素。

国务院食品药品监督管理部门根据医疗器械生产、经营、使用情况，及时对医疗器械的风险变化进行分析、评价，对分类目录进行调整。

（三）产品标准

医疗器械产品应当符合医疗器械强制性国家标准；尚无强制性国家标准的，应当符合医疗器械强制性行业标准。

一次性使用的医疗器械目录由国务院食品药品监督管理部门会同国务院卫生计生主管部门制定、调整并公布。重复使用可以保证安全、有效的医疗器械，不列入一次性使用的医疗器械目录。对因设计、生产工艺、消毒灭菌技术等改进后重复使用可以保证安全、有效的医疗器械，应当调整出一次性使用的医疗器械目录。

二、医疗器械注册制度

医疗器械的生产严格按医疗器械产品注册与备案制度实行，第一类医疗器械实行产品备案管理，第二类、第三类医疗器械实行产品注册管理。

（一）注册提交资料

第一类医疗器械产品备案和申请第二类、第三类医疗器械产品注册，应当提交下列资料：①产品风险分析资料；②产品技术要求；③产品检验报告；④临床评价资料；⑤产品说明书及标签样稿；⑥与产品研制、生产有关的质量管理体系文件；⑦证明产品安全、有效所需的其他资料。

医疗器械注册申请人、备案人应当对所提交资料的真实性负责。

（二）第一类医疗器械备案

第一类医疗器械产品备案，由备案人向所在地区的市级人民政府食品药品监督管理部门提交备案资料。其中，产品检验报告可以是备案人的自检报告；临床评价资料不包括临床试验报告，可以是通过文献、同类产品临床使用获得的数据证明该医疗器械安全、有效的资料。

向我国境内出口第一类医疗器械的境外生产企业，由其在我国境内设立的代表机构或者指定我国境内的企业法人作为代理人，向国务院食品药品监督管理部门提交备案资料和备案人所在国（地区）主管部门准许该医疗器械上市销售的证明文件。

备案资料载明的事项发生变化的，应当向原备案部门变更备案。

（三）医疗器械注册

申请第二类医疗器械产品注册，注册申请人应当向所在地省、自治区、直辖市人民政府食品药品监督管理部门提交注册申请资料。申请第三类医疗器械产品注册，注册申请人应当向国务院食品药品监督管理部门提交注册申请资料。

向我国境内出口第二类、第三类医疗器械的境外生产企业，应当由其在我国境内设立的代表机构或者指定我国境内的企业法人作为代理人，向国务院食品药品监督管理部门提交注册申请资料和注册申请人所在国（地区）主管部门准许该医疗器械上市销售的证明文件。

第二类、第三类医疗器械产品注册申请资料中的产品检验报告应当是医疗器械检验机构出具的检验报告；临床评价资料应当包括临床试验报告，但依照《医疗器械监督管理条例》第十七条的规定免于进行临床试验的医疗器械除外。

医疗器械注册证有效期为 5 年，有效期届满需要延续注册的，应当在有效期届满 6 个月前向原注册部门提出延续注册的申请。有下列情形之一的，不予延续注册：①注册人未在规定期限内提出延续注册申请的；②医疗器械强制性标准已经修订，申请延续注册的医疗器械不能达到新要求的；③对用于治疗罕见疾病以及应对突发公共卫生事件急需的医疗器械，未在规定期限内完成医疗器械注册证载明事项的。

对新研制的尚未列入分类目录的医疗器械，申请人可以依照本条例有关第三类医疗器械产品注册的规定直接申请产品注册，也可以依据分类规则判断产品类别并向国务院食品药品监督管理部门申请类别确认后依照《条例》的规定申请注册或者进行产品备案。

（四）监管部门职责

受理注册申请的食品药品监督管理部门应当自受理之日起 3 个工作日内将注册申请资料转交技术审评机构。技术审评机构应当在完成技术审评后向食品药品监督管理部门提交审评意见。

受理注册申请的食品药品监督管理部门应当自收到审评意见之日起 20 个工作日内做出决定。对符合安全、有效要求的，准予注册并发给医疗器械注册证；对不符合要求的，不予注册并书面说明理由。

国务院食品药品监督管理部门在组织对进口医疗器械的技术审评时认为有必要对质量管理体系进行核查的，应当组织质量管理体系检查技术机构开展质量管理体系核查。

接到延续注册申请的食品药品监督管理部门应当在医疗器械注册证有效期届满前做出准予延续的决定。逾期未做决定的，视为准予延续。

直接申请第三类医疗器械产品注册的，国务院食品药品监督管理部门应当按照风险程度确定类别，对准予注册的医疗器械及时纳入分类目录。申请类别确认的，国务院食品药品监督管理部门应当自受理申请之日起 20 个工作日内对该医疗器械的类别进行判定并告知申请人。

三、医疗器械生产、经营准入制度

(一) 医疗器械生产准入监管

1. 生产企业条件　从事医疗器械生产活动,应当具备下列条件:有与生产的医疗器械相适应的生产场地、环境条件、生产设备以及专业技术人员;有对生产的医疗器械进行质量检验的机构或者专职检验人员以及检验设备;有保证医疗器械质量的管理制度;有与生产的医疗器械相适应的售后服务能力;达到产品研制、生产工艺文件规定的其他要求。

医疗器械生产企业应当按照医疗器械生产质量管理规范的要求,建立健全与所生产医疗器械相适应的质量管理体系并保证其有效运行;严格按照经注册或者备案的产品技术要求组织生产,保证出厂的医疗器械符合强制性标准以及经注册或者备案的产品技术要求。

医疗器械生产企业应当定期对质量管理体系的运行情况进行自查,并向所在地省、自治区、直辖市人民政府食品药品监督管理部门提交自查报告。

医疗器械生产企业的生产条件发生变化,不再符合医疗器械质量管理体系要求的,医疗器械生产企业应当立即采取整改措施;可能影响医疗器械安全、有效的,应当立即停止生产活动,并向所在地县级人民政府食品药品监督管理部门报告。

2. 申请　从事第一类医疗器械生产的,由生产企业向所在地设区的市级人民政府食品药品监督管理部门备案并提交其符合上述规定的生产条件的证明资料。

从事第二类、第三类医疗器械生产的,生产企业应当向所在地省、自治区、直辖市人民政府食品药品监督管理部门申请生产许可并提交其符合生产条件的证明资料以及所生产医疗器械的注册证。

3. 名称和说明书　医疗器械应当使用通用名称。通用名称应当符合国务院食品药品监督管理部门制定的医疗器械命名规则。

医疗器械应当有说明书、标签。说明书、标签的内容应当与经注册或者备案的相关内容一致。医疗器械的说明书、标签应当标明的事项:通用名称、型号、规格;生产企业的名称和住所、生产地址及联系方式;产品技术要求的编号;生产日期和使用期限或者失效日期;产品性能、主要结构、适用范围;禁忌证、注意事项以及其他需要警示或者提示的内容;安装和使用说明或者图示;维护和保养方法,特殊储存条件、方法;产品技术要求规定应当标明的其他内容。

第二类、第三类医疗器械还应当标明医疗器械注册证编号和医疗器械注册人的名称、地址及联系方式。

由消费者个人自行使用的医疗器械还应当具有安全使用的特别说明。

4. 委托生产　委托生产医疗器械,由委托方对所委托生产的医疗器械质量负责。受托方应当是符合本条例规定、具备相应生产条件的医疗器械生产企业。委托方应当加强对受托方生产行为的管理，保证其按照法定要求进行生产。

具有高风险的植入性医疗器械不得委托生产，具体目录由国务院食品药品监督管理部门制定、调整并公布。

医疗器械生产企业发现其生产的医疗器械不符合强制性标准、经注册或者备案的产品技术要求或者存在其他缺陷的，应当立即停止生产，通知相关生产经营企业、使用单位和消费者停止经营和使用，召回已经上市销售的医疗器械，采取补救、销毁等措施，记录相关情况，发布相关信息，并将医疗器械召回并将处理情况向食品药品监督管理部门和卫生计生主管部门报告。

（二）医疗器械经营准入制度

1. 经营条件　从事医疗器械经营活动，应当有与经营规模和经营范围相适应的经营场所和贮存条件，以及与经营的医疗器械相适应的质量管理制度和质量管理机构或者人员。

从事第二类医疗器械经营的，由经营企业向所在地设区的市级人民政府食品药品监督管理部门备案并提交其符合《条例》第二十九条规定条件的证明资料。

从事第三类医疗器械经营的，经营企业应当向所在地设区的市级人民政府食品药品监督管理部门申请经营许可并提交其符合《条例》第二十九条规定条件的证明资料。

2. 经营监管　受理经营许可申请的食品药品监督管理部门应当自受理之日起 30 个工作日内进行审查，必要时组织核查。对符合规定条件的，给予许可并发给《医疗器械经营许可证》；对不符合规定条件的，不予许可并书面说明理由。

医疗器械经营许可证有效期为 5 年。有效期届满需要延续的，依照有关行政许可的法律规定办理延续手续。

3. 经营监管　医疗器械经营企业、使用单位购进医疗器械，应当查验供货者的资质和医疗器械的合格证明文件，建立进货查验记录制度。从事第二类、第三类医疗器械批发业务以及第三类医疗器械零售业务的经营企业，还应当建立销售记录制度。记录事项包括：①医疗器械的名称、型号、规格、数量；②医疗器械的生产批号、有效期、销售日期；③生产企业的名称；④供货者或者购货者的名称、地址及联系方式；⑤相关许可证明文件编号等。

进货查验记录和销售记录应当真实，并按照国务院食品药品监督管理部门规定的期限予以保存。国家鼓励采用先进技术手段进行记录。

运输、贮存医疗器械，应当符合医疗器械说明书和标签标示的要求；对温度、湿度等环境条件有特殊要求的，应当采取相应措施，保证医疗器械的安全、有效。

医疗器械经营企业、使用单位不得经营、使用未依法注册、无合格证明文件以及过期、失效、淘汰的医疗器械。

医疗器械使用单位之间转让在用医疗器械，转让方应当确保所转让的医疗器械安全、有效，不得转让过期、失效、淘汰以及检验不合格的医疗器械。

4. 医疗器械出入境管理　进口的医疗器械应当是依照《条例》第二章的规定已注册或者已备案的医疗器械。进口的医疗器械应当有中文说明书、中文标签。说明书、标签应当符合《条例》规定以及相关强制性标准的要求，并在说明书中载明医疗器械的原产地以及代理人的名称、地址、联系方式。没有中文说明书、中文标签或者说明书、标签不符合《条例》规定的，不得进口。

出入境检验检疫机构依法对进口的医疗器械实施检验；检验不合格的，不得进口。

国务院食品药品监督管理部门应当及时向国家出入境检验检疫部门通报进口医疗器械的注册和备案情况。进口口岸所在地出入境检验检疫机构应当及时向所在地设区的市级人民政府食品药品监督管理部门通报进口医疗器械的通关情况。

出口医疗器械的企业应当保证其出口的医疗器械符合进口国（地区）的要求。

医疗器械经营企业发现其经营的医疗器械存在前款规定情形的，应当立即停止经营，通知相关生产经营企业、使用单位、消费者，并记录停止经营和通知情况。医疗器械生产企业认为属于依照前款规定需要召回的医疗器械，应当立即召回。

小　结

1. 食品药品监督与管理是由从国家食品药品监督管理总局，到省、地市、县级的食品药品监督管理局负责执行的。

2. 食品药品管理的法律有：《中华人民共和国食品安全法》《中华人民共和国药品管理法》。食品药品监督管理应坚持的原则包括质量原则、安全原则、经济原则、依法行政原则、科学监管原则、强化监督原则等。

3. 药品质量监督管理是指政府药监部门，依据法律授权及法定的药品标准、法规、制度、政策，对本国研制、生产、销售、使用药品的质量（包括进出口药品质量）及影响药品质量的工作质量、保证体系的质量所进行的监督管理。如《药品生产质量管理规范》《药品经营质量管理规范》《医疗器械监督管理条例》等，对药品和医疗器械的生产、流通安全做出了严格规范，有利于提高人群的健康水平。

思　考　题

1. 食品安全监管部门有哪些？其责任是什么？
2. 药品生产质量管理的关键点有哪些？为保证药品生产的质量有何建议？
3. 医疗器械经营中存在哪些问题？请给出问题解决建议。

【案例】

某医疗机构使用未经注册的境外"肝素帽"

2010 年 12 月 17 日，某食药监局执法人员对辖区内某医院进行日常监督检查时发现，该院使用的肝素帽，标示生产单位为 B. Braun Melsungen AG（中文名称为德国贝朗梅尔松根股份有限公司）。但该院提供的医疗器械产品注册证为国产注册证，证号：国食药监械（进）字 2008 第 3660266 号，且该产品外包装无中文标识，执法人员对产品合法性产生怀疑，当事人（院方）也不能做出合理解释，执法人员遂依法对上述医疗器械进行扣押。该院共购进上述两个批号的肝素帽 6000 支，至案发时，已使用肝素帽 3700 支，售价 10 元／支。

案件调查过程中，经发函证明：上述产品在中国境内的合法经销商为贝朗医疗（上海）国际贸易有限公司；但公司也回函证明，上述产品不属于其公司进口、经销的由 B. Braun Melsungen AG 生产且在中国大陆境内注册的产品。

经进一步调查证实，该院使用的标示 B. Braun Melsungen AG 生产的肝素帽（批号：7C16018101、7B13018101）是从上海某医疗器械公司购进，该公司曾被授权经销由 B. Braun Melsungen AG 生产的肝素帽，但授权期限已过。

案件调查过程中，该院提供了上述产品的购进票据、医疗器械注册证复印件、供货方资质材料复印件、产品入库出库记录。

讨论：

1. 如何对这一案例进行定性？
2. 依据 2014 年的《医疗器械监督管理条例》如何对其进行监管？

第十三章 疾病预防控制与卫生应急管理

学习目标：通过本章学习，要求学生了解疾病预防控制管理的主要任务与评价。熟悉疾病预防控制管理的概念、特点、原则和方法，熟悉卫生应急管理的基本原则和卫生应急法制、体制与机制的相关内容。掌握疾病预防控制管理体系及疾病预防控制的主要任务，卫生应急管理的相关概念，卫生应急预案的相关内容。

第一节 疾病预防控制

一、疾病预防控制管理概述

（一）疾病预防控制管理的基本概念

1. 疾病预防控制的概念和意义 疾病预防指实施预防的主体以保护健康为目的，通过干预，做好事前防备，消除影响机体健康的不利因素，以促进健康、保护健康、恢复健康为目的的一系列活动的总称。疾病预防有狭义及广义之分，狭义的疾病预防仅指病因预防，也叫初级预防，主要是针对致病因子或危险因素采取的措施，包括自我保健、健康教育、保护和改善环境等措施。广义的预防还包括对发病期所进行的防止或减缓疾病发展的主要措施，包括"三早"预防和康复治疗。

疾病控制指控制主体在疾病发生前后，为减少疾病在人群中传播或对已染病对象采取的一系列措施和方法的总称。疾病预防控制工作作为我国公共卫生事业的重要组成部分，承担着保障人民群众健康的重要职责，其工作成效直接关系到广大人民群众的身体健康，关系到人口素质的提高和社会经济的发展与稳定。

2. 疾病预防控制管理的概念 疾病预防控制管理指在政府主导下，疾病预防控制管理机构运用计划、组织、指挥、协调、控制等职能，科学合理地配置和使用相关卫生资源，对影响人民群众健康的重大疾病及危及健康的危险因素采取一系列科学有效的措施，以达到预防控制其发生、发展和流行，维护和提高广大人民群众的健康水平的目的。

（二）疾病预防控制管理的特点

1. 疾病预防控制管理工作专业技术性要求高、涉及知识面广 疾病预防控制管理是一项专业技术性很强的工作,其业务范围广泛,工作内容比较庞杂,涉及基础医学、临床医学、预防医学、流行病学、社会学、经济学、管理学等多学科知识。这就要求疾病预防控制管理要加强专业技术队伍建设,要提高专业队伍能力,引进高技术人才,强化技术培训,扩大技术交流,形成完善的专业技术体系。

2. 疾病预防管理具有公益属性 疾病预防控制管理工作承担着保障人民群众健康的首要职责,是政府公共政策中体现服务职能的重要组成部分。近年来,在经历一系列重大突发或渐进性事件后,我国疾病预防控制工作的定位更加清晰明确,即服务社会、服务公众。各级疾病预防控制机构逐渐取消原有的一些营利性的收费项目,市场化的企业投资与运营管理逐渐淡化,公共卫生技术与资源的投入被纳入国家公共政策涵盖的公益性服务之中。

3. 疾病预防控制管理的主体涉及面广 疾病预防控制管理的主体宽泛,从国家层面上来说,疾病预防控制管理的主体是各级各类行政事业单位,分别从不同职责角度负责任地承担起疾病预防控制的工作任务。

4. 疾病预防控制管理的客体复杂 疾病预防的客体包括了各类疾病及危及健康的危险因素。各类疾病如传染病、慢性病、地方病、职业病、寄生虫病等,危及健康的危险因素如食品、职业、环境、放射、学校卫生等影响人群生活、学习、工作等生存环境卫生质量及生命质量的危险因素。

5. 疾病预防控制管理工作需要广大民众的参与 疾病预防控制工作主要面对广大的城乡居民,其工作的开展,预防措施的落实,要发动和依靠群众,动员全社会参与。

(三)我国的疾病预防控制管理体系

1. 我国疾病预防控制管理体系的历史 1949年新中国刚刚成立,面临着严峻的传染病疫情形势,1949年10月至11月间察北地区发生肺鼠疫后,中央人民政府政务院迅速组建中央防疫委员会,成立了中国卫生总队。1949年11月1日中央人民政府卫生部正式成立,由公共卫生局负责全国卫生防疫工作的组织领导。1951年公共卫生局改称保健防疫局,1953年又改称卫生防疫局(卫生防疫司)。1953年1月经政务院批准在全国正式建立卫生防疫站。1956年,为加强血吸虫病防治工作的领导,卫生部增设血吸虫病防治局。1960年,为加强工业卫生工作的领导,卫生部增设工业卫生局。1964年卫生部颁布《卫生防疫站工作试行条例》,1979年卫生部修改颁布《全国卫生防疫站工作条例》。1989年卫生部分设卫生防疫司和卫生监督司,1995年卫生防疫司和地方病防治司合并成为疾病控制司,基层各乡镇政府设有卫生助理。卫生防疫事业经过半个世纪的实践和总结,到20世纪90年代已渐臻完善。卫生防疫行政管理部门和卫生防疫业务部门从两个方面承担着卫生防疫工作任务,构成了一个完整的卫生防疫体系。

在我国卫生体制改革的步伐中,为了与国际接轨,2001年4月卫生部发布《关于卫生监督体制改革实施的若干意见》和《关于疾病预防控制体制改革的指导意见》,把我国疾病控制与卫生监督职能分开。由于职能的变化,各级卫生防疫站在2002年陆续分离出卫生监督所(局)后改称为疾病预防控制中心,是疾病预防控制、公民健康权的维护的新保障体系。

2. 我国目前的疾病预防控制管理体系　我国的疾病预防控制体系主要由卫生行政部门、疾病预防控制机构、基层医疗卫生机构、医院及专业防治机构共同组成。具体来说，从职能上分为疾病预防控制行政管理体系和业务管理体系。

（1）卫生行政部门　卫生部会同有关部门负责全国疾病预防控制体系建设的规划与指导，负责国家疾病预防控制机构的管理，指导各级疾病预防控制机构的建设工作。县级以上地方人民政府卫生行政部门负责辖区疾病预防控制体系建设的规划指导，管理疾病预防控制机构，提高疾病预防控制和突发公共卫生事件应急处置能力。

（2）疾病预防控制机构　疾病预防控制机构在同级卫生行政部门的领导下开展职能范围内的疾病预防控制工作，承担上级卫生行政部门和上级疾病预防控制机构下达的各项工作任务。疾病预防控制机构分为国家级、省级、设区的市级和县级四级。总体来说，疾病预防控制机构的职能是：疾病预防与控制、突发公共卫生事件应急处置、疫情报告及健康相关因素信息管理、健康危害因素监测与干预、实验室检测分析与评价、健康教育与健康促进、技术管理与应用研究指导。

（3）各级各类医疗机构　各级各类医疗机构应当按照有关法律法规及有关规定，承担相应的疾病预防控制工作。

（4）城乡基层预防保健组织　城乡基层预防保健组织接受所在辖区疾病预防控制机构的指导，具体落实疾病预防控制任务。

二、疾病预防控制管理原则与方法

（一）疾病预防控制管理原则

1. 预防为主原则　预防是最经济、最有效的防治手段，在疾病预防控制工作中要坚定不移地贯彻执行"预防为主"的卫生工作方针，牢固树立大卫生的观念，制定科学、合理的综合防治策略和措施，积极开展疾病预防控制工作。

2. 服务原则　服务是疾病预防控制管理的核心和基础，其目的不仅是向社会、企业和公众提供有效服务，还要为他们追求和实现自身价值创造良好的条件。因此，要大力增强疾病预防控制管理机构的公共服务职能，发展和完善有关的公共设施，更好地满足社会公众的需要。

3. 人本原则　人本原则要求在疾病预防控制管理实践中要一切从人出发，调动人的主动性、创造性和积极性，要求始终把确保广大人民群众的身体健康作为管理工作的出发点和落脚点。

4. 效能原则　疾病预防控制管理应根据实际要求和目标，追求效率和有效性之间的有机统一，使管理的总体效能达到理想状态。

5. 法治管理原则　疾病预防控制工作的开展必须以国家的法律、行政法规为依据。

6. 分类指导原则　疾病预防控制工作是一项专业性很强的工作，其业务范围广，涉及多门学科知识，其管理人员不仅需要掌握管理知识，还必须具有相关的业务基础。从我国国情来看，由于人口众多、地域宽广，疾病预防控制工作点多、服务面广，各地疾病发病的病种和危害程度不同，预防控制工作水平也不平衡。因此，这就需要从人民群众的健康需求出发，因地制宜，突出重点，分类指导，采取切实有效措施，重点突出抓好严重危害人民健康、影响经济和社会发展与稳定的重大疾病防治。

（二）疾病预防控制管理方法

管理方法是指在管理活动中为实现管理目标、保证管理活动顺利进行所采取的具体方案和措施。从管理方法适用的普遍程度来看，疾病预防控制管理同所有的管理活动一样，都需要做好决策和为协调各方面的活动而进行的组织和控制，以保证预定目标的实现。因此，在疾病控制管理中运用的管理方法也包含任务管理法、系统管理法、目标管理法、人本管理法等通用管理方法，而作为公共卫生事业的一个重要组成部分，疾病预防控制管理还涉及行政管理方法等特有方法。从管理方法的定量化程度来看，疾病预防控制又可分为定性管理方法和定量管理方法。从管理方法和手段的强制性程度来看，疾病预防控制管理中运用的方法又可分为刚性方法和柔性方法。由于疾病预防控制体系庞杂，涉及因素较多，疾病预防控制管理的方法正朝着如下方向发展：

1. **系统化**　在疾病预防控制的传统管理中，行政方法是较为常用的管理方法，随着社会经济的发展和管理方法的变革，法律方法、经济方法、社会心理学方法等都被纳入了疾病预防控制管理之中，从而构成了一个系统的管理方法体系。

2. **民主化**　在计划经济体制管理体制下，由于行政管理是主要的管理方法，因而往往是自上而下的单线型的政府行为运作，随着社会法制化、民主化进程的加快，公共事业管理理念民主化的发展，疾病预防控制管理方法具有了民主化的特点，"使用者参与管理"，主张受疾病预防控制管理决策所影响的人，都应该进入到决策和运作过程之中。

3. **数据化**　随着科学技术的发展，特别是信息技术的革新，疾病预防控制管理中引入了大量的科学技术手段，必须将传统管理方法中的定性分析与定量分析结合起来，使管理日趋"数据化"和"科学化"。

第二节　疾病预防控制管理的主要任务与评价

一、疾病预防控制管理的主要任务

疾病预防控制管理涉及组织机构管理、人员管理、财务管理、信息管理等内容。疾病预防控制行政管理部门和疾病预防控制业务机构分别从不同方面承担着疾病预防控制管理工作，前者主要负责疾病预防控制政策、规划、计划、规范的制定和组织协调与实施，负责管理和发布疾病预防控制信息，负责管理疾病预防控制业务机构和人员培训等工作；后者主要承担疾病预防控制与公共卫生技术管理和服务。作为疾病预防控制业务的主体部门，疾病预防控制中心的主要管理任务为：

（一）疾病预防与控制

组织实施疾病预防控制工作规划、方案，预防控制相关疾病的发生与流行；开展疾病监测；研究传染病、寄生虫病、地方病、非传染性疾病等疾病的分布，探讨疾病的发生、发展的原因和流行规律；提供制定预防控制策略与措施的技术保障。其中，相关疾病的预防控制主要包括传染病、慢性病、地方病、职业病等。

（二）突发公共卫生事件应急处置

开展突发公共卫生事件处置和救灾防病的应急准备，对突发公共卫生事件、灾后疫病进行监测报告，提供预测预警信息，开展现场调查处置和效果评估也是疾病预防控制中心的一项管理任务。

（三）疫情报告及健康相关因素信息管理

管理疾病预防控制信息系统，收集、报告、分析和评价疾病与健康危害因素等公共卫生信息，为疾病预防控制决策提供依据，为社会和公众提供信息服务。随着大数据社会的发展，逐步建立健全收集、报告、分析和评价疾病与健康危害与预警的专业数据平台，提高政府、专业队伍的工作效率，必然是未来卫生管理事业及疾病预防控制的发展方向。

（四）健康危害因素监测与干预

持续系统地收集、分析与健康危害因素相关的信息，及时发现危害健康和影响生命安全的因素，为制定卫生政策、进行区域卫生规划、评价各类疾病预防控制措施等提供科学依据。

（五）实验室检测检验与评价

研究、应用实验室检测与分析技术，开展传染性疾病病原微生物的检测检验，开展中毒事件的毒物分析，开展疾病和健康危害因素的生物、物理、化学因子的检测、鉴定和评价，为突发公共卫生事件的应急处置、传染性疾病的诊断、疾病和健康相关危害因素的预防控制及卫生监督执法等提供技术支撑，为社会提供技术服务。

（六）健康教育与健康促进管理

健康教育是通过社会和教育活动，促使人们自觉改变不良行为和影响健康行为的相关因素，消除或减轻影响健康的危险因素，预防疾病，促进健康和提高生活质量。健康教育是能否实现初级卫生保健任务的关键，是疾病预防控制管理工作的一项重要内容。健康教育的核心问题是促使个体或群体改变不健康的行为和生活方式，尤其是组织行为改变。健康促进是促使人们提高、维护和改善他们自身健康的过程。

（七）技术管理与应用研究指导

开展疾病预防控制工作业务与技术培训，提供技术指导、技术支持和技术服务；开展应用性研究，开发引进和推广应用新技术、新方法；指导和开展疾病预防控制工作绩效考核与评估。

二、疾病预防控制评价

疾病预防控制综合评价是疾病预防控制管理的重要环节，是对正在进行或者已经完成的疾病预防控制工作规划、计划、项目、方案、政策及其设计、实施和结果进行的系统而全面客观的评估。

（一）疾病预防控制综合评价的基本原则

1. 总体评价与单项评价相结合 在评价中，既要注意总体指标的达标程度、水平，又要具体分析为实现总体目标而采取的各个具体工作指标的达标程度、水平，从而找出工作中的不足、重点和难点，制定采取相应的对策与措施，促进各个具体指标的达标和总体目标的实现。

2. 目标评价与过程评价相结合 目标评价反映疾病预防控制工作管理水平，从质量到数量诸方面是否能达到有关规划和计划目标要求，主要是对计划目标的评价。围绕确立的计划目标，评价目标的科学性、合理性和可行性，最终评价计划目标的达标程度，同时为过程评价提供了方向。过程评价反映有关规划、计划实施工作中的有效程度，是对疾病预防控制计划实施过程绩效的评价，评价计划是否有序高效地组织与实施。

3. 定性评价与定量评价相结合 定量评价是对评价对象进行数量的测评和度量。疾病预防控制工作有些是难以量化的工作指标，因此在评价体系中，还包含有定性评价。定性描述与定量分析相结合，使评价工作更能反映真实情况。

（二）疾病预防控制综合评价方法

目前在疾病预防控制中采用的综合评价方法主要是定性和定量分析法，常用的有层次分析法和模糊综合评价法。

层次分析法是将与决策总是有关的元素分解成目标、准则、方案等层次，在此基础之上进行定性和定量分析的决策方法。

模糊综合评价法是一种基于模糊数学的综合评标方法。该综合评价法根据模糊数学的隶属度理论把定性评价转化为定量评价，即用模糊数学对受到多种因素制约的事物或对象做出一个总体的评价。它具有结果清晰、系统性强的特点，能较好地解决模糊的、难以量化的问题，适合各种非确定性问题的解决。

第三节 卫生应急管理概述

一、卫生应急管理相关概念

（一）突发事件和突发公共卫生事件

1. 突发事件 是指突然发生，造成或者可能造成严重社会危害，需要采取应急处置措施予以应对的自然灾害、事故灾难、公共卫生事件和社会安全事件。我国按照社会危害程度、影响范围等因素把突发事件分为特别重大、重大、较大和一般四级。

2. 突发公共卫生事件　突发公共卫生事件是指突然发生，造成或者可能造成社会公众健康严重损害的重大传染病疫情、群体性不明原因疾病、重大食物和职业中毒以及其他严重影响公众健康的事件。根据其性质、危害程度、涉及范围，突发公共卫生事件划分为特别重大（Ⅰ级）、重大（Ⅱ级）、较大（Ⅲ级）和一般（Ⅳ级）四级，依次用红色、橙色、黄色、蓝色进行预警标识。

（二）卫生应急

卫生应急是指在突发公共卫生事件发生前或出现后，采取监测预警、现场调查与处置、物资储备、紧急医疗救援、危机沟通、心理援助以及恢复和重建等措施，及时对产生突发公共卫生事件的因素进行预防，对已出现的突发公共卫生事件进行处置和控制，以减少其对社会危害性的一系列活动的总称。卫生应急的主要任务包括两部分：一是对突发公共卫生事件的预防和控制，二是对其他种类公共事件的紧急医学救援。

（三）卫生应急管理

卫生应急管理是在突发公共卫生事件发生前、发生中、发生后的各个阶段，对所有可能导致公共卫生事件发生的因素进行有计划、有组织地系统预测、分析、防范，并在突发公共卫生事件爆发后迅速用有效的方法对其加以干预和控制，使其造成的损失减至最小的管理过程，也即是对突发公共卫生事件的预防与准备、响应与处置、恢复与重建等过程的计划、组织、领导、协调和控制。

二、卫生应急管理的基本原则

在《国家突发公共卫生事件应急预案》中提出了卫生应急管理的四项基本原则：

（一）预防为主，常备不懈

提高全社会对突发公共卫生事件的防范意识，落实各项防范措施，做好人员、技术、物资和设备的应急储备工作。对各类可能引发突发公共卫生事件的情况要及时进行分析、预警，做到早发现、早报告、早处理。

（二）统一领导，分级负责

根据突发公共卫生事件的范围、性质和危害程度，对突发公共卫生事件实行分级管理。各级人民政府负责突发公共卫生事件应急处理的统一领导和指挥，各有关部门按照预案规定，在各自的职责范围内做好突发公共卫生事件应急处理的有关工作。

（三）依法规范，措施果断

地方各级人民政府和卫生行政部门要按照相关法律、法规和规章的规定，完善突发公共卫生事件应急体系，建立健全系统、规范的突发公共卫生事件应急处理工作制度，对突发公共卫生事件和可能发生的公共卫生事件做出快速反应，及时、有效地开展监测、报告和处理工作。

（四）依靠科学，加强合作

突发公共卫生事件应急工作要充分尊重和依靠科学，要重视开展防范和处理突发公共卫生事件的科研和培训，为突发公共卫生事件应急处理提供科技保障。要广泛组织、动员公众参与突发公共卫生事件的应急处理。

三、卫生应急管理内容

在我国，卫生应急管理工作起步较晚，其内容正在不断完善中。卫生应急管理的内容可以从不同的角度来解析。

（一）管理要素

从管理要素上来看，卫生应急管理包括了人、财、物、技术和信息等管理。人员管理包括对卫生应急专业队伍、卫生应急专家队伍及其他人员的管理。资金管理指对来源于不同途径的卫生应急资金进行管理，是政府财政部门的一项重要管理内容。卫生应急物资管理主要涉及应急物资的储备、调用和耗损管理。卫生信息管理指在卫生应急的整个工作中，对于突发公共卫生事件发生、发展和处置的全过程信息的收集、报告、分析和利用，信息管理是应急工作得以顺利开展的关键。

（二）管理体系

从管理体系上，卫生应急管理的核心内容是"一案三制"。在我国，应急管理的主要内容是围绕"一案三制"来进行的。应急管理的"一案三制"体系是具有中国特色的应急管理体系。卫生应急管理作为我国的一项专项应急工作，同样要围绕着"一案三制"来进行（图13－1）。

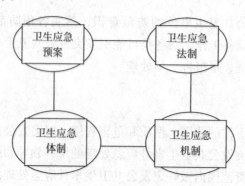

图 13 – 1　卫生应急体系的"一案三制"

（三）管理程序

从管理程序上，卫生应急管理的内容涉及了从卫生应急组织与规划管理直至应急处置后的卫生应急评估管理（图 13 - 2）。

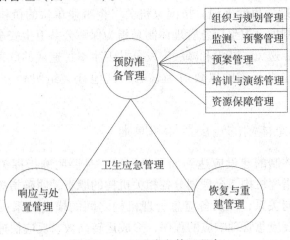

图 13 - 2　卫生应急管理程序

第四节　卫生应急法制、体制与机制

一、卫生应急法制

2003 年 5 月，我国出台了《突发公共卫生事件应急条例》，把突发公共卫生事件的处理纳入法制轨道。根据我国国情，并有利于与国际接轨，2004 年国家修订颁行的《传染病防治法》，从多方面对传染病防治进行了重要补充和修改。2007 年 8 月，全国人大常委会通过了《突发事件应对法》，标志着突发事件应对工作全面纳入法制化轨道。从总体上说，我国卫生应急法律体系已初步形成（图 13 - 3）。

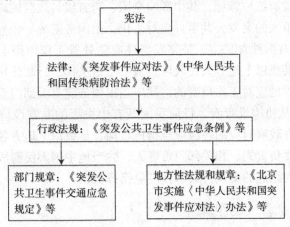

图 13 - 3　我国卫生应急法律体系简图

二、卫生应急体制

（一）卫生应急体制的概念

"体制"，从管理学角度来说，指国家机关、企事业单位的机构设置和管理权限划分及其相应关系的制度。卫生应急管理体制是指为保障公共卫生安全，有效预防和应对突发公共卫生事件，避免、减少和减缓突发公共卫生事件造成的危害，消除其对社会产生的负面影响，而建立起来的以政府为核心，其他社会组织和公众共同参与的有机体系。

（二）卫生应急体制的建设目标和原则

卫生应急管理体制的建设应达到如下目标：一是要明确指挥关系，建立一个规格高、有权威的应急指挥机构，合理划分各相关机构的职责，明确指挥机构和应急管理各相关机构之间的纵向关系，以及各应急管理机构之间的横向关系；二是要明确管理职能，科学设定一整套应急管理响应的程序，形成运转高效、反应快速、规范有序的突发公共事件行动功能体系；三是要明确管理责任，按照权责对等原则，通过组织整合、资源整合、信息整合和行动整合，形成政府应急管理的统一责任。

根据《突发事件应对法》，国家卫生应急管理体制的建设应遵循统一领导、综合协调、分级负责、属地管理为主的原则。

1. **统一领导**　在突发公共卫生事件的应对处置中，要由各级人民政府统一领导，成立应急指挥机构，对工作实行统一指挥。

2. **综合协调**　要加强统一领导下的综合协调能力建设，形成集指挥决策系统、信息中心、应急处置系统、物资保障系统、专家咨询系统为一体的协同配合体系。

3. **分级负责**　根据突发公共卫生事件的影响范围和事件的级别不同，确定突发公共事件应对工作由不同层级的政府负责。一般和较大的自然灾害、事故灾难、公共卫生事件的应急处置工作分别由发生地县级和设区的市级人民政府统一领导；重大和特别重大的，由省级人民政府统一领导，其中影响全国、跨省级行政区域或者超出省级人民政府处置能力的特别重大的突发公共事件应对工作，由国务院统一领导。

4. **属地管理**　有两种含义：一是突发事件应急处置工作原则上由地方负责，即由突发事件发生地的县级以上地方人民政府负责；二是法律、行政法规规定由国务院有关部门对特定突发事件的应对工作负责的，就应当由国务院有关部门管理为主。

5. **机构常设**　从机构设置看，目前我国既有中央级的非常设应急指挥机构和常设办事机构，又有地方政府对应的各级应急指挥机构，县级以上地方各级人民政府设立了由本级人民政府主要负责人、相关部门负责人、驻当地中国人民解放军和中国人民武装警察部队有关负责人组成的突发公共事件应急指挥机构。

（三）卫生应急管理的组织体系

卫生应急管理的组织体系有广义和狭义之分。广义的组织体系包括了政府及卫生应急相关机构、社会组织、人民群众和国际社会广泛参与的应急管理体系。狭义的组织体系仅指政府及卫生应急相关机构组成的应急管理指挥机构、日常管理和工作机构、专家咨询机构及专业技术机构。我们在此讨论狭义的卫生应急管理组织体系。

1. **卫生应急管理指挥机构** 突发公共卫生事件应急指挥中心是公共卫生应急指挥体系的核心，承担着卫生应急指挥的重任。在处置卫生应急指挥事件时，应急指挥中心需要为参与指挥的领导与专家准备指挥工作场所，提供多种方式的通讯与信息服务，监测并分析预测事件进展，为决策提供依据和支持。同时，按照国家规划，拟在"十二五"期间将应急指挥系统节点拓展至县级卫生系统，建立必要的移动应急指挥平台，以实现对各级各类突发公共事件卫生应急管理的统一协调指挥，实现卫生应急数据及时准确、信息资源共享、指挥决策高效。

2. **卫生应急日常管理机构** 各级卫生行政部门负责本辖区内突发公共卫生事件的应急管理工作，其内设的卫生应急工作机构承担突发公共卫生事件应急处置的日常管理和组织协调工作，其他相关机构在各自的职责范围内配合做好卫生应急管理工作。2004年，原卫生部正式设立了卫生应急管理办公室，此后，全国按国家、省、地市三级纷纷成立卫生应急管理机构的组织体系，负责本行政区域内卫生应急的日常管理和组织协调工作；突发公共卫生事件发生时，可作为同级政府应急处理指挥部的下设办公室，承担应急处理的协调工作。

3. **专家咨询委员会** 各级卫生行政部门应组建相应的突发公共卫生事件专家咨询委员会。委员会委员由相关领域中具有实践经验的专家组成，委员在突发公共卫生事件中发挥决策、咨询和参谋作用。专家咨询委员会负责对突发公共卫生事件的分级以及相应的控制措施提出建议；对突发公共卫生事件应急准备提出建议；参与制订、修订突发公共卫生事件应急预案和技术方案；对突发公共卫生事件应急处置提供技术指导，必要时参加现场应急处置工作；对突发公共卫生事件应急响应的终止、后期评估提出咨询意见；承担同级突发公共卫生事件应急处理指挥部（机构）及日常管理机构交办的其他工作。

4. **卫生应急专业技术机构** 卫生应急专业技术机构包括医疗救治机构、疾病预防控制机构、卫生监督机构、医学科研教学机构和采供血机构等。

三、卫生应急机制

（一）卫生应急机制的概念

卫生应急机制，是在应对突发公共卫生事件的全过程中所采用的管理机制，即在应对影响公众健康的突发公共事件的全过程中（含事前、事发、事中、事后），建立的一整套监测、预防、控制和快速应对的工作制度和运行机制。

（二）卫生应急机制的建设要求

1. **统一指挥** 统一指挥是建立卫生应急机制的最基本要求。应急指挥一般可分为集中指挥与现场指挥或场外指挥与场内指挥几种形式，但无论采用哪一种指挥系统都必须实行统一指挥模式，无论应急救援活动涉及单位级别高低和隶属关系不同，都必须在应急指挥部的统一组织协调下行动。

2. 反应灵敏　指突发公共卫生事件发生后，各级卫生行政部门要在当地政府的统一领导下，根据预案的规定和分级响应的原则，立即组织卫生应急专业队伍，迅速开展应急处置工作，将突发公共卫生事件控制在萌芽状态或最小范围，最大程度地降低突发公共卫生事件造成的危害。

3. 协调有序　协调有序指要加强指挥机构各成员单位的协调联动，各级卫生行政部门要与发展改革、教育、公安、民政、财政、铁道、交通、水利、农业、质检、民航、安全生产、林业、食品药品、旅游等相关部门建立协调、合作机制，及时掌握突发公共卫生事件及其他突发公共事件相关信息，及早采取相应的联防联控措施，有效应对各类突发事件。

4. 运转高效　运转高效一方面体现在效率上，即要能做到分级响应、分类处置，全面落实属地管理的责任，实现快速反应，各系统高效运转。另一方面体现在资源的节约上，要减少职能上的交叉重复，有机整合调动各方资源，使应急资源实现优化配置。

（三）我国卫生应急机制的主要内容

我国卫生应急机制正在不断的建设和完善中，目前，已大致形成了监测预警机制、信息发布和通报机制、指挥和决策机制、组织协调机制、应急响应机制、社会动员机制、应急保障机制、国际交流与合作机制、责任追究和奖励机制、恢复重建机制等相关机制。

1. 监测预警机制　监测机制在运行中包括了制订监测计划、建立完善监测网络和开展监测。各级卫生行政部门依据有关突发公共卫生事件应急处置法律法规及技术文件，针对不同类别的突发公共卫生事件，组织相关专业的专家制订适用于本地的各项监测计划和方案。在预警机制中，对于预警事件、预警级别和预警指标、预警信息的发布、预警实施等都有规范性的规定。

2. 信息报告与发布机制　国家建立突发事件应急报告制度。国务院卫生行政主管部门制定突发事件应急报告规范，建立重大、紧急疫情信息报告系统。国家建立突发事件举报制度，公布统一的突发事件报告、举报电话。国务院卫生行政主管部门负责向社会发布突发事件的信息，必要时，可以授权省、自治区、直辖市人民政府卫生行政主管部门向社会发布本行政区域内突发事件的信息。信息发布应当及时、准确、全面。发布内容要按照相关法律、法规、规章、预案的规定执行。发布可采取网络、新闻媒体等多种形式。

3. 指挥和决策机制　突发公共卫生事件发生后，国务院设立全国突发事件应急处理指挥部，由国务院有关部门和军队有关部门组成，国务院主管领导人担任总指挥，负责对全国突发事件应急处理的统一领导、统一指挥。省、自治区、直辖市人民政府成立地方突发事件应急处理指挥部，省、自治区、直辖市人民政府主要领导人担任总指挥，负责领导、指挥本行政区域内突发事件应急处理工作。并设立专家咨询等科学决策机制，确保重大决策正确、处置得当。

4. 组织协调机制　突发公共卫生事件的处置，需要卫生部牵头多个相关政府部门共同参与。组织协调机制具体包含了信息通报与交换机制，各级卫生行政部门要建立部门间的信息交换机制，按有关规定及时将本辖区内突发公共卫生事件相关信息检验检疫、卫生应急保障等内容。

5. 应急响应机制 突发公共卫生事件发生后，各级卫生行政部门要在当地政府的统一领导下，根据预案的规定和分级响应的原则，立即组织卫生应急专业队伍，迅速开展应急处置工作。根据突发公共卫生事件性质、危害程度、涉及范围，突发公共卫生事件划分为特别重大（Ⅰ级）、重大（Ⅱ级）、较大（Ⅲ级）和一般（Ⅳ级）四级。响应等级一般由低（四级）到高（一级）逐级递进，做出升级的依据是事件的规模、应急资源的保障、危害程度、可控性、是否对事件发生地以外的地方造成风险等。当出现严重态势时，也可直接跃进，以快速反应、提高处置实效为原则。

6. 社会动员机制 国家建立有效的社会动员机制，增强全民的公共安全和防范风险意识，提高全社会的避险救助能力。要充分发挥各类群众团体等民间组织、基层组织在预防、救援、恢复重建等方面的作用。

7. 应急保障机制 应急保障机制包括了物资与经费保障、技术保障、通信与交通保障、法律保障等内容。

8. 国际交流与合作机制 在卫生应急工作中，要建立突发公共卫生事件的国际、国内交流合作机制，规范国际合作的归口管理。

9. 责任追究和奖励机制 建立起明确的奖励机制和责任追究机制，如县级以上各级人民政府及其卫生行政主管部门，应当对参加突发事件应急处理的医疗卫生人员，给予适当补助和保健津贴；对参加突发事件应急处理做出贡献的人员，给予表彰和奖励；对未依照规定履行报告职责，对突发事件隐瞒、缓报、谎报或者授意他人隐瞒、缓报、谎报的，对政府主要领导人及其卫生行政主管部门主要负责人，依法给予降级或者撤职的行政处分等。

10. 恢复重建机制 突发公共卫生事件应急处置工作结束后，履行统一领导职责的人民政府应当立即组织对突发事件造成的损失进行评估，组织受影响地区尽快恢复生产、生活、工作和社会秩序，制订恢复重建计划，并向上一级人民政府报告。灾后恢复重建要与防灾减灾相结合，坚持统一领导、科学规划、加快实施。健全社会捐助和对口支援等社会动员机制，动员社会力量参与重大灾害应急救助和灾后恢复重建。

第五节 卫生应急预案体系

一、卫生应急预案体系概述

（一）卫生应急预案的概念

卫生应急预案，是我国突发公共事件总体应急预案的组成部分之一，指针对可能发生的突发公共卫生事件，为迅速、有序地开展卫生处置工作而预先制订的一整套行动计划或方案。应急预案是应对突发公共卫生事件的原则性方案，它提供了突发公共卫生事件处置的基本规则，是突发公共卫生事件应急响应的操作指南。

（二）卫生应急预案体系的构成

卫生应急预案应形成体系，针对各级各类可能发生的公共卫生事件源制订专项应急预案和现场应急处置方案。按照《国家突发公共事件总体应急预案》的规定，国家应急预案体系分国家总体应急预案、国家专项应急预案、国家部门应急预案、地方应急预案、企事业单位应急预案、重大活动应急预案等六个层次。根据国家突发公共事件总体应急预案规制的体系框架，我国突发公共卫生事件应急预案体系主要以《国家突发公共卫生事件应急预案》和《国家突发公共事件医疗卫生救援应急预案》两个专项应急预案为主体，涵盖单项应急预案、部门应急预案、地方应急预案、企事业单位应急预案、重大活动应急预案等。

1. **《国家突发公共卫生事件应急预案》** 适用于突然发生，造成或者可能造成社会公众身心健康严重损害的重大传染病、群体性不明原因疾病、重大食物和职业中毒以及因自然灾害、事故灾难或社会安全等事件引起的严重影响公众身心健康的公共卫生事件的应急处理工作。该预案是全国突发公共卫生事件应急预案体系的总纲之一，是指导预防和处置各类突发公共卫生事件的规范性文件。

2. **《国家突发公共事件医疗卫生救援应急预案》** 适用于突发公共事件所导致的人员伤亡、健康危害的医疗卫生救援工作。该预案也是全国突发公共卫生事件应急预案体系的总纲之一，是指导预防和处置各类突发公共事件医疗卫生救援工作的规范性文件。

3. **单项应急预案** 是针对不同类型的突发公共卫生事件应急工作的实际需要，由医疗卫生部门制订的预案，包含了自然灾害类、事故灾难类、传染病类、中毒事件类、恐怖事件类等突发公共卫生事件单项预案。如：自然灾害类的《全国救灾防病预案》《全国抗旱救灾防病预案》《高温中暑事件卫生应急预案》；事故灾难类的《卫生部核事故与放射事故应急预案》；传染病类的《国家鼠疫控制应急预案》《卫生部应对流感大流行准备计划与应急预案》《人感染高致病性禽流感应急预案》等；中毒事件类的《非职业性一氧化碳中毒事件应急预案》《卫生部突发中毒事件卫生应急预案》等；恐怖事件类的《卫生部处置核和辐射恐怖袭击事件医学应急预案》《卫生部处置生物、化学恐怖袭击事件医学应急预案》《全国炭疽生物恐怖紧急应对与控制预案》等。

4. **部门应急预案** 如《铁路突发公共卫生事件应急预案》《突发公共卫生事件民用航空应急控制预案》《国际医疗卫生救援应急预案》等。

目前，我国预案体系基本覆盖了我国经常发生的突发公共卫生事件的主要方面，卫生应急预案工作还要继续推进，最终在全国形成一个"横向到边、纵向到底"的预案体系。

国务院卫生行政主管部门是国家突发公共卫生事件应急预案体系的管理机构，卫生部卫生应急办公室作为全国突发公共卫生事件应急处理的日常管理机构，具体负责国家突发公共卫生事件应急预案体系的建立、各项预案的制订、更新和修订；地方各级人民政府卫生行政主管部门是各地突发公共卫生事件应急预案的管理机构，负责本地突发公共卫生事件应急预案的制订、更新和修订。国家突发公共卫生事件应急预案体系中的专项预案和部门预案需由国务院批准后颁布和实施，各单项预案需交相关部委审定后发布和实施；各级人民政府批准实施本地突发公共卫生事件应急预案。国务院和地方各级人民政府卫生行政主管部门负责应急预案实施的培训工作，并根据突发公共卫生事件形势的变化及实施中发现的问题，及时向本级人民政府提出更新、修订和补充的建议。

二、卫生应急预案体系建设的目的、作用

卫生应急预案体系建设的目的是为了有效预防、及时控制和消除突发公共卫生事件及其危害，指导和规范各类突发公共卫生事件的应急处理工作，最大程度地减少突发公共卫生事件对公众健康造成的危害，保障公众身心健康与生命安全。

建立覆盖全国各地区、各行业、各单位的卫生应急预案体系，在应对突发事件的过程中发挥着极为重要的作用。预案体系的建设可以科学规范突发事件应对处置工作。明确各级政府、各个部门以及各个组织在应急体系中的职能，以便形成精简、统一、高效和协调的突发事件应急处置体制机制；可以合理配置应对突发事件的相关资源。通过事先合理规划、储备和管理各类应急资源，在突发事件发生时，按照预案明确的程序，保证资源尽快投入使用；可以提高应急决策的科学性和时效性。突发事件的紧迫性、信息不对称性和资源有限性要求快速做出应急决策，预案为准确研判突发事件的规模、性质、程度并合理决策应对措施提供了科学的思路和方法，从而减轻其危害程度。

小　　结

1. 疾病预防控制管理具有专业要求高、涉及知识面较广、公益性、主体涉及面广、客体复杂及广泛的参与性等特点。

2. 我国的疾病预防控制体系主要由卫生行政部门、疾病预防控制机构、基层医疗卫生机构、医院及专业防治机构共同组成；疾病预防控制管理要遵循系统管理、预防为主、防治结合、服务、人本、效能、法治管理、专业管理、突出重点、分类指导原则；目前疾病预防控制管理方法正朝着系统化、民主化、数据化和高科技化方向发展。

3. 卫生应急管理是对卫生应急工作的计划、组织、指挥和控制；卫生应急管理应遵循预防为主，常备不懈、统一领导，分级负责、依法规范，措施果断、依靠科学，加强合作原则。

思 考 题

1. 疾病预防控制管理在我国卫生事业管理中的意义如何？其管理的原则和方法一般有哪些？

2. 我国疾病预防控制体系的内容是什么？

3. 简述我国卫生应急管理组织体系的构成。

4. 我国卫生应急预案体系是如何构成的？《国家突发公共卫生事件应急预案》的基本内容是什么？

第十四章 社区卫生服务管理

学习目标：通过本章学习，学生应该了解国内外社区卫生服务发展概况，熟悉社区卫生服务的概念与原则，掌握社区卫生服务机构服务功能、社区卫生服务内容与工作方法。

第一节 社区卫生服务概述

社区卫生服务是卫生工作的基础，是实现人人享有初级卫生保健目标的基础环节。

一、社区的概念

著名社会学家费孝通先生将社区定义为"若干社会群体（家庭、氏族）或社会组织（机关、团体）聚集在某一地域里所形成的一个生活上相互关联的大集体"。联合国认为一个有代表性的社区，其人数在 10 万~30 万之间，其面积在 5000~50000km^2。简言之，社区是指在一定地域内形成的以家庭为基础的，能使人们产生互动的共同体，其构成可以概括为五个要素：人口、地域、特有的文化背景和生活方式及认同意识、生活服务设施、一定的生活制度和管理机构。在我国社区的界定是城市的街道或居委会、农村的乡镇或行政村，家庭是社区的基本单位。

二、社区卫生服务的概念

社区卫生服务是在政府领导、社会参与、上级卫生机构指导下，以基层卫生机构为主体、全科医师为骨干、合理使用卫生资源和适宜技术，以人的健康为中心、以家庭为单位、社区为范围、需求为导向，以妇女、儿童、老年人、慢性病病人、残疾人、低收入居民为重点，以解决社区主要卫生问题，满足基本医疗卫生服务需求为目的，融预防、医疗、保健、康复、健康教育和计划生育技术服务等为一体的，有效的、经济的、方便的、综合的、连续的基层卫生服务。社区卫生服务具备的基本特征有：

（一）以健康为中心

1946 年世界卫生组织将健康定义为："健康不仅仅是没有疾病或虚弱，而是身体上、心理上和社会功能上的完满状态。"社区卫生服务以人的健康为中心，就必须从身体、心理和社会"三维"的角度看待健康问题。服务对象不是疾病的载体，而是健康的受益者。在维护健康的过程中，社区卫生服务提供者从"整体人"的角度全面考虑服务对象的健康需求，了解病人的病理生理过程、心理过程及其完整的社会背景，有针对性地提供人格化的服务。社区卫生服务提供者的责任不仅仅在于个体健康的维持，还在于维护服务人群的健康，这就要求提供者有群体观念，实践应着眼于人群，根据服务对象的不同需要提供预防、医疗、保健、康复、健康教育和计划生育技术等服务。

（二）以人群为对象

社区卫生服务的对象涵盖了社区内的所有居民。这些居民可以分为几类：

1. **健康人群** 符合 WHO 健康标准的人群，即"不仅仅是没有疾病或虚弱，而是身体上、心理上和社会功能上的完满状态"的人群。

2. **亚健康人群** 亚健康状态指人的机体虽然无明显的疾病，但呈现活力降低，适应能力呈不同程度减退的一种生理状态，是由机体各系统的生理功能和代谢过程低下所导致，是介于健康和疾病之间的一种"第三状态"或"灰色状态"。

3. **高危人群** 在影响健康的诸多因素作用下，该人群容易受疾病侵扰。高危人群包括高危家庭的成员和具有明显的高危因素的人群。

4. **重点保健人群** 妇女、儿童、老年人、慢性病病人、残疾人、低收入居民由于其自身的生理、心理和社会适应状态不佳，易受各种疾病的侵扰，是社区卫生服务的重点，应予以系统保健。

5. **病人** 患有某种疾病的人群，如慢性病患者。

（三）以家庭为单位

家庭是以婚姻和血缘关系为基础建立起来的一种社会生活群体，是社区的基本组成单位。家庭通过直接影响心理和生理的途径（如遗传、家族聚集性）、和影响行为的途径来影响个人健康和疾病的发生、发展、治疗及转归。疾病不仅对病人本身生理、心理、社会功能产生影响，对病人的家庭也将产生较大的影响。以家庭为单位的照顾，要求社区卫生服务提供者掌握家庭生活周期理论，把握在不同生活周期家庭面临的主要问题及其保健服务重点，把整个家庭作为一个服务对象，进行家庭评估，提供家庭服务、家庭咨询、家庭访问，采取家庭治疗。

（四）提供综合性服务

社区卫生服务就服务内容而言，包括健康教育、预防、保健、康复、计划生育技术服务和一般常见病、多发病的诊疗服务；就服务对象而言，不分年龄、性别和疾患类型；就服务层面而言，涉及生理、心理、社会各个方面；就服务范围而言，覆盖个人、家庭和社区；就服务手段而言，主要采用适宜技术，充分调动社区资源，利用一切对服务对象有利的方式与工具；就服务时间而言，包括了人生的各个阶段，从产前咨询开始，经过孕产期、新生儿期、婴幼儿期、少儿期、青春期、中年期、老年期直至濒死期；就疾病发生发展的过程而言，健康—疾病—康复的各个阶段，社区卫生服务对其服务对象提供不间断的一、二、三级预防保健，从健康促进、危险因素的监控，到疾病的早、中晚期的长期管理。

三、社区卫生服务的原则

1. 坚持社区卫生服务的公益性质 社区卫生服务机构具有社会公益性质，属于非营利性医疗机构，政府给予相应的财政补助。政府对社区卫生服务的补助包括：按规定为社区居民提供公共卫生服务的经费，社区卫生服务机构的基本建设、房屋修缮、基本设备配置、人员培训和事业单位养老保险制度建立以前按国家规定离退休人员的费用等方面的投入和支出。政府举办的社区卫生服务机构享受上述补助，社会力量举办的社区卫生服务机构为社区居民提供公共卫生服务，按照有关规定享受政府公共卫生服务补助。区级和设区的市级政府承担社区卫生服务补助的主要责任，省级政府要按照基本公共卫生服务均等化的要求，安排必要的专项转移支付资金，支持困难地区发展社区卫生服务。

2. 坚持政府主导 社区卫生服务中心原则上按街道办事处范围设置，以政府举办为主。社会力量举办的卫生医疗机构，符合资质条件和区域卫生规划的，也可以认定为社区卫生服务中心，提供社区卫生服务。

3. 坚持实行区域卫生规划 社区卫生服务中心原则上按街道办事处范围设置，主要通过对现有一级、部分二级医院和国有企事业单位所属医疗机构等进行转型或改造设立，也可由综合性医院举办。社会力量举办的卫生医疗机构，符合资质条件和区域卫生规划的，也可以认定为社区卫生服务中心，提供社区卫生服务。街道办事处范围内没有上述医疗单位的，在做好规划的基础上，政府应当建设社区卫生服务中心，或引进卫生资源举办社区卫生服务中心。在人口较多、服务半径较大、社区卫生服务中心难以覆盖的社区，可适当设置社区卫生服务站或增设社区卫生服务中心。

4. 坚持因地制宜 由于我国东、中、西部社区卫生服务起步不同，发展水平不同，"一刀切"不利于社区卫生服务全面发展，应依据各地特点，因地制宜，探索创新，积极推进。

第二节 国内外社区卫生服务发展概况

一、国际社区卫生服务发展概况

20世纪20~30年代，西方国家的公共卫生服务逐渐走进社区，开始强调不同社区的自主性与需求，并认识到社区资源在公共卫生服务中的重要作用，有人曾将这部分工作称为社区卫生。到40~50年代，流行病学、社会医学和预防医学逐渐发展，社区卫生又与这些学科相结合，形成了一门以社区人群的健康为研究和服务对象的医学学科，即社区医学。到60~70年代，社区医学已成为西方国家大部分医学院校正式设立的一门课程，并建立了专门的研究和教学机构。与此同时，又有人将社区医学与基层医疗相结合，建立了一种以社区为定向的基层医疗（community oriented primary care，COPC）服务模式。COPC 的内容涉及个人和社区的生物、心理、社会等方面以及预防、治疗、保健和康复等过程。另外，在 60 年代末，以美国为代表的北美国家将基层医疗与家庭、社区等要素相结合，形成了一门整合生物医学、行为科学和社会科学等领域的最新研究成果和通科医疗成功经验的综合性医学学科——家庭医学（family medicine，我国翻译为全科医学）。相比较而言，COPC 虽然将传统的基层医疗服务扩大到社区医学服务，但它忽视了社区中一个重要的中介性因素——家庭的作用，其重心是在社区保健上；而全科医学的重要特征是将家庭这一要素与传统的基层医疗相结合，将个人疾病的诊疗服务扩大到以家庭为单位的服务，同时，也扩大到社区服务，其重心是以家庭为单位的保健，而以社区为范围的保健也是其中十分重要的内容；此外，两者实施的过程、原则和基层医疗单位的组织结构也明显不同。全科医疗的实施使 COPC 的原则更容易贯彻到基层医疗服务的主流之中，COPC 则为以社区为范围的服务提供了理想的参考模式。

二、我国社区卫生服务发展概况

我国政府对发展社区卫生服务十分重视，在 1997 年 1 月，《中共中央、国务院关于卫生改革与发展的决定》就明确提出"改革城市卫生服务体系，积极发展社区卫生服务"。1999 年在颁布的《关于发展城市社区卫生服务的若干意见》中明确了社区卫生服务重要意义、总体目标和基本原则，特别是 2002 年出台的《加快发展城市社区卫生服务的意见》，标志着国家发展城市社区卫生服务的宏观政策已经明确。随后，各相关部委相继出台了《城市社区卫生服务机构管理办法（试行）》《城市社区卫生服务中心、站基本标准》《关于城市社区卫生服务补助政策的意见》《关于加强城市社区卫生人才队伍建设的指导意见》《关于公立医院支援社区卫生服务工作意见》《关于在城市社区卫生服务中充分发挥中医药作用的意见》《关于加强城市社区卫生服务机构医疗服务和药品价格管理意见》《城市社区卫生服务机构设置和编制标准指导意见》8 个配套文件，以加强对城市社区卫生服务机构设置与运行的管理，明确政府对社区卫生服务的补助范围及内容，规范政府补助方式，加强财务管理，加快社区卫生人才队伍建设和人才培养，提高社区卫生人才队伍的整体素质和服务水平，推动城市公立医院支援社区卫生服务工作，在社区卫生服务中突出中医药特色，充分发挥中医药的优势与作用，进一步规范城市社区卫生服务中的医药价格行为，减轻群众医药费用负担，指导社区卫生服务机构合理配置人力资源，保证功能发挥，提高运行效率，加快发展社区卫生服务。为落实城市社区卫生人才培养工作，卫生部 2007 年 3 月制定并印发了《全科医师岗位培训大纲》《全科医师骨干培训大纲》《社区护士岗位培训大纲》。为保证社区卫生服务机构基本用药，规范社区诊疗行为，卫生部和国家中医药管理局 2007 年 9 月制定并下发了《社区卫生服务机构用药参考目录》。2007 年国务院城市社区卫生工作领导小组办公室开展了社区卫生服务体系建设重点联系城市工作，社区卫生服务已经不再单纯是"机构建设"，而是层次更高的"体系建设"。

2009 年《中共中央国务院关于深化医药卫生体制改革的意见》指出，要完善以社区卫生服务为基础的新型城市医疗卫生服务体系。加快建设以社区卫生服务中心为主体的城市社区卫生服务网络，完善服务功能，以维护社区居民健康为中心，提供疾病预防控制等公共卫生服务、一般常见病及多发病的初级诊疗服务、慢性病管理和康复服务。转变社区卫生服务模式，不断提高服务水平，坚持主动服务、上门服务，逐步承担起居民健康"守门人"的职责。依据《医药卫生体制改革近期重点实施方案（2009－2011 年)》，国务院重点抓好的 5 项改革中 4 项均与社区卫生服务紧密相连。

（1）"基本医疗保障制度"规定在基层医疗卫生服务机构报销的比例高于其他医疗卫生服务机构，基层医疗卫生服务机构全部实行"国家基本药物制度"，并承担了"促进基本公共卫生服务逐步均等化"的大部分工作。

（2）"健全基层医疗卫生服务体系"更是从机构建设、队伍建设、补偿机制和运行机制方面对社区卫生机构建设做出了具体要求。

（3）"加强基层医疗卫生机构建设"中明确指出："三年内新建、改造 3700 所城市社区卫生服务中心和 1.1 万个社区卫生服务站。中央支持困难地区 2400 所城市社区卫生服务中心建设。"

（4）"改革基层医疗卫生机构补偿机制"中明确规定："政府负责其举办城市社区卫生服务中心和服务站按国家规定核定的基本建设、设备购置、人员经费及所承担公共卫生服务的业务经费，按定额定项和购买服务等方式补助，医务人员的工资水平要与当地事业单位工作人员平均工资水平相衔接。基层医疗卫生机构提供的医疗服务价格，按扣除政府补助后的成本制定。实行药品零差率销售后，药品收入不再作为基层医疗卫生机构经费的补偿渠道，不得接受药品折扣。

（5）探索对基层医疗卫生机构实行收支两条线等管理方式"，而在"转变基层医疗卫生机构运行机制"中则指出对于"城市社区卫生服务中心和服务站对行动不便的患者要实行上门服务、主动服务。鼓励地方制定分级诊疗标准，开展社区首诊制试点，建立基层医疗机构与上级医院双向转诊制度。全面实行人员聘用制，建立能进能出的人力资源管理制度。完善收入分配制度，建立以服务质量和服务数量为核心、以岗位责任与绩效为基础的考核和激励制度"。2011 年卫生部开展了创建示范社区卫生服务中心活动，在社区卫生服务中心自评、逐级考核、省级卫生行政部门推荐的基础上，国家卫生和计划生育委员会委托中国社区卫生协会作为第三方组织专家对各省（区、市）推荐的候选示范社区卫生服务中心进行了复核，根据复核结果，2011 年和 2012 年各地共创建 305 个全国示范社区卫生服务中心，2013 年，确定了 183 个机构为全国示范社区卫生服务中心。

2011 年《国务院关于建立全科医生制度的指导意见》对社区卫生服务的骨干——全科医生的培养以"制度"形式予以确立。经过十多年的发展，我国已经形成了覆盖全国城市的社区卫生服务网络，截至 2012 年底，全国已设立社区卫生服务中心（站）3.3 万个，其中：社区卫生服务中心 8182 个，社区卫生服务站 23881 个。社区卫生服务中心人员 34.7 万人，平均每个中心 42 人；社区卫生服务站人员 9.5 万人，平均每站 4

人。2012 年，全国社区卫生服务中心诊疗人次为 4.5 亿人次，住院人数 266.5 万人；平均每个中心年诊疗人次 5.6 万人次，年住院人数 326 人。病床使用率为 55.5%，平均住院日为 10.1 天。社区卫生服务站诊疗人次为 1.4 亿次。社区卫生服务中心次均门诊费用为 84.6 元，其中药费占 69.1%，人均住院费为 2417.9 元，占 46.5%。

第三节　社区卫生的基本工作内容和工作方法

一、社区卫生服务机构功能

社区卫生服务是城市卫生工作的重要组成部分，是实现人人享有初级卫生保健目标的基础环节。大力发展社区卫生服务，构建以社区卫生服务为基础、社区卫生服务机构与医院和预防保健机构分工合理、协作密切的新型城市卫生服务体系，对于坚持预防为主、防治结合的方针，优化城市卫生服务结构，方便群众就医，减轻费用负担，建立和谐医患关系具有重要意义。

社区卫生服务机构包括社区卫生服务中心和社区卫生服务站，具有社会公益性质，属于非营利性医疗机构。为规范我国社区卫生服务机构的建设，原卫生部和国家中医药管理局制定并发布了《城市社区卫生服务中心基本标准》和《城市社区卫生服务站基本标准》，对基本设施、人员配备、科室设置做了相关规定。社区卫生服务中心原则上按街道办事处范围设置，以政府举办为主。在人口较多、服务半径较大、社区卫生服务中心难以覆盖的社区，可适当设置社区卫生服务站或增设社区卫生服务中心。人口规模大于 10 万人的街道办事处，应增设社区卫生服务中心。人口规模小于 3 万人的街道办事处，其社区卫生服务机构的设置由区（市、县）政府卫生行政部门确定。新建社区，可由所在街道办事处范围的社区卫生服务中心就近增设社区卫生服务站。

社区卫生服务中心主要通过对现有一级、部分二级医院和国有企事业单位所属医疗机构等进行转型或改造设立，也可由综合性医院举办。街道办事处范围内的一级医院和街道卫生院，可按照《城市社区卫生服务机构设置和编制标准指导意见》的标准，直接改造为社区卫生服务中心。人员较多、规模较大的二级医院，可按《城市社区卫生服务机构设置和编制标准指导意见》的标准，选择符合条件的人员，在医院内组建社区卫生服务中心，实行人事、业务、财务的单独管理。社会力量举办的卫生医疗机构，符合资质条件和区域卫生规划的，也可以认定为社区卫生服务中心，提供社区卫生服务。街道办事处范围内没有上述医疗单位的，在做好规划的基础上，政府应当建设社区卫生服务中心，或引进卫生资源举办社区卫生服务中心。

为规范社区卫生服务机构管理，统一社区卫生服务机构标识，方便居民识别，卫生部于 2007 年 6 月 13 日起启用社区卫生服务机构专用标识（图 14 - 1）。

该标识以人、房屋和医疗卫生机构标识形状为构成元素——三口之家代表健康家庭，家庭和房屋组成和谐社区，与医疗卫生机构的四心十字组合表示社区卫生服务机构，体现了社区卫生服务以人的健康为中心、家庭为单位、社区为范围的服务内涵及以

图 14 - 1　社区卫生服务机构专用标识

人为本的服务理念。标识图形中还含有两个向上的箭头，一个代表社区居民健康水平不断提高，一个代表社区卫生服务质量不断改善，展示社区卫生服务永远追求健康的目标。标识的整体颜色为绿色，体现社区的健康与和谐。

经政府卫生行政部门登记注册并取得《医疗机构执业许可证》的社区卫生服务机构使用本标识，其他任何机构不得使用。社区卫生服务机构标识的使用范围包括：社区卫生服务机构牌匾、灯箱、标牌、旗帜、文件、服饰、宣传栏、宣传材料、办公用品、网页等。

二、社区卫生服务内容和工作方法

为贯彻落实《指导意见》，加强对城市社区卫生服务机构的管理，根据有关法律、法规，原卫生部和国家中医药管理局于 2006 年 6 月制定并印发了《城市社区卫生服务机构管理办法（试行）》。根据《城市社区卫生服务机构管理办法（试行）》，社区卫生服务职能包括提供公共卫生服务和基本医疗服务。

（一）社区卫生服务内容

1. 公共卫生服务

（1）卫生信息管理　根据国家规定收集、报告辖区有关卫生信息，开展社区卫生诊断，建立和管理居民健康档案，向辖区街道办事处及有关单位和部门提出改进社区公共卫生状况的建议。

（2）健康教育　普及卫生保健常识，实施重点人群及重点场所健康教育，帮助居民逐步形成利于维护和增进健康的行为方式。

（3）传染病、地方病、寄生虫病预防控制　负责疫情报告和监测，协助开展结核病、性病、艾滋病、其他常见传染病以及地方病、寄生虫病的预防控制，实施预防接种，配合开展爱国卫生工作。

（4）慢性病预防控制　开展高危人群和重点慢性病筛查，实施高危人群和重点慢性病病例管理。

（5）精神卫生服务　实施精神病社区管理，为社区居民提供心理健康指导。

（6）妇女保健　提供婚前保健、孕前保健、孕产期保健、更年期保健，开展妇女常见病预防和筛查。

（7）儿童保健　开展新生儿保健、婴幼儿及学龄前儿童保健，协助对辖区内托幼机构进行卫生保健指导。

（8）老年保健　指导老年人进行疾病预防和自我保健，进行家庭访视，提供针对性的健康指导。

（9）残疾指导　残疾康复指导和康复训练。

（10）计划生育指导　技术咨询指导，发放避孕药具。

（11）协助功能　协助处置辖区内的突发公共卫生事件。

（12）其他　政府卫生行政部门规定的其他公共卫生服务。

2. 基本医疗服务

（1）一般常见病、多发病诊疗、护理和诊断明确的慢性病治疗。

（2）社区现场应急救护。

（3）家庭出诊、家庭护理、家庭病床等家庭医疗服务。

（4）转诊服务。

（5）康复医疗服务。

（6）政府卫生行政部门批准的其他适宜医疗服务。

同时，社区卫生服务机构应根据中医药的特色和优势，提供与上述公共卫生和基本医疗服务内容相关的中医药服务。

（二）社区卫生服务工作方法

社区卫生服务工作方法以多种方式并存，形式灵活，经济方便。

1. 机构内服务　在社区卫生服务中心或站为居民提供卫生服务。其中门诊服务是最主要的社区卫生服务方式，以提供基本卫生服务为主。此外，社区卫生服务机构还可提供日间住院/日间照顾服务，包括"护理院"和"托老"等服务。部分有条件的社区卫生服务机构可提供临终关怀服务及姑息医学照顾。

2. 上门服务　包括主动上门服务和被动上门服务。主动上门服务一般是根据预防保健工作、随访工作或者保健合同要求，如产后访视。被动上门服务是应居民的要求上门，如出诊提供家庭病床和家庭护理。

3. 急诊、急救服务　社区卫生服务机构能够提供社区现场应急救护、院前急救，及时高效地帮助病人协调利用当地急救网系统。

4. 社区责任医师制　由一名或数名社区卫生服务人员，为一个或数个固定的居民小区提供公共卫生服务或基本医疗服务。

5. 电话、网络咨询服务　通过电话、网络咨询服务，为居民提供健康指导和心理咨询等项服务。

6. 双向转诊服务　即在社区卫生服务机构与综合性医院或专科医院建立稳定、畅通的双向转诊关系的基础上，实现病人的相互转诊服务。由社区卫生服务机构转向综合医院或专科医院的多为诊断不明确的病人、治疗效果欠佳的病人、疑难重症病人；而诊断明确可在社区进行治疗的病人、康复病人、随访观察的病人可由综合医院或专科医院转向社区卫生服务机构。通过双向转诊，实现"小病在社区，大病到医院，康复回社区"的目标。

社区卫生服务在实践过程中还可探索适合本社区特点的服务方式，如有偿合同契约式服务、医疗器具租赁服务、承包制服务等。

小 结

1. 社区卫生服务是在政府领导、社会参与、上级卫生机构指导下，以基层卫生机构为主体，合理使用适宜技术，以解决社区主要卫生问题，满足基本医疗卫生服务需求为目的，融预防、医疗、保健、康复、健康教育和计划生育技术服务等为一体的基层卫生服务。

2. 社区卫生服务内容主要包括公共卫生服务、基本医疗服务。社区卫生服务工作方法主要包括机构内服务，上门服务，急诊、急救服务，社区责任医师制，电话、网络咨询服务，双向转诊服务等。

思 考 题

1. 我国城市大力发展社区卫生服务的意义何在？
2. 社区卫生服务的概念及内容是什么？

【案例】

社区家庭医生背"包"上门

晚18时，四川省成都市成华区跳蹬河社区卫生服务中心的家庭医生成荣华和往常一样走进红枫岭小区，准备给小区居民做体检，和以往不同的是，这次她身上多背了个"全科医生服务包"。"这个包是卫生局给我们配的，里面有多种体检器材，非常方便"，她告诉记者。

记者了解到，为积极推进家庭医生服务工作，成华区卫生局为全区14家社区卫生服务中心配备了98个"全科医生服务包"，并对医务人员开展了培训，确保医务人员能熟练掌握相关设备的使用方法。

"龚阿姨在家没？我是成医生，来给你做体检喽！"成荣华轻敲几下门后，红枫岭3期2栋2单元的居民龚阿姨笑嘻嘻地来开门了。"咦，这是啥子包包啊，以前没有见过呢？""这是我们的新装备，有了它，你们就能享受到更多的体检项目。"谈话中，成荣华打开了"服务包"，将包内的检查仪器一一拿出来：掌式血氧饱和度监测仪、臂式电子血压计、检眼镜、血糖仪、质控液……一大堆从未见过的仪器让龚阿姨连连叫好。

成荣华用"服务包"里的仪器给龚阿姨测了血压、血糖、血脂，还给龚阿姨检查了眼睛，"指标都是正常的，龚阿姨要继续加强锻炼哈。"就在龚阿姨以为检查结束时，成荣华又从"服务包"里拿出了一台电子秤和一把皮尺："龚阿姨，我还要帮你测体重和量腰围。"成荣华告诉记者，肥胖是慢性病之一，她之所以带着电子秤和皮尺，就是让居民早预防、早治疗。

"有了这个'服务包'，对我们医生和居民群众来说，都是一件极其便利的事。"成荣华说，以前上门检查时，自己一手抱个血压计、一手拎个血糖仪很不方便，"而且以前只能做简单的血压、血糖测试，现在多了掌式血氧饱和度监测仪、检眼镜等，可以给居民做血氧饱和度检查，还可以给高龄居民检查是否患有白内障等。"成荣华说，自从有了这个"服务包"，居民参与体检的积极性更高了。

除了成荣华所在的家庭医生团队，成华区还另有 114 个家庭医生团队分布在全区各个街道。"推行家庭医生相当于为每个家庭配备一名健康顾问"，该区卫生局负责人告诉记者。

"家庭医生签约模式是切实为老百姓身体健康着想的惠民举措，我们欢迎广大居民积极与我们的家庭医生签约。"据悉，自 2011 年起，成华区就在全区各社区卫生服务中心全面开展家庭医师团队签约服务工作，截至目前，全区已累计签约家庭 74509 户，签约率 22.07%；共组建家庭医生团队 115 个、医务人员 350 名，配备"全科医生服务包" 98 个；为签约家庭免费建立个人健康档案、制订健康计划并开展上门咨询检查等服务。

（资料来源：http：//www. chs. org. cn/_ d276623124. htm）

讨论：

1. 家庭医生签约模式在社区卫生服务中的意义是什么？
2. 家庭医生签约模式对今后创新社区卫生服务方式具有怎样的启示？

第十五章　农村卫生管理

学习目标：通过本章学习，要求学生掌握农村卫生管理、绩效管理、新型农村合作医疗制度等的基本概念与内容。熟悉农村卫生管理的特点和发展沿革，农村卫生服务组织体系，农村卫生服务模式。了解农村卫生服务绩效管理原则与评价指标体系，新型农村合作医疗的组织管理等内容。

第一节　农村卫生管理概述

作为一个发展中的农业大国，农村人口占全国人口比重仍在半数以上，农村卫生事业的发展直接关系到数亿人口的健康，因此，农村卫生作为我国卫生服务体系的重要组成部分，历来都是我国政府卫生工作的重点。党和政府为加强农村卫生工作采取了一系列措施，农村卫生事业虽然有所改善，然而相对于城市而言，我国农村卫生工作仍然比较薄弱，体制改革滞后，财政投入不足，卫生人才匮乏，基础设施落后，农民因病致贫、因病返贫等问题突出。由于疾病结构的变化、医学模式的转化以及经济体制的变革，农村卫生工作出现了很多新的矛盾和问题，这对我国的农村卫生管理提出了更高的要求和更大的挑战。

一、农村卫生管理概念

（一）农村卫生管理的基本概念

农村卫生管理是指县（市）和乡（镇）政府综合运用计划调节和市场调节两种手段，实现农村卫生资源的合理筹集、有效配置，在农村居民的保健中发挥最大作用的管理工作。

（二）农村卫生管理的基本理念与原则

农村卫生管理的意义在于正确地把握农村卫生事业的发展目标和发展速度，充分发挥农村卫生资源的社会效益。

第一，正确地把握农村卫生工作的目标。通过对农村卫生的有效管理，使各项农村卫生工作始终能够向着"为人民健康服务，为社会主义现代化建设服务"这样一个总体目标前进，不至偏离目标。

第二，恰当把握农村卫生事业发展速度。通过对农村卫生资源的合理筹集，使农村卫生事业的发展速度与国民经济和社会发展相协调，人民健康保障的福利水平与经济发展水平相适应。

第三，充分发挥农村卫生资源的社会效益。通过对农村卫生资源的合理配置，优化组合，使农村中有限的卫生资源能够充分地发挥社会效益。

二、农村卫生管理发展沿革

新中国成立以来，我国政府始终坚持以农村为重点，坚持预防为主的卫生工作方针，立足于走中国特色的初级卫生保健发展道路，建立和完善农村卫生保健服务网络，发展农村合作医疗制度，培养农村适宜卫生人才，深入开展爱国卫生运动，极大改善了农村生产生活条件，显著提高了广大农民群众的健康水平。

（一）密切联系农村实际，创立农村卫生服务体系

新中国成立初期至 20 世纪 70 年代，我国政府高度重视农村卫生工作，从国情出发，创造性地建立了以县、乡、村三级医疗预防保健服务网络、农村卫生队伍和合作医疗制度为支柱的农村卫生服务体系，被誉为中国农村初级卫生保健的"三大支柱"。这种中国特色的农村卫生模式与当时农村集体经济相适应，用较少的卫生投入，满足了大多数农村居民的基本卫生需求，从而基本消灭和控制了危害农民健康的常见病、传染病和地方病，有效改变了中国农村缺医少药的状况。这种低成本、广覆盖、能充分体现出卫生服务公平性和可及性的独特模式也为国际社会所公认。

（二）启动农村初级卫生保健规划

"2000 年人人享有初级卫生保健"全球战略目标提出后，我国政府分别于 1988 年和 1991 年对该目标做出庄严承诺，并采取了积极的行动来履行自己的诺言。参照世界卫生组织制订的全球性指标，结合我国社会主义初级阶段的基本国情，1990 年，由卫生部牵头，卫生部、国家计划委员会、农业部、国家环境保护局、全国爱国卫生运动委员会等五部委共同制定和发布了我国第一个十年农村初级卫生保健规划——《我国农村实现"2000 年人人享有卫生保健"的规划目标》。该规划目标分为三个部分，一是指出了我国实现人人享有卫生保健战略目标的策略和指导原则；二是提出了我国农村实现"2000 年人人享有卫生保健"目标的最低限标准；三是围绕目标与任务，提出了"两步走、三阶段"的战略部署。从此我国初级卫生保健在广大农村地区有组织、有领导、有计划地全面组织实施。

（三）明确农村卫生改革与发展的目标

2001 年 5 月 24 日国务院办公厅转发了国务院体改办等四部委制定的《关于农村卫生改革与发展的指导意见》，2002 年 10 月 19 日，中共中央、国务院发布了《关于进一

步加强农村卫生工作的决定》，以上两个指导性文件，明确提出了我国农村卫生改革和发展的目标：到 2010 年，在全国农村基本建立适应社会主义市场经济体制要求和农村经济社会发展水平的农村卫生服务体系和农村合作医疗制度。为了实现农村卫生改革和发展的目标，国务院及有关部门出台了一系列政策措施，包括《关于农村卫生机构改革与管理的意见》《关于加强农村卫生人才培养和队伍建设的意见》《关于建立新型农村合作医疗制度的意见》《关于实施农村医疗救助的意见》《农村卫生服务体系建设与发展规划》等。

第二节　农村卫生服务管理

农村卫生服务管理是指政府机关依据国家的法律法规和卫生工作的方针政策，对医疗、预防、保健、健康教育与健康促进、康复服务等卫生服务行使管理权的行政行为。经过 60 多年的努力，我国已经形成了县、乡、村三级医疗预防保健网，随着农村卫生服务体系的生存环境的变化，各地均就如何建立并完善适合农村经济体制和形势需要的卫生服务体系进行了积极的研究和探索。

一、基本医疗服务管理

基本医疗服务是指目前所能提供的、能够支付得起的、采取适宜技术的医疗服务，其有三层含义，一是要保证社会成员实现其基本的健康权利，拥有基本医疗服务是生存权的基本保障；二是医疗卫生事业有能力提供的，同时医疗保障基金有能力支付的医疗服务；三是政府有能力承诺提供的服务。农村基本医疗服务主要由县、乡、村级三级医疗预防保健网提供。

（一）农村基本医疗服务组织体系

1. 县医院　县医院是全县医疗服务中心和医疗技术教育指导中心，是农村三级医疗预防保健网的龙头。基本医疗服务任务主要包括：①开展农村常见病、多发病和一般疑难危重病人的诊疗与抢救；②指导乡镇卫生院和村卫生室医务人员开展医疗服务和进行业务培训；③引进、推广各种医疗服务新技术，开展以基层医疗保健为主的科研活动；④协助区域内公共卫生、妇幼保健、计划生育等部门开展相关技术指导。

2. 乡镇卫生院　乡镇卫生院处于农村三级医疗预防保健网的中间层次，是连接县医院与村卫生室的枢纽。基本医疗服务任务主要包括：①承担辖区内居民常见病、多发病的门诊、住院诊治任务，进行急、重、危病人的救护，并组织转诊；②向群众普及急救知识与技术；③开展辖区内的康复医疗、精神卫生服务、慢性非传染性疾病的人群防治工作。

3. 村卫生室　村卫生室是农村三级医疗预防保健网的网底，是实现农村初级卫生保健的最基层组织，是农村居民在利用基层医疗服务时最先接触到的组织。基本医疗服务任务主要包括：①开展诊治常见病、多发病服务；②承担危重病人的初级救护与转诊。

（二）农村医疗服务体系建设

1. 农村医疗服务体系存在问题　目前，我国农村医疗服务体系不健全，县级医院、乡镇卫生院、村卫生室三级农村医疗卫生服务网络关系松散。县医院对乡镇卫生院和村卫生室的管理、培训和引导工作不足，未起到龙头作用。作为为农民提供基本预防和医疗保障的乡、村二级卫生机构，"枢纽不灵，网底不牢"的现象很严重。乡镇卫生院由于资金缺乏，或设备粗陋陈旧、医疗技术人员缺乏。村卫生室由于失去了集体经济的支持，没有了生存的基础，很多处于放任状态，被个体行医取代，失去了本身应有的公益性。

2. 农村医疗服务体系的完善　提高政府预算中的农村卫生投入，将扶持重点转向农村，奠定基本医疗服务基础。完善县、乡镇、村三级卫生机构网络，特别是乡镇和村卫生室的标准化建设，在充分利用现有资源的情况下，改善就医环境，增加先进设备。发挥县医院的龙头作用，实施对乡（镇）村卫生院的指导和培训管理。实施乡村卫生组织一体化管理，有利于合理配置、整合现有农村卫生资源，提高乡（镇）村卫生组织的医疗预防保健公共卫生服务能力和医疗服务利用率。

二、公共卫生服务管理

（一）农村公共卫生服务组织体系

1. 县公共卫生机构　县公共卫生机构主要包括：①疾病预防控制中心，主要承担区域范围内传染病、地方病、慢性病监控和计划免疫预防管理；②卫生监督所，依法开展卫生行政执法，承担卫生行政许可工作的具体核准；③妇幼保健机构，依据《母婴保健法》实施妇女保健和儿童保健。

2. 乡镇卫生院　乡镇卫生院提供的公共卫生服务主要包括：①辖区内疾病控制工作，包括计划免疫及传染病、寄生虫病与地方病防治，在县疾病预防控制中心的指导下，实施公共卫生管理工作；②在县妇幼保健所指导下，开展妇幼、婴幼儿多发病的普查普治，开展孕产妇和儿童系统保健，推广科学接生等工作；③开展计划生育手术和技术指导工作；④开展健康教育，针对危害辖区内人群健康的因素，普及卫生知识，提高人群的自我保健能力和整体健康水平。

3. 村卫生室　村卫生室负责的公共卫生服务包括：①在上级卫生管理部门和业务机构的领导下，开展初级卫生保健工作；②承担或协助做好计划免疫任务和传染病、地方病防治管理；③开展妇幼保健服务和系统管理；④开展爱国卫生运动，进行健康教育；⑤开展计划生育技术指导工作。

（二）农村卫生服务模式

经过不断实践，各地探索并尝试了多种形式的农村卫生服务模式，主要包括以下几种。

1. 医防合一模式 医疗、预防及保健均由乡镇卫生院承担，同时承担同级政府部门委托的部分行政管理职能，经济独立核算。这种模式经费由政府全额或差额拨款，统筹利用乡镇卫生资源，减少了运行成本，大部分地区目前仍在沿用。

2. 医防分设模式 将预防保健工作从卫生院分离出来，单独成立防保所或卫生服务中心（站），承担卫生保健、委托的卫生监督等任务。由于有专门的机构、经费和人员，职能定位明确，经费专款专用，预防保健服务得到了保证。

3. 依院设所，相对独立模式 这是对医防合一模式的改革，即"一套班子、两块牌子"。防保所在行政上和经济上接受卫生院管理，财政上实行定额补助，独立核算。承担辖区的预防保健和公共卫生服务工作。这种模式强化了防保工作，"以医养防"转化为"以医补防"，有利于促进医疗与防保协调发展。

4. 县乡垂直管理模式 由县卫生局或县级预防保健机构选定人员派驻乡卫生院，或在乡镇设立派出机构，长年从事乡、村防保工作，工作经费、工资报酬由卫生局拨付，形成上下垂直管理的卫生服务系统。这种模式加强了上下联系，提高了预防保健工作效率。但由于条块分隔，在业务管理和部门间的统筹协调方面有难度。

5. 政府购买模式 这是由符合条件的公办或民营医疗机构提供预防保健服务，政府依据其卫生服务的考核情况实行购买服务。这种模式引入了市场竞争机制，有助于在农村有限的卫生资源下，在一定程度上促进农村卫生服务的高质量和广覆盖。

三、农村卫生服务绩效管理

绩效最早产生并应用于企业管理，法约尔曾经萌发过将绩效管理从工商企业管理扩展至其他组织管理的想法。20 世纪 70 年代兴起的新公共管理运动，绩效管理作为一种组织管理的思想和工具被进一步应用于政府及公共部门的管理实践中。农村卫生作为一种社会公共事务，其提供的效率和效果也日益引起社会关注。

（一）绩效管理的内涵

从管理学的角度看，绩效是组织期望的结果，是组织为实现其目标而展现在不同层面上的有效输出，它包括个人绩效和组织绩效两个方面。因此，绩效是组织中个人（群体）特定时间内的可描述的工作行为和可测量的工作结果，以及组织结合个人（群体）在过去工作中的素质和能力，指导其改进完善，从而预计该人（群体）在未来特定时间内所能取得的工作成效的总和。可见，绩效是一个综合性的范畴，包含了有效性和效率性两层含义。绩效用在经济管理活动方面，是指社会经济管理活动的结果和成效；用在人力资源管理方面，是指主体行为或者结果中的投入产出比；用在公共部门中来衡量政府活动的效果，则是一个包含多元目标在内的概念。

所谓绩效管理，是指各级管理者和员工为了达到组织目标共同参与的绩效计划制订、绩效辅导沟通、绩效考核评价、绩效结果应用、绩效目标提升的持续循环过程，绩效管理的目的是持续提升个人、部门和组织的绩效。在卫生服务领域，绩效管理层次可分为个体、机构和系统三个层面，对于特定的层面，绩效管理的内容和评价方法应有所不同，相应的绩效内涵也应有所区别。卫生服务绩效在提供者个体层面主要关注的是卫生服务从业人员的工作数量和质量，而在机构层面主要关注的是机构的提供能力与产出，在卫生系统层面则主要关注卫生系统目标的实现程度，即居民健康的改善和满意度提高等方面。

（二）绩效管理过程与内容

绩效管理的过程通常被看作是一个循环，这个循环分为四个环节，即目标管理环节、绩效考核环节、激励控制环节、评估环节。绩效管理发挥效果的机制是，对组织或个人设定合理目标，建立有效的激励约束机制，使员工向着组织期望的方向努力从而提高个人和组织绩效；通过定期有效的绩效评估，肯定成绩指出不足，对组织目标达成有贡献的行为和结果进行奖励，对不符合组织发展目标的行为和结果进行一定的约束；通过这样的激励机制促使员工提高能力素质，改进工作方法从而达到更高的个人和组织绩效水平。

其中目标管理环节的核心问题是保证组织目标、部门目标以及个人目标的一致性，保证个人绩效和组织绩效得到同步提升，这是绩效计划制订环节需要解决的主要问题。绩效考核是绩效管理模型发挥效用的关键，只有建立公平公正的评估系统，对员工和组织的绩效做出准确的衡量，才能对业绩优异者进行奖励，对绩效低下者进行鞭策，如果没有绩效评估系统或者绩效评估结果不准确，将导致激励对象错位，那么整个激励系统就不可能发挥作用了。

（三）我国农村卫生服务绩效管理的主要问题

我国现行的地方政府绩效考核主要围绕经济指标，而对卫生事业的关注相对较少。对于卫生机构来讲，由于缺少卫生服务绩效考核的显性指标，同时对卫生机构的激励机制不健全，卫生机构普遍缺少改进服务的内在动力。

1. 绩效指标的确定缺乏科学性　和许多事业单位一样，农村卫生服务绩效管理中，所采用的绩效指标通常一方面是经营指标的完成情况，另一方面是工作态度等。对于科学确定绩效考核的指标体系以及如何使考核的指标更有可操作性，缺乏全盘考虑。很多卫生机构对不同层次和类别的工作人员采用相同的考核指标，且每项指标的权重也相同，不能体现不同工作岗位之间的岗位职责以及对任职者的素质、能力的要求，降低了考核结果的科学性与公正性。

2. 绩效管理的目标不明确　农村卫生服务绩效管理对于绩效管理的目标不明确，很多绩效考核只是为考核而考核，考核过程流于形式，耗费了大量的人力、物力，结果不了了之。很多地区的绩效管理的目标定位偏差，使得很多卫生机构都将绩效考核定位于确定利益分配的依据和工具，虽然能够给职工带来一定的激励作用，但难免使卫生工作人员对考核产生抵触情绪，影响了整个绩效管理工作的有效开展。

3. 绩效管理内容不具体　在农村卫生服务绩效管理实施过程中，多数地区能够涵盖绩效考核的主要内容，但非常笼统，缺乏具体的考核要素，不能真实准确地反映农村卫生工作人员的实际工作绩效。

4. 绩效管理方法单一 目前，我国农村卫生机构多数沿用事业单位的管理方法，在绩效管理的考核环节，多数采用较为传统的"打分法"，然后加权平均作为最后的成绩。这种方法简便易行，但由于多是卫生机构自行运用，缺乏对照和比较，其考核结果的信度和效度不高。

（四）农村卫生服务绩效管理的改进策略

公共卫生服务大多为免费服务，在短期内只产生成本没有收益，而基本医疗服务不仅有收入，而且有一定赢利。因此，在政府对公共卫生服务投入不充分的情况下，农村卫生服务机构和卫生从业人员基于生存的需要，客观上必然产生"重医轻防"的结果。在这种情况下，农村卫生服务绩效管理应使农村卫生机构及其从业人员能够积极主动投入到公共卫生服务和基本医疗服务中，推动两大卫生服务均衡发展。

1. 明确政府的主导地位，实施绩效战略 各级政府是农村卫生的主要责任方，不仅承担着筹资、监督等重任，而且是绩效管理的主体，在绩效管理总体目标中处于主导地位。伴随着我国新一轮医改的不断推进，农村卫生工作将面临更大的挑战与机遇，开展绩效管理能够更加科学地明确农村卫生的投入方向。因此，政府对农村卫生服务绩效管理的目标要求，应集中在借助于绩效管理战略的实施，实现农村卫生资源的优化配置、科学引导卫生服务各主体的行为、促进基本医疗服务和公共卫生服务均衡发展和农民健康水平的不断提高。

绩效战略管理是将绩效管理思想引入到战略管理过程中而形成的管理策略。战略管理是一个从战略规划制订、执行到监控评估的完整过程，而绩效管理则贯穿于战略管理的全过程，为其提供必要的策略支持。对农村卫生服务的绩效问题进行评价和诊断，是制订农村卫生服务发展战略规划必不可少的证据基础，特定的绩效评价工具还是对农村卫生发展战略的实施状况进行监控、评估的重要手段。同时，战略管理又是绩效管理持续开展的必要条件，只有在不断的战略实施、调整过程中，绩效评价所获得的信息才能发挥其应有的作用，绩效改进活动才能持续不断地开展下去。因此，作为农村卫生服务管理的主体，政府可以借助于建立农村卫生服务绩效战略管理体系，将农村卫生服务发展的战略目标转换成农村卫生服务体系的绩效指标，并实施以结果为导向的绩效评价，衡量农村卫生服务的发展战略，促进战略目标的实现。

2. 科学实施绩效评价，提升农村卫生服务机构服务能力 各级农村卫生服务机构是农村基本医疗服务和公共卫生服务活动开展的载体，而目前我国农村卫生服务机构，尤其是乡、村基层卫生组织的绩效水平低下，严重影响了农村卫生服务的整体绩效，因此卫生服务机构的绩效评价在农村卫生服务的绩效管理中显得尤为关键，政府应加强对农村卫生服务机构的绩效管理，通过绩效考评对其提供的卫生服务的效率和效果进行科学评价，并采取相应的控制措施推动卫生机构绩效水平的持续改进。在绩效管理中，如何使农村卫生机构适应新医改的政策导向、实现基本医疗服务和公共卫生服务均衡发展、改进组织绩效水平、提升其服务能力，是绩效管理的主要目标。

对于农村卫生服务机构而言，服务能力薄弱、质量低下是困扰基层卫生服务组织发展的重要障碍，绩效管理的实施有助于农村卫生服务机构服务能力的提升和服务质量的改进，同时可以平衡好基本医疗服务和公共卫生服务之间的关系。通过制定农村卫生服务绩效标准，广泛开展绩效评价与监测，可以帮助农村卫生服务机构和人员明确职责分工，强化绩效责任；实施以绩效为基础的工资制度能够激发农村卫生人员的工作积极性，可以提升农村卫生服务质量和服务能力。

（五）农村卫生服务绩效评价的原则和指标体系

1. 农村卫生服务绩效评价的原则　为了实现农村卫生服务绩效管理目标，在对农村卫生服务机构的绩效评价原则上，应坚持基本医疗服务和基本公共卫生服务均衡发展；按劳分配、效率优先；公正、透明、激励；简便、高效、适宜；按岗考核等原则。

2. 农村卫生服务绩效评价指标体系　在农村卫生服务绩效评价指标体系上，主要包括公共卫生服务和基本医疗服务的数量、质量、基本管理三个方面的评价指标。公共卫生服务数量评价指标及单位工作时间测算根据国家基本公共卫生服务规范，结合各地区公共卫生服务开展情况确定；基本医疗服务数量评价指标的确定，主要从三方面进行评价：包括诊疗服务量、手术治疗服务量、检查服务量。卫生服务质量评价包括基本医疗服务质量和公共卫生服务质量，基本医疗服务质量主要从合理用药、合理检查、规范记录等方面评价；公共卫生服务质量主要从免疫接种率、慢性病患者筛查确诊率、慢性病患者等级率和控制率、儿童保健管理率、孕妇管理率、居民健康档案完整率等方面评价。基本管理评价主要包括劳动纪律、职业道德、患者满意度等。

根据农村卫生政策的导向，结合实际工作需要，制定各评价指标的权重。考虑到促进公共卫生服务的导向作用以及部分公共卫生服务量统计困难，适当提高公共卫生服务权重，引导农村卫生机构及其人员的行为，以促进基本医疗服务和基本公共卫生服务均衡发展。

绩效评价作为一种单向活动，其评价结果旨在揭示农村基层卫生服务中存在的问题，而要提高卫生服务质量，促进基层卫生服务体系的健康运行还需要建立系统的绩效管理机制，通过制订绩效计划，加强绩效沟通，开展绩效评价，重视绩效反馈和改善等一系列措施来使基层卫生服务体系保持一种循环往复、持续上升的质量改进过程。同时也应注意，绩效管理的重点不是评价，而是评价结果在促进绩效改善方面能否发挥积极作用，因此，卫生管理部门应该将定期评价与日常监督工作相结合，遵照奖惩适度原则，保证绩效管理工作的可持续性，发挥绩效评价结果的最大作用。

第三节　新型农村合作医疗制度

新中国成立后的30年里，农村合作医疗制度在保障大多数农村居民的卫生服务可及性、农民的疾病预防和健康促进方面曾经做出了巨大的贡献。但随着我国社会经济的改革和发展，在农村实行了家庭联产承包责任制，传统的农村集体经济被彻底打破，集体经济对合作医疗的支撑作用逐渐消失，农村合作医疗制度迅速瓦解，致使自费医疗再次成为我国农村占主导地位的医疗制度。严峻的农村卫生问题摆在我国政府面前，经过我国政府对合作医疗恢复与重建的艰难探索，1993 年中共中央提出要"发展和完善农村合作医疗制度"，从 2003 年起在全国部分县（市）启动新型农村合作医疗制度试点工作，到 2010 年逐步实现基本覆盖全国农村居民新型农村合作医疗制度。

一、新型农村合作医疗制度的基本内容

新型农村医疗合作制度是指由政府组织、引导、支持，农民自愿参加，个人、集体和政府多方筹资，以大病统筹为主的农民医疗互助共济制度。新型农村合作医疗制度基本内容包括参保对象、筹资机制、补偿机制和监管机制。

（一）参合对象

新型农村合作医疗制度规定农民要以家庭为单位参加合作医疗，但各个地区在参合具体对象上有所不同，主要有以下几种情况：

1. **本地农业人口**　将参合对象只限定为户籍在本县（市）的农业人口。

2. **本地农业人口和农转非人员、部分城镇人口以及流动人口**　部分地区根据当地的实际情况，将参合对象扩大为本县（市）农业户口的居民和无固定职业的农转非人员，一些地方为适应城乡一体化的发展趋势，积极探索建立覆盖城乡居民的合作医疗制度，将未参加城镇职工基本医疗保险的城镇居民和流动人口纳入新型合作医疗的参合对象。

（二）筹资机制

新型农村合作医疗制度实行个人缴费、集体扶持和政府资助相结合的筹资机制，坚持以家庭为单位自愿参加的原则。在具体筹资方法上，新型农村合作医疗资金的筹集来源包括：省财政、县（市）财政、乡镇（街道）财政、村集体和个人，各地区主要根据各级政府财力和村集体经济实力的不同进行安排。各地区在资金收缴上，采取灵活多变的方式，包括乡镇、村干部上门收取，农民到指定地点缴纳，委托有关部门代扣、代缴，减免收取参合费等方式。随着新型农村合作医疗制度的发展，新型农村合作医疗筹资水平逐年提高，2013 年开始，全国新型农村合作医疗筹资水平提高到每人每年 340 元，其中各级人民政府承担 280 元。

（三）补偿机制

在新型农村合作医疗的补偿机制上，主要体现了"大病统筹"为主的原则，有条件的地区实行大额医疗费用补助和小额医疗费用补助相结合的办法，既提高抗风险能力又兼顾参合者受益面。在具体补偿上，采用"分段报销，累加支付"的办法对参合者医疗费用进行补助，在参合者年内没有动用合作医疗基金的，安排进行一次常规性体

检。各省、自治区、直辖市制定农村合作医疗报销基本药物目录，各县根据筹资总额，结合当地实际，科学合理地确定农村合作医疗基金的支付范围、支付标准和额度，确定常规性体检的具体检查项目和方式，防止农村合作医疗基金超支或过多结余。

（四）监督机制

新型农村合作医疗制度在管理模式上多采用"县乡两级"的方式，在县级由县人民政府成立由有关部门组成的县农村合作医疗管理委员会和办公室，负责全县合作医疗制度的组织实施和监督检查。在乡镇建立合作医疗管理委员会，组织实施本乡镇的合作医疗工作，其下设办公室，负责乡镇合作医疗的管理、审核、报销和编制合作医疗收费名册等日常工作。

在农村合作医疗基金监管上，农村合作医疗经办机构要定期向农村合作医疗管理委员会汇报其收支、使用情况；要采取张榜公布等措施，定期向社会公布农村合作医疗基金的具体收支、使用情况，保证参合者的参与、知情和监督的权利。县级人民政府可根据本地实际，成立由相关政府部门和参合者代表共同组成的农村合作医疗监督委员会，定期检查、监督农村合作医疗基金的使用和管理情况。农村合作医疗管理委员会要定期向监督委员会和同级人民代表大会汇报工作，主动接受监督。审计部门要定期对农村合作医疗基金收支和管理情况进行审计。

二、新型农村合作医疗制度的组织管理

2002 年下发的《中共中央、国务院关于进一步加强农村卫生工作的决定》明确要求，各级卫生行政部门是新农合的主管部门，经办机构承担具体实施的职责。因此，新型农村合作医疗制度的组织管理体系包括管理机构和经办机构，其中管理机构分为国家、省、市、县级共四级，经办机构分为县、乡两级。在不同政府部门的协调配合下，新型农村合作医疗制度管理机构和经办机构各司其职，共同保证新型农村合作医疗工作的健康开展。

（一）管理机构

1. 国家级管理机构　在国家层面，国务院建立了由原卫生部、财政部、农业部、民政部和发展改革委等 14 个部门组成的新农合部级联席会议制度，部级联席会议负责传达、贯彻党中央、国务院关于新农合工作的指示精神；根据新农合发展中出现的新情况、新问题协调有关部门及时研究制定政策；督促、监察、指导并通报各地区新农合工作的进展情况；就有关重大问题进行协调并提出解决办法。原卫生部作为新农合的主管部门担任部级联席会议的牵头单位，负责对新农合工作进行宏观指导和协调，负责联席会议制度的日常工作。财政部负责安排中央财政对参合者的补助资金，研究制定相关政策，加强资金管理和监督。农业部负责配合做好新农合的宣传推广工作，反映情况，协助对筹资的管理，监督资金的使用。民政部负责农村医疗救助制度有关工作，支持新农合制度的建立与完善。发展改革委员会负责新农合纳入国民经济和社会发展规划有关工

作，促进新农合与经济社会的协调发展，推动加强农村卫生工作基础设施建设，完善农村医药价格监管政策。

2. 省级管理机构　在省级，各省（区、市）政府均成立了由相关部门组成的新农合协调领导小组。政府领导任组长，卫生、财政、农业、民政、发展改革、审计、扶贫等部门负责人为成员。省级新农合协调领导小组负责新农合工作的具体领导、组织协调和政策制定等宏观管理工作。协调领导小组在同级卫生行政部门设办公室，负责协调领导小组日常工作。目前大部分省份新农合的管理由省级卫生厅（局）的农村卫生管理处负责，部分地区在省卫生厅内成立了专门的新农合医疗管理处。省级新农合管理部门主要承担辖区内新农合制度发展规划和政策制定、制度规范、组织实施、运行监测和指导督查等行政管理职能。

3. 地市级管理机构　新农合制度原则上以县级为统筹单位，在省直管县的管理体制下，市级对新农合制度的管理比较薄弱。目前新农合制度在地市级通常由地市卫生局统筹管理，其主要职责是承担辖区内新农合工作的协调沟通、基金监管、运行监测、培训督导等行政管理职能。

4. 县级管理机构　在县级，通常成立县长或分管副县长等为主任，由县政府有关部门负责人及乡（镇）长和参合者代表组成的县级新农合管理委员会。负责新农合的组织、领导、协调、调度、管理、监督、考核、奖惩等工作。县级卫生行政部门负责新农合的综合行政管理，具体职责包括：①制定新农合规章制度；②开展基线调查，根据本地实际和基线调查结果，按照省级卫生行政部门制订的新农合统筹补偿方案基本框架，选择推荐的新农合统筹补偿方案，草拟实施方案；③检查、督导经办机构执行新农合政策和制度；④检查、监督定点医疗机构执行新农合有关规定和医疗服务提供情况，查处违规违纪行为；⑤培训管理人员；⑥及时解决新农合运行中出现的问题；⑦收集、汇总、统计、分析新农合信息并及时上报；⑧定期向新农合管理委员会汇报新农合运行情况等。

（二）经办机构

经办机构分为县、乡两级，县级经办机构是具有独立法人资格的卫生事业单位，各地区根据需要在乡（镇）可设立派出机构（人员）或委托有关机构管理，经办机构主要负责新农合的审核、督查、会计、出纳、信息管理等工作，对新农合的正常运转发挥着重要的作用。经办机构的人员和工作经费列入同级财政预算，不得从农村合作医疗基金中提取。

小　结

1. 农村医疗卫生服务体系建设是新一轮医改的重中之重，需要解决农村卫生机构职能不明确、功能不完善、服务能力不强、重医轻防、公共卫生科室不健全等问题，通过对卫生资源重新组合，建立健全县、乡、村三级疾病控制、妇幼保健、健康教育、卫生监督、医疗救治机构。

2. 积极探索建立高效精干的农村卫生公益性管理体制和运行机制，实施农村卫生服务绩效管理，可以有效引导农村卫生机构转换服务模式，提高运行效率和服务质量。

3. 建立新型农村合作医疗制度，是从我国基本国情出发，解决农民看病难问题的一项重大举措，对于提高农民健康水平、缓解农民因病致贫、因病返贫、统筹城乡发展、实现全面建设小康社会的目标具有重要作用。

思 考 题

1. 我国农村卫生存在哪些主要问题？
2. 如何平衡农村卫生服务中基本医疗服务和公共卫生服务的关系？
3. 如何进行有效的农村卫生服务绩效管理？
4. 新型农村合作医疗的基本内容有哪些？

【案例】

江苏推动乡村医生身份转变

乡村医生是我国最基层的医疗卫生工作者，但长期以来，乡村医生的身份一直没有得到明确，处在国家卫生体制之外，无法享受相应的待遇及养老保障，成为严重影响农村医疗队伍稳定和素质提高的阻碍。江苏省在推进乡村医生"身份"转变工作的道路上，在重大政策瓶颈上寻求突破，走在了全国前列。一是为了让乡村医生有编可进，鼓励乡镇卫生院领办村卫生室，同时县级卫生行政部门预留一定数量的乡镇卫生院编制，用于公开招聘取得执业（助理）医师及以上资格的乡村医生，以及村卫生室新补充符合执业资格条件的人员。这项新政，为乡村医生逐步进入事业编制打开了"绿灯"，成为撬动乡村医生"身份"问题的"杠杆"。二是为了让乡村医生有资格进编，江苏对在岗乡村医生组织实施了中专学历补充教育，有3.3万名乡村医生接受了为期三年的学历教育，其中3.2万名经考试合格取得中专学历的乡村医生，报名参加了乡镇执业（助理）医师考试，1.7万名通过了考试并取得乡镇执业（助理）医师资格。同时，江苏今年首批847名定向农村医学生全部进入事业编制，为乡村医生队伍注入了活力。三是为了解决乡村医生后顾之忧，全面建立乡村医生养老保障政策。江苏率先在全国省级层面上全面推进乡村医生养老保障工作，鼓励乡村医生参加企业职工基本养老保险。对于不符合纳入社会养老保险条件的乡村医生，由当地政府给予适当补助。截至2012年11月，江苏已有90.1%的应参保乡村医生参加企业职工基本养老保险，92.9%的已退职乡村医生由政府安排合理养老补助，切实解决了乡村医生的后顾之忧。

（资料来源：中国江苏网，2012年12月18日）

讨论：
结合农村卫生服务体系建设现状，谈谈上述案例的现实意义？

第十六章 妇幼卫生管理

学习目标：通过本章学习，学生应该掌握妇幼卫生工作的方针和内容。熟悉妇幼卫生组织管理的基本概况。了解我国妇幼卫生工作信息化的基本内容。

第一节 妇幼卫生管理概述

妇女儿童占我国总人口三分之二，妇女儿童健康是民族兴盛的基础。加强妇幼卫生工作，对于提高全民族健康素质，促进经济发展和构建和谐社会具有重要意义。新中国成立以来特别是改革开放以来，党和政府高度重视妇幼卫生工作，采取了一系列有效措施提高妇幼卫生服务的能力，强化保障措施，使妇女儿童健康水平明显提高，孕产妇死亡率、婴儿及 5 岁以下儿童死亡率等国际常用健康评价指标得到明显改善。

一、妇幼卫生管理概念

妇幼卫生管理是政府卫生机构根据国家的卫生方针、政策、法律和法规，针对人民群众对妇幼保健的需求，适应妇幼保健科学与技术的进展，运用现代科学管理理论和方法，合理筹集、分配和使用妇幼卫生资源，提高妇幼保健水平和人口素质的一系列管理活动。

二、妇幼卫生工作方针政策

（一）我国妇幼卫生工作方针

妇幼卫生工作方针是妇幼卫生工作健康发展的指南，指引着妇幼卫生事业前进的方向。新中国成立以来，为更好地满足妇女儿童不断变化的卫生服务需求，我国妇幼卫生工作方针几经修改，不断完善，其间始终注重以预防为主，以保健为中心。

新中国成立初期，妇幼卫生工作坚持"预防为主"，以推广新法接生和妇科病普查普治为主要工作内容。20 世纪 60 年代，妇幼保健机构逐步恢复和建立健全，服务功能不断完善。20 世纪 80 年代，形成了"以预防保健为中心，指导基层为重点，保健与临床相结合"的工作方针。20 世纪 90 年代，妇幼卫生工作在预防为主的基础上，强化管理，将保健与临床有机地结合。2001 年 6 月颁布的《中华人民共和国母婴保健法实施办法》以法规的形式，明确指出我国妇幼卫生工作的方针是"以保健为中心，以保证生殖健康为目的，保健与临床相结合，面向群体，面向基层和预防为主"。

（二）我国妇幼卫生工作的法制管理

党和政府高度重视妇幼卫生工作，采取一系列有效措施提高了妇幼卫生服务的能力，强化了保障措施，使妇女儿童健康水平明显提高。特别是《中华人民共和国母婴保健法》《中国妇女发展纲要》和《中国儿童发展纲要》的颁布与实施，以及《婚前保健工作规范》《产前诊断技术管理办法》《新生儿疾病筛查管理办法》《关于进一步加强妇幼卫生工作的指导意见》《妇幼保健机构管理办法》《全国儿童保健工作规范》《托儿所幼儿园卫生保健管理办法》等一系列配套规章和文件的出台，使妇幼保健工作的开展有法可依，步入法制化管理轨道，妇幼卫生工作方针得以更好地贯彻执行。

1.《中华人民共和国母婴保健法》 1994 年中国政府颁布了《中华人民共和国母婴保健法》。这是我国第一部保护妇女、儿童健康权益的专门法律，标志着我国在依法治国方针的指导下，开始从法律高度维护妇女儿童的健康。这部法律对于发展我国妇幼卫生事业，保障母亲和儿童健康，提高出生人口素质，促进经济繁荣和社会进步，都具有十分重要的意义。该法自 1995 年 6 月 1 日起正式实施。

2.《中国妇女发展纲要（2011—2020 年)》 2000 年以来，经济全球化趋势不断增强，国际社会在推动人类发展进程中，更加关注妇女发展和性别平等。2011 年至2020 年是我国全面建设小康社会的关键时期。经济社会快速发展，既为妇女发展提供了难得的机遇，也提出了新的挑战。促进妇女全面发展，实现男女平等任重道远。2011年，根据《中华人民共和国妇女权益保障法》和有关法律规定，遵循联合国《消除对妇女一切形式歧视公约》、第四次世界妇女大会通过的北京宣言、行动纲领等国际公约和文件的宗旨，我国政府制定了《中国妇女发展纲要（2011—2020 年)》。

《中国妇女发展纲要（2011—2020 年)》按照我国经济社会发展的总体目标和要求，结合我国妇女发展和男女平等的实际情况，确立了 2011～2020 年妇女发展的指导思想、基本原则和总目标，并将妇女与健康、妇女与教育、妇女与经济、妇女参与决策和管理、妇女与社会保障、妇女与环境、妇女与法律作为该阶段的七个优先发展领域。

2011～2020 年我国妇女发展的总目标是：将社会性别意识纳入法律体系和公共政策，促进妇女全面发展，促进两性和谐发展，促进妇女与经济社会同步发展。保障妇女平等享有基本医疗卫生服务，生命质量和健康水平明显提高；平等享有受教育的权利和机会，受教育程度持续提高；平等获得经济资源和参与经济发展，经济地位明显提升；平等参与国家和社会事务管理，参政水平不断提高；平等享有社会保障，社会福利水平显著提高；平等参与环境决策和管理，发展环境更为优化；保障妇女权益的法律体系更加完善，妇女的合法权益得到切实保护。

3.《中国儿童发展纲要（2011—2020 年)》 儿童是人类的未来，是社会可持续发展的重要资源。儿童发展是国家经济社会发展与文明进步的重要组成部分，促进儿童发展，对于全面提高中华民族素质，建设人力资源强国具有重要战略意义。

依照《中华人民共和国未成年人保护法》等相关法律法规，遵循联合国《儿童权利公约》的宗旨，结合我国儿童发展的实际情况，2011 年国务院制定并发布了《中国儿童发展纲要（2011—2020 年）》。

《中国儿童发展纲要（2011—2020 年）》明确指出 2011～2020 年我国儿童发展的总目标是：完善覆盖城乡儿童的基本医疗卫生制度，提高儿童身心健康水平；促进基本公共教育服务均等化，保障儿童享有更高质量的教育；扩大儿童福利范围，建立和完善适度普惠的儿童福利体系；提高儿童工作社会化服务水平，创建儿童友好型社会环境；完善保护儿童的法规体系和保护机制，依法保护儿童合法权益。并对其间儿童发展的指导思想、基本原则、优先发展领域进行了明确说明。与《中国儿童发展纲要（2001—2010 年）》相比较，除继续将儿童与健康、儿童与教育、儿童与法律保护、儿童与环境作为优先发展领域，还增加了儿童与福利这一领域。

三、我国妇幼卫生工作的现状与问题

（一）我国妇幼卫生工作的现状

中国现有 8.8 亿妇女儿童，拥有世界上规模最大的妇女儿童群体。多年来，党中央、国务院高度重视妇女儿童健康，以保护妇女儿童健康权益、提高妇女儿童健康水平为目标，以贯彻实施《母婴保健法》《人口与计划生育法》和中国妇女儿童发展纲要为核心，逐步完善妇幼健康法律法规，不断健全妇幼健康服务体系，持续提高妇幼健康服务质量，着力解决妇女儿童健康突出问题，努力促进公平性和可及性，取得了举世瞩目的成就。

1. 妇女儿童健康水平显著提高　孕产妇死亡率和儿童死亡率持续显著降低（表 16－1），妇女人均预期寿命提高到 2010 年的 77.4 岁。2013 年全国孕产妇死亡率下降到 23.2/10 万，婴儿死亡率、5 岁以下儿童死亡率下降到 9.5‰和 12‰。这三项指标位于发展中国家前列，与发达国家差距进一步缩小，5 岁以下儿童死亡率已提前实现联合国千年发展目标。经世界卫生组织认证并宣布，中国已实现消除孕产妇和新生儿破伤风。

表 16－1　中国监测地区孕产妇及 5 岁以下儿童死亡率

指标	1991 年	2000 年	2005 年	2010 年	2011 年	2012 年
孕产妇死亡率（1/10 万）	80.0	53.0	47.7	30.0	26.1	24.5
城市	46.3	29.3	25.0	29.7	25.2	22.2
农村	100.0	69.6	53.8	30.1	26.5	25.6
5 岁以下儿童死亡率（‰）	61.0	39.7	22.5	16.4	15.6	13.2
城市	20.9	13.8	10.7	7.3	7.1	5.9
农村	71.1	45.7	25.7	20.1	19.1	16.2
婴儿死亡率（‰）	50.2	32.2	19.0	13.1	12.1	10.3
城市	17.3	11.8	9.1	5.8	5.8	5.2

续表

指标	1991 年	2000 年	2005 年	2010 年	2011 年	2012 年
农村	58.0	37.0	21.6	16.1	14.7	12.4
新生儿死亡率（‰）	33.1	22.8	13.2	8.3	7.8	6.9
城市	12.5	9.5	7.5	4.1	4.0	3.9
农村	37.9	25.8	14.7	10.0	9.4	8.1

资料来源：卫生部统计资料

2. 妇幼卫生法律法规逐步完善 1994 年 10 月全国人大常委会审议通过了《母婴保健法》，《母婴保健法》以宪法为依据，是保护妇女儿童健康的基本法，与《妇女权益保障法》《未成年人保护法》等法律法规共同为保护妇女儿童健康提供了法律保障。国务院先后制定实施了 1995～2000 年和 2001～2010 年中国妇女儿童发展纲要，2011 年还发布了 2011～2020 年中国妇女儿童发展纲要，把妇女和儿童健康纳入国民经济和社会发展规划中，作为优先发展的领域之一。卫生部先后制定了婚前、孕前、孕产期和新生儿期保健等一系列配套规章和规范性文件，使母婴保健服务在行政管理、监督检查和技术规范等各个环节，基本实现了有法可依。

3. 妇幼健康服务体系不断健全 妇幼健康服务体系以妇幼健康专业机构为核心，以城乡基层医疗卫生机构为基础，以大中型综合医疗机构和相关科研教学机构为技术支撑，为妇女儿童提供主动的、连续的全生命周期的医疗保健服务。各级妇幼健康服务机构是辖区妇幼健康工作的组织者、管理者和服务提供者。到 2012 年，全国共有妇幼保健机构 3044 个，计划生育技术服务机构 35300 个，妇产医院 495 个，儿童医院 89 个（表 16－2）。

表 16－2   妇幼保健机构及床位、人员数

指标	1995 年	2000 年	2005 年	2010 年	2011 年	2012 年
儿童医院数（个）	35	36	58	72	79	89
床位数（张）	9407	9835	14353	24582	25690	28273
人员数（人）	18279	18219	25109	37412	40808	45329
妇产医院数（个）	49	44	127	398	442	495
床位数（张）	8665	7532	11961	26453	29545	32902
人员数（人）	13829	12455	18789	46045	49403	54989
妇幼保健机构数（个）	3178	3163	3021	3025	3036	3044
床位数（张）	51321	71153	94105	134364	145866	161560
人员数（人）	134395	168302	187633	245102	261861	285180

资料来源：卫生部统计资料

4. 妇幼健康服务质量持续提高 妇幼健康服务坚持"以保健为中心，以保障生殖健康为目的，保健与临床相结合，面向群体、面向基层和预防为主"的工作方针，从单项服务逐步扩展到覆盖妇女儿童整个生命周期的全面服务，服务内容逐步拓展，服务数

量日益增加，服务质量持续提高，越来越多的妇女儿童享受到优质的妇幼保健服务。2013 年，孕产妇系统管理率、产前检查率达到 89.5% 和 95.6%，3 岁以下儿童系统管理率、7 岁以下儿童健康管理率分别为 88.96% 和 90.7%。

5. 妇幼健康服务逐步均等化 国家免费提供基本的孕产妇保健、儿童保健服务和基本计划生育技术服务，妇幼健康服务可及性和公平性进一步提高。针对影响妇女儿童健康的重大问题，国家实施了农村孕产妇住院分娩补助、农村妇女"两癌"检查，预防艾滋病、梅毒和乙肝母婴传播，贫困地区儿童营养改善及新生儿疾病筛查等一系列重大公共卫生服务项目。经过多年努力，妇女儿童常见病、多发病得到有效防治，孕产妇中重度贫血患病率、低出生体重发生率、儿童营养不良患病率等指标不断改善。

6. 出生缺陷综合防治进一步加强 1996～2011 年，我国围产儿出生缺陷发生率从 87.67/万上升至 153.23/万。国家针对孕前、孕期、新生儿等不同阶段，落实出生缺陷三级预防措施，实施了国家免费孕前优生健康检查、增补叶酸预防神经管缺陷、地中海贫血防控试点和贫困地区新生儿疾病筛查等一系列重大公共卫生服务项目。

（二）我国妇幼卫生工作的挑战与机遇

受社会主义初级阶段生产力发展水平和社会文明程度的制约与影响，我国妇女及儿童发展仍面临着诸多问题与挑战。

一是实现联合国千年发展目标仍需努力。孕产妇死亡率距离千年发展目标还有差距。5 岁以下儿童死亡率虽已实现千年发展目标，但每年儿童死亡数量仍高达 20 万左右，居世界第 5 位。

二是城乡、地区和人群之间妇女儿童健康状况差距明显。西部地区孕产妇死亡率是东部的 2.5 倍，农村婴儿死亡率、5 岁以下儿童死亡率分别是城市的 2.4 倍和 2.8 倍，农村孕产妇中重度贫血率是城市的 1.3 倍。改善西部地区、农村地区以及流动人口中的妇女儿童健康状况仍然是妇幼健康工作的重点和难点。

三是妇女儿童健康问题依然突出。乳腺癌、宫颈癌、白血病等重大疾病，以及高剖宫产率、不孕不育、营养性疾病、心理疾患等已成为日益突出的公共卫生问题。

四是出生人口素质有待提高。出生缺陷在全国婴儿死因中的构成比顺位由 2000 年的第 4 位上升至 2011 年的第 2 位，占 19.1%，已成为我国婴儿死亡和儿童残疾的主要原因。

五是妇幼健康服务资源总量和优质资源不足。妇幼健康服务体系建设滞后，基础设施条件较差，专业人才短缺，部分城市产科、儿科"一床难求"，资源总量欠缺。基层妇幼卫生服务能力不强，整体素质有待提升，西部地区、贫困地区、边远山区和少数民族地区妇幼卫生服务可及性较低。

六是单独两孩政策对妇幼健康服务提出更高要求。实施单独两孩政策，累积生育需求将会集中释放，出生人口数量有所增加，妇女儿童医疗保健相关服务需求将明显增加，服务资源将更加短缺，供需矛盾将进一步突出。

中国妇幼卫生事业发展有挑战，也有难得的发展机遇。从国内看，党中央国务院的高度重视为妇幼健康工作提供了政治保障。党的十八大报告、国务院印发的中国妇女和儿童发展纲要都将保障妇女儿童健康作为我国经济社会发展的重大战略需求和重点工作任务，首次将孕产妇死亡率、5 岁以下儿童死亡率、婴儿死亡率等妇女儿童主要健康指标列入国家"十二五"规划。随着医改不断深化，妇幼健康服务体系逐步加强，服务能力不断提高。实施孕期保健、儿童保健等基本公共卫生服务项目，以及农村孕产妇住院分娩补助、农村妇女"两癌"检查、儿童营养改善等重大公共卫生服务项目，使更多的妇女儿童分享改革与发展的成果。从国际上看，国际社会对妇女儿童健康高度关注，为发展中国妇幼卫生事业创造了重要机遇和良好氛围。联合国千年发展目标中儿童死亡率、孕产妇死亡率和生殖健康等都直接与妇幼健康工作相关。为实现千年发展目标，我国政府显著增加妇女儿童健康投入，加强妇幼卫生能力建设，努力保障妇女儿童享受更高水平的医疗卫生服务，为妇幼健康工作发展提供了强大动力。

第二节　妇幼卫生工作的基本内容

一、生殖健康服务

20 世纪 80 年代，随着国际上社会、经济、文化的进步以及女权运动的兴起，生殖健康这一新概念逐渐发展并形成。其内容涉及生命各阶段的生殖过程、功能和系统。1994 年 9 月 WHO 在埃及开罗召开的国际人口与发展大会上把生殖健康概念写进了行动纲领中。WHO 在会上对国际生殖健康的定义是：生殖健康是指在生命的各个阶段，生殖系统及其功能和生殖过程中的体质、精神和社会适应的完好状态，而不仅仅是没有疾病或不适。从定义上可以看出，生殖健康问题已经不再是一个单纯的医学问题，而是已成为了一个社会问题。生殖健康包含以下六个方面的内容：人们有满意而且安全的性生活；有生育能力；可以自由而负责任地决定生育时间及生育数目；夫妇有权知道和获取他们所选定的安全、有效、负担得起和可接受的计划生育方法；有权获得生殖保健服务；妇女能够安全妊娠并生育健康的婴儿。

在 1994 年国际人口与发展大会和 1995 年世界妇女大会召开以后，中国逐步确立了生殖保健工作方针，其基本目的就是要实现由过去强调人口指标为主向以服务对象为中心的方向转变，从过去提供单一的避孕节育服务向与生殖健康和妇女权益目标相结合的方向转变。生殖健康服务的主体不仅包括社区、计划生育服务机构，也包括学校和医院等机构。生殖健康服务的措施较为多样，具体包括在婴儿阶段免费提供的常见疾病疫苗接种、为青少年提供免费的生殖健康教育、咨询以及为育龄期妇女提供免费的孕期检查等相关服务，一切为了保障生殖系统的健康状况而提供的服务都可以纳入到生殖健康服务的范畴。

二、婚前保健

婚前保健是指准备结婚的男女双方，在结婚登记前到医疗保健机构接受婚前医学检查、婚前卫生指导和婚前卫生咨询等保健服务。婚前保健可使夫妻双方在结婚之前，得到一定的健康保护，有利于婚后的幸福生活。根据《中华人民共和国母婴保健法》的规定，婚前保健服务包括三方面的内容。

（一）婚前医学检查

婚前医学检查是对准备结婚的男女双方可能患影响结婚和生育的疾病进行的医学检查。

1. 婚前医学检查所涉及的主要疾病

（1）严重遗传性疾病　由于遗传因素先天形成，患者全部或部分丧失自主生活能力，子代再现风险高，医学上认为不宜生育的疾病。

（2）指定传染病　《中华人民共和国传染病防治法》中规定的艾滋病、淋病、梅毒以及医学上认为影响结婚和生育的其他传染病。

（3）有关精神病　精神分裂症、躁狂抑郁型精神病以及其他重型精神病。

（4）其他与婚育有关的疾病　如重要脏器疾病和生殖系统疾病等。

经婚前医学检查，医疗保健机构应当出具婚前医学检查证明。

2. 医学意见　婚前医学检查单位应向接受婚前医学检查的当事人出具《婚前医学检查证明》，并在"医学意见"栏内注明意见。

（1）双方为直系血亲、三代以内旁系血亲关系，以及患有医学上认为不宜结婚的疾病，如发现一方或双方患有重度、极重度智力低下，不具有婚姻意识能力；重型精神病，在病情发作期有攻击危害行为的，注明"建议不宜结婚"。

（2）发现医学上认为不宜生育的严重遗传性疾病或其他重要脏器疾病，以及医学上认为不宜生育的疾病的，注明"建议不宜生育"。

（3）发现指定传染病在传染期内、有关精神病在发病期内或其他医学上认为应暂缓结婚的疾病时，注明"建议暂缓结婚"；对于婚检发现的可能会终生传染的不在发病期的传染病患者或病原体携带者，在出具婚前检查医学意见时，应向受检者说明情况，提出预防、治疗及采取其他医学措施的意见。若受检者坚持结婚，应充分尊重受检双方的意愿，注明"建议采取医学措施，尊重受检者意愿"。

（4）未发现前款第（1）、（2）、（3）类情况，为婚检时法定允许结婚的情形，注明"未发现医学上不宜结婚的情形"。

在出具任何一种医学意见时，婚检医师应当向当事人说明情况，并进行指导。

（二）婚前卫生指导

婚前卫生指导是对准备结婚的男女双方进行的以生殖健康为核心，与结婚和生育有关的保健知识的宣传教育。

婚前卫生指导内容包括有关性卫生的保健和教育、新婚避孕知识及计划生育指导、受孕前的准备、环境和疾病对后代影响等孕前保健知识、遗传病的基本知识、影响婚育的有关疾病的基本知识及其他生殖健康知识。

由省级妇幼保健机构根据婚前卫生指导的内容，制定宣传教育材料。婚前保健机构通过多种方法系统地为服务对象进行婚前生殖健康教育，并向婚检对象提供婚前保健宣传资料。

（三）婚前卫生咨询

婚前卫生咨询是对有关婚配、生育保健等问题向准备结婚的男女双方提供医学意见。

婚检医师应针对医学检查结果发现的异常情况以及服务对象提出的具体问题进行解答、交换意见、提供信息，帮助受检对象在知情的基础上做出适宜的决定。医师在提出"不宜结婚""不宜生育"和"暂缓结婚"等医学意见时，应充分尊重服务对象的意愿，耐心、细致地讲明科学道理，对可能产生的后果给予重点解释，并由受检双方在体检表上签署知情意见。

三、妇女保健

妇女保健是指针对女性不同时期的生理、心理特征，以群体为对象，通过以预防为主、以保健为中心、防治结合等综合措施，促进妇女的身心健康，降低孕产妇死亡率，控制疾病的传播和遗传病的发生，从而提高妇女的健康水平。

妇女保健按照女性一生的生理发育特点，分为女童保健、青春期保健、经期保健、孕产期保健、哺乳期保健、围绝经期保健和老年妇女保健等若干时期。而妇女一生是一个连续的过程，一生中早期的健康程度，往往与后期的健康有密不可分的影响。例如生育年龄中造成的生殖道或骨盆的损伤，到老年时，由于肌肉张力下降，可以出现子宫脱垂、尿失禁等，造成老年妇女生活困难和痛苦。不同时期，妇女保健的任务有所不同，其中重点在于孕产期保健和产时保健系统管理。

（一）孕产期保健服务

1. 孕产期保健服务的内容　孕产期保健服务主要包括以下内容：①母婴保健指导：对孕育健康后代以及严重遗传性疾病和碘缺乏病等地方病的发病原因、治疗和预防方法提供医学意见；②孕妇、产妇保健：为孕妇、产妇提供卫生、营养、心理等方面的咨询和指导以及产前定期检查等医疗保健服务；③胎儿保健：对胎儿生长发育进行监护，提供咨询和医学指导；④新生儿保健：为新生儿生长发育、哺乳和护理提供的医疗保健服务。

2. 有关医学指导的规定　对患严重疾病或者接触致畸物质，妊娠可能危及孕妇生命安全或者可能严重影响孕妇健康和胎儿正常发育的，医疗保健机构应当予以医学指导。

3. 提供医学意见的规定　医师发现或者怀疑患严重遗传性疾病的育龄夫妻，应当提出医学意见。育龄夫妻应当根据医师的医学意见采取相应的措施。

（二）产前诊断

根据母婴保健法的有关规定，经产前检查，医师发现或者怀疑胎儿异常的，应当对孕妇进行产前诊断。

经产前诊断，有下列情形之一的，医师应当向夫妻双方说明情况，并提出终止妊娠的医学意见：胎儿患严重遗传性疾病的；胎儿有严重缺陷的；因患严重疾病，继续妊娠可能危及孕妇生命安全或者严重危害孕妇健康的。

若确实需要施行终止妊娠或者结扎手术，应当经本人同意，并签署意见。本人无行为能力的，应当经其监护人同意，并签署意见。依照母婴保健法规定施行终止妊娠或者结扎手术的，接受免费服务。生育过严重缺陷患儿的妇女再次妊娠前，夫妻双方应当到县级以上医疗保健机构接受医学检查。

（三）产时保健

产时保健即分娩期保健。妊娠 28 周以后，胎儿及其附属物从临产发动至从母体全部免除的过程，称为分娩。分娩是一个特殊的生理过程，时间虽短，但很重要且复杂。分娩的顺利与否和产时服务质量直接关系到母婴安危，提高产时服务质量，保证母婴安全是妇女保健工作的重要内容，亦是降低孕产妇死亡率的关键。产时保健要点可概括为"五防、一加强"，即防滞产、防感染、防产伤、防产后出血、防新生儿窒息，加强对高危妊娠的产时监护和产程处理。

（四）对医疗人员和医疗机构的规定

1. 医师和助产人员应当严格遵守有关操作规程，提高助产技术和服务质量，预防和减少产伤。

2. 不能住院分娩的孕妇应当由经过培训合格的接生人员实行消毒接生。

3. 医疗保健机构和从事家庭接生的人员按照国务院卫生行政部门的规定，出具统一制发的新生儿出生医学证明；有产妇和婴儿死亡以及新生儿出生缺陷情况的，应当向卫生行政部门报告。

4. 医疗保健机构为产妇提供科学育儿、合理营养和母乳喂养的指导。医疗保健机构对婴儿进行体格检查和预防接种，逐步开展新生儿疾病筛查、婴儿多发病和常见病防治等医疗保健服务。

四、儿童保健

儿童是构成一个国家未来人口的主要人群，他们的健康状况决定了一个国家未来人口的素质。因而，儿童保健是妇幼卫生工作的一个重要组成部分。

儿童时期分为围生儿期、新生儿期、婴儿期、幼儿期、学龄前期。根据不同年龄儿童生理和心理发育特点，有关医疗保健机构为其提供基本保健服务，包括出生缺陷筛查与管理（包含新生儿疾病筛查）、生长发育监测、喂养与营养指导、早期综合发展、心理行为发育评估与指导、免疫规划、常见疾病防治、健康安全保护、健康教育与健康促进等。

五、计划生育技术服务

计划生育技术服务是指使用手术、药物、工具、仪器、信息及其他技术手段，有目的地向育龄公民提供生育调节及其他有关的生殖保健服务的活动，包括计划生育技术指导、咨询以及与计划生育有关的临床医疗服务。计划生育技术服务作为我国计划生育这一国策保障性服务，实行国家指导与个人自愿相结合的原则。国家和计划生育委员会负责管理全国计划生育技术服务工作，保障公民获得适宜的计划生育技术服务的权利。

（一）计划生育技术指导、咨询

计划生育技术指导、咨询包括下列内容：①避孕节育与降低出生缺陷发生风险及其他生殖健康的科普宣传、指导和咨询；②提供避孕药具，对服务对象进行相关的指导、咨询、随访；③对施行避孕、节育手术和输卵（精）管复通手术的，在手术前、后提供相关的指导、咨询和随访。

（二）与计划生育有关的临床医疗服务

与计划生育有关的临床医疗服务包括下列内容：①避孕和节育的医学检查，主要指按照避孕、节育技术常规，为了排除禁忌证、掌握适应证而进行的术前健康检查以及术后康复和保证避孕安全、有效所需要的检查；②各种计划生育手术并发症和计划生育药具不良反应的诊断、鉴定和治疗；③施行各种避孕、节育手术和输卵（精）管复通术等恢复生育力的手术以及与施行手术相关的临床医学诊断和治疗；④根据国家和计划生育委员会制定的有关规定，开展围绕生育、节育、不育的其他生殖保健服务；⑤病残儿医学鉴定中必要的检查、观察、诊断、治疗活动。

六、健康教育

随着经济的发展和社会的进步，健康的概念不再局限于疾病、危险因素等方面，还涉及人口、经济、社会稳定与发展等诸多方面。国际社会不但越来越重视健康教育与健康促进工作，而且已经把它提高到影响经济发展和社会进步的高度。世界卫生组织把健康教育、健康促进、计划免疫和疾病监测定为 21 世纪疾病预防与控制的三大战略措施。

健康教育作为一项廉价高效的治本措施，是当今我国妇幼卫生工作中一项必不可少的重要内容。健康教育通过有计划、有组织、有系统的社会教育活动，使人们自觉地采纳有益于健康的行为和生活方式，消除或减轻影响健康的危险因素，预防疾病，促进健康，提高生活质量，并对教育效果做出评价。通过各种形式的健康教育，普及妇女保健、儿童保健、生殖健康、计划生育等妇幼卫生工作所涉及的各种保健知识，提高妇幼卫生保健的认知水平，能帮助人们了解哪些行为是影响健康的，并能自觉地选择有益于健康的行为生活方式。

第三节 妇幼卫生组织管理

一、妇幼卫生行政机构管理

妇幼卫生行政机构和妇幼卫生业务机构是我国妇幼卫生组织的两大组成部分。妇幼卫生行政机构包含国家级妇幼卫生行政机构和地方各级妇幼卫生行政机构。

（一）妇幼卫生行政机构

国家卫生和计划生育委员会妇幼健康服务司是我国妇幼卫生管理的最高行政机构，下设综合处、妇女卫生处、儿童卫生处、计划生育技术服务处和出生缺陷防治处。各省（直辖市、自治区）级卫生和计划生育委员会内设妇幼健康服务处；地（市、州、盟）级卫生和计划生育委员会内设妇幼健康服务科；县（旗、自治县、区）级卫生和计划生育委员内设妇幼健康服务科（股）。各地区由以上部门全面负责本地区妇幼卫生工作的组织领导。

（二）妇幼卫生行政机构的职能

各级妇幼卫生行政机构的主要职责包括拟定妇幼卫生和计划生育技术服务政策、规划、技术标准和规范，推进妇幼卫生和计划生育技术服务体系建设，指导妇幼卫生、出生缺陷防治、人类辅助生殖技术管理和计划生育技术服务工作，依法规范计划生育药具管理工作等。

二、妇幼卫生业务机构管理

妇幼卫生专业机构包括妇幼（婴）保健院、所（站），妇女保健所（院），儿童保健所，计划生育技术指导所，妇产（婴）医院，儿童医院及妇幼卫生专业研究机构等。这些机构受同级卫生行政部门领导和上一级妇幼保健专业机构的业务指导。各级妇幼保健机构的级别与同级医疗、防疫机构相等。

（一）妇幼卫生业务机构的设置

各级妇幼卫生业务机构由政府设置，按行政区划、功能和任务不同划分为一、二、三级。省（自治区、直辖市）所设妇幼保健院（所）为三级妇幼保健院，地（市、州、盟）所设妇幼保健院（所）为二级妇幼保健院，县（市、区、旗）所设妇幼保健所为一级妇幼保健院。少数有条件的县经上级卫生行政部门批准可设妇幼保健院。上级妇幼保健机构应承担对下级机构的技术指导、培训和检查等职责，协助下级机构开展技术服务。

各级妇幼保健机构，应本着精简和提高工作效率的原则，根据所承担的任务和职责按照院、科两级行政管理体制确定内部结构。妇幼保健院内设保健和临床两大职能部门，在这两大平行部门下设置科室。保健科室包括妇女保健科、儿童保健科、生殖健康科、健康教育科、信息管理科等。临床科室包括妇科、产科、儿科、新生儿科、计划生育科等，以及医学检验科、医学影像科等医技科室。各地可根据实际工作需要增加或细化科室设置，原则上应与其所承担的公共卫生职责和基本医疗服务相适应。

各级妇幼保健机构应根据《母婴保健法》《母婴保健法实施办法》《医疗机构管理条例》等相关法律法规进行设置审批和执业登记。从事婚前保健、产前诊断和遗传病诊断、助产技术、终止妊娠和结扎手术的妇幼保健机构要依法取得《母婴保健技术服务执业许可证》。

（二）妇幼卫生业务机构的职责

妇幼保健机构是由政府举办，不以营利为目的，具有公共卫生性质的公益性事业单位，是为妇女儿童提供公共卫生和基本医疗服务的专业机构。

妇幼保健机构以群体保健工作为基础，面向基层、预防为主，为妇女儿童提供健康教育、预防保健等公共卫生服务。其职责包括：①完成各级政府和卫生行政部门下达的指令性任务。②掌握本辖区妇女儿童健康状况及影响因素，协助卫生行政部门制定本辖区妇幼卫生工作的相关政策、技术规范及各项规章制度。③受卫生行政部门委托对本辖区各级各类医疗保健机构开展的妇幼卫生服务进行检查、考核与评价。④负责指导和开展本辖区的妇幼保健健康教育与健康促进工作；组织实施本辖区母婴保健技术培训，对基层医疗保健机构开展业务指导，并提供技术支持。⑤负责本辖区孕产妇死亡、婴儿及5岁以下儿童死亡、出生缺陷监测、妇幼卫生服务及技术管理等信息的收集、统计、分析、质量控制和汇总上报。⑥开展妇女保健服务，包括青春期保健、婚前和孕前保健、孕产期保健、更年期保健、老年期保健。重点加强心理卫生咨询、营养指导、计划生育技术服务、生殖道感染/性传播疾病等妇女常见病防治。⑦开展儿童保健服务，包括胎儿期、新生儿期、婴幼儿期、学龄前期及学龄期保健，受卫生行政部门委托对托幼园所卫生保健进行管理和业务指导。重点加强儿童早期综合发展、营养与喂养指导、生长发育监测、心理行为咨询、儿童疾病综合管理等儿童保健服务。⑧开展妇幼卫生、生殖健康的应用性科学研究并组织推广适宜技术。

在切实履行公共卫生职责的同时，妇幼保健机构开展与妇女儿童健康密切相关的基本医疗服务，包括妇女儿童常见疾病诊治、计划生育技术服务、产前筛查、新生儿疾病筛查、助产技术服务等，根据需要和条件，开展产前诊断、产科并发症处理、新生儿危重症抢救和治疗等。

（三）妇幼卫生业务机构的人员配备与管理

妇幼保健机构人员编制按《各级妇幼保健机构编制标准》落实。一般按人口的1∶10000配备，地广人稀、交通不便的地区和大城市按人口的1∶5000配备；人口稠密的地区按1∶15000配备。

根据工作任务、技术力量和开展工作情况的不同，妇幼保健院、保健所按表16-3

的标准确定人员编制。临床人员按设立床位数，以 1：1.7 安排编制。卫生技术人员占总人数的 75% ~ 80%。

表 16 - 3 妇幼保健院（所）人员编制标准

	省（自治区、直辖市） 妇幼保健院（所）	市（州、盟） 妇幼保健院（所）	县（市、区、旗） 妇幼保健所
一类	121 ~ 160 人	61 ~ 90 人	41 ~ 70 人
二类	80 ~ 120 人	40 ~ 60 人	20 ~ 40 人

资料来源：《各级妇幼保健机构编制标准》

妇幼保健院实行院长负责制，院长一般应由专业技术人员担任。妇幼保健机构的专业技术人员须掌握母婴保健法律法规，具有法定执业资格。从事婚前保健、产前诊断和遗传病诊断、助产技术、终止妊娠和结扎手术服务的人员必须取得相应的《母婴保健技术考核合格证书》。

第四节 妇幼卫生工作的信息化

一、妇幼卫生信息管理的意义

信息化是经济与社会发展的创新驱动力。只有获取充分、准确的妇幼卫生信息，才能帮助卫生管理人员对妇幼卫生工作进行全面公正的评估，做出更为科学合理的决策。

妇幼保健机构信息工作是指卫生行政部门和妇幼保健机构为实行科学管理和开展优质服务，掌握妇女、儿童健康状况及其影响因素，评价妇幼保健和临床诊疗工作开展情况而组织开展的各项信息管理工作，是妇幼保健机构常规管理工作的组成部分之一。各级妇幼保健机构应配备熟悉国家医疗卫生保健相关法律法规和业务知识，熟练掌握信息管理与信息技术知识和技能的专业技术人员，承担保健与临床各项信息管理与信息化建设工作。

根据新医改的有关精神以及《信息化建设指导意见与发展规划（2011—2015）》的发展目标和建设原则，我国将以健康档案、电子病历为切入点，推进公共卫生信息化平台建设。人口健康信息化也成为我国信息化建设的重点领域和重要组成部分。妇幼卫生信息作为我国人口健康信息的重要组成，其全面采集和有效管理不仅对保障妇女儿童健康，提高出生人口素质，促进妇幼卫生事业发展具有重要作用，还有利于深化医药卫生体制改革和人人享有医疗卫生服务目标的实现。

二、妇幼卫生信息的来源

妇幼卫生信息来源于常规登记、监测监督和专题调查三个方面。

（一）常规登记

常规登记包括日常工作记录和统计报表。日常工作记录包括日常医疗卫生工作的原始记录（如门诊记录、住院病历、临床化验单等）和社区卫生服务机构所保存的有关材料（如预防保健接种卡、家庭健康档案等）。统计报表是在日常工作记录的基础上，根据国家规定的报告制度，由妇幼保健专业机构或有关的医疗卫生部门定期整理和统计后逐级上报的系列统计数据表格，如《7 岁以下儿童保健工作年报表》《孕产妇保健年报表》等。

妇幼卫生信息管理工作实行分级管理。妇幼保健机构受卫生行政部门委托，负责辖区内各类医疗保健机构中与妇女、儿童健康相关信息的搜集、整理、上报、分析、反馈和监督管理，以及相关信息化建设。县（区）级妇幼保健机构负责辖区内妇幼卫生相关数据与信息的收集、整理、分析、质控、上报和日常管理，是妇幼卫生信息管理的基础单位。县（区）、市（地）、省三级妇幼保健机构实行妇幼卫生统计报表及相关个案信息的逐级汇总、上报、分析、反馈和共享。各级妇幼卫生信息管理工作实行向下逐级业务指导和监督管理。妇幼保健机构应指导辖区内开展与妇女、儿童健康相关的医疗保健服务的各类医疗保健机构（含乡镇卫生院、社区卫生服务机构），建立和保存各类业务数据与信息的原始记录，做好妇幼卫生信息搜集和上报工作。

（二）监测监督

1986 年以来，我国先后开展了出生缺陷医院监测、孕产妇死亡监测和 5 岁以下儿童死亡监测工作（简称"三网监测"）。各监测系统通过系统收集资料、严格控制质量和认真整理分析，获得了比较准确地反映我国妇女、儿童健康状况的基本资料，为制定《九十年代中国儿童发展规划纲要》战略目标及其实施进展情况的评价，为妇幼卫生的计划、管理、决策和科学研究提供了十分宝贵的信息和依据。

但是，这三个监测系统由于建立的时间和工作要求不同，在监测范围、样本量大小及监测人群等方面均不一致，不便于国家卫生行政部门统一管理以及监测经费的有效使用，也不便于各省（区、市）卫生行政部门和妇幼保健机构对监测工作的监督指导，有些监测点难以继续维持。为此，原卫生部妇幼保健司、信息统计中心在同各监测系统牵头单位充分研讨的基础上，决定将三个监测系统合并，统一为中国妇幼卫生监测网，于 1996 年形成并实施了全国"三网合一"监测方案。该系统的应用实现了各监测点直接到全国妇幼卫生监测办公室的数据直报，缩减了工作环节，提高了监测数据的实效性。

21 世纪初，随着全国人口出生率下降、城乡比例改变和经济社会的发展，已有监测系统数据的准确性和及时性难以满足妇幼卫生工作和国家决策的需要。2005 年 8 月，原卫生部妇幼保健与社区卫生司，在北京组织专家论证了国家级妇幼卫生监测系统的调整方案，提出 2006 年度适当调整监测地区，增加监测样本量，以使国家级妇幼卫生监测系统更符合妇幼卫生工作形势的发展。同年，在全国 64 个区县启动了以人群为基础的出生缺陷监测工作。2010 年，在出生缺陷监测医院中选取部分医院开展了危重孕产妇监测工作；2011 年，在已有妇幼卫生监测区县中选取 80 个区县的部分乡镇开展了儿童营养与健康监测工作；妇幼卫生监测内容的广度和深度得到进一步拓展。2012 年，再次调整、优化了妇幼卫生监测表卡。2013 年，全国妇幼卫生监测对象调整为出生缺陷医院监测和人群监测、儿童营养与健康监测、危重孕产妇医院监测、5 岁以下儿童死亡和孕产妇死亡监测。

（三）专题调查

为了弥补上述方法所获常规统计资料的不足，更为准确地掌握妇女儿童的健康状况，还可对某一项或某几项妇幼卫生工作进行专题调查。专题调查一般在两种情况下进行，一是在常规登记和监测的基础上，对某一问题需要进行深入研究；二是常规登记和监测监督数据中没有包括的问题。根据所调查的问题，专题调查既可采用定性研究，也可采用定量研究。

小　结

1. 妇幼卫生改革必须坚持"以保健为中心，保健与临床相结合，面向群体，面向基层"的妇幼卫生工作方针，这是我国国情和卫生工作任务所决定的。

2. 经过几十年的发展，我国妇幼卫生法律法规逐步完善，妇幼卫生服务体系不断健全，妇幼卫生服务不断加强，得到国际社会的好评，但也面临不少挑战。今后，仍需在生殖健康服务、婚姻保健、妇女保健、儿童保健、计生服务和健康教育等方面认真开展工作。

3. 对出生缺陷、孕产妇死亡和 5 岁以下儿童死亡所进行的"三网监测"，是妇幼卫生保健工作的重要内容，也是我国妇幼卫生信息管理的基础。妇幼卫生信息化是我国人口健康信息化的重要组成部分。

思　考　题

1. 简述妇幼卫生工作的基本内容。
2. 什么是妇幼卫生管理？
3. 简述我国妇幼卫生组织机构的构成。

【案例】

苏州母婴阳光工程免费提供母婴健康咨询

"亲爱的用户，母婴宝温情提示，怀孕后，停经 12 周内就应接受第一次产前检查……"从今年 5 月 1 日起，怀孕妇女只要在江苏省苏州市医疗机构建立了生育保健电子档案，自己的手机或小灵通在一年之内每天都会接到母婴宝公益短信，内容是孕期、产褥期保健及育儿相关知识等。

这是苏州市母婴阳光工程中免费母婴健康咨询的一项内容——母婴宝公益短信服务。截至 8 月底，苏州市有 1.7 万人享受了该项服务，短信发送量达 103 万多条。

　　母婴阳光工程是苏州市推进基本公共卫生服务均等化的重要举措，由政府出资，免费提供母婴健康咨询、免费婚前医学检查、产前筛查诊断、儿童系统保健、儿童免疫规划、特困人群妇女病普查。其中的母婴健康咨询服务，本地居民和流动人口都可以免费享受。

　　如何提高健康咨询的效率？苏州市卫生局将年轻人喜欢的短信增加为服务方式，利用移动通信平台开发了母婴宝公益短信平台。财政按照每名孕妇每月5元投入资金。该市卫生局组织妇产科、儿科及妇幼保健专家，针对孕期、产褥期、0～7岁儿童养育和健康常见问题，编写了1922条短信，根据用户所处阶段有针对性地发送保健短信。孕期检查提醒、儿童疫苗接种提醒、妈妈学校提醒、产前检查和新生儿疾病筛查结果、产后访视责任医生姓名及联系方式等，都通过短信发送。孕妇或妈妈如果有问题，还可以通过短信免费咨询，该市卫生局为此组织了由临床专家组成的后援团队，专门给予权威回复。

　　（资料来源：《健康报》，2009 – 09 – 10）

　　讨论：

　　1. 保障母婴健康有何意义？

　　2. 在妇幼健康服务年，你所在的地区开展了哪些活动推动妇幼健康工作的发展？成效如何？

第十七章　卫生科教管理

学习目标：通过本章学习学生应该掌握医学教育管理和卫生科技管理的概念，医学科技管理存在的问题和改革方向。熟悉我国医学教育管理存在的问题、卫生科技工作面临机遇和挑战。了解医学教育管理的主要任务和改革方向。

第一节　医学教育管理

一、医学教育管理的概念

医学教育管理是对医学教育资源（包括人力、物力、财力、时间、信息、技术等）进行合理组合，使之有效运转，以实现医学教育管理目标的协调活动过程。作为一门学科，它是研究医学教育的基本活动及其发展规律的科学。医学教育管理，主要管理基础医学教育、毕业后医学教育和继续医学教育三个阶段的医学教育工作及各种形式的医学教育活动。

医学教育是整个教育体系的一个重要组成部分，是卫生人力资源开发、卫生事业发展的基础。医学教育泛指以医学科学为主要教育内容、以培养各种类型的医学专业人才为目标的教育活动。整个医学教育系统是建立在普通教育基础之上的，它一般由"基础医学教育、毕业后医学教育和继续医学教育"三个阶段组成，这三个阶段既相互联系、又相互区别。

基础医学教育包括高等医学教育、中等医学教育、初等医学教育。我国高等医学教育的主要任务是在教育、卫生工作方针指导下，培养德智体全面发展的合格的高级医药卫生人才，同时承担医学科学研究和提供高水平的医疗卫生保健服务；中等医学教育的主要任务是培养各类中级医药卫生人才，为加强基础医疗卫生工作，发展我国城乡医药卫生事业服务；初等医学教育是对基层卫生组织中从事简易技术工作的初级卫生技术人员进行的专业培养。

毕业后医学教育是对在医学院校毕业后的卫生人员进行规范化的培训。建立住院医师规范化培训制度是近年来对卫生人员进行规范化培训的重要途径，全面建立国家住院医师规范化培训制度，实现与国际主流医学教育培训模式接轨，从根本上提升我国临床医师队伍的素质和水平，才能更好地满足人民群众日益增长的医疗服务需求。按照《关于建立住院医师规范化培训制度的指导意见》的要求，2015 年，各省（区、市）全面启动住院医师规范化培训工作；到 2020 年，所有新进医疗岗位的本科及以上学历临床医师，全部接受住院医师规范化培训。

继续医学教育是医学教育体系的重要组成部分，它以学习现代医学科学技术发展的新理论、新知识、新技术、新方法为重点，注重先进性、针对性和实用性。坚持教育方式的多种形式，注重质量和实效；坚持普及与提高相结合，创造优秀卫生技术人才脱颖而出的良好环境；坚持实事求是、因地制宜的原则。继续教育是指广大在职卫生技术人员主动适应卫生服务需求、全面提升职业素质、实现终身教育和职业发展的一项基本医学教育制度。

二、医学教育管理的任务

原卫生部在 1985 年设立医学教育司，后来因机构调整与科技司合并成立科技教育司，组织实施毕业后医学教育和继续医学教育，参与拟订医学教育发展规划，协同指导医学院校教育，建立住院医师规范化培训制度和专科医师培训制度。

医学教育管理的任务，是通过制定科学合理的医学教育管理体制、层次结构、发展规划和积极有效的医学教育评估，努力开发卫生人力资源，保证为卫生事业的健康、可持续发展提供数量适中、质量优良的医疗卫生人才，为人民群众健康服务，为社会主义现代化建设服务。具体来说，医学教育管理的任务可以进一步划分为宏观和微观两个层次：在宏观层次上，把医学教育作为一个整体来研究这一专业性系统的组织结构、布局、规模和发展方向等；在微观层次上，把医学教育过程本身作为研究对象，通过调查研究和改革，从理论上阐明医学教育的培养目标、课程体系、教学方法和考试评价等教学环节，使其更加符合现代教育思想的要求。

三、医学教育管理存在的问题与改革方向

新中国成立以来，我国的医学教育事业有了很大的发展，取得了显著成绩，通过实践逐步探索出医学教育的特点和规律，形成医学教育的管理体制和运行机制，建立了包括学校基础教育、毕业后教育、继续教育连续统一的医学教育体系，医学教育的规模、质量、效益均有了显著提高。

尽管我国医学教育取得了较大的进步，但与社会的进步、科学技术的发展、卫生事业改革的需要还不能够完全适应，在医学教育管理上还存在一些问题。

（一）医学教育管理存在的问题

1. 教学条件相对落后 目前我国大部分医学院校仍为授课式的教学方法，重视理论课教学，忽视实践课教学。实际动手能力培养在教学内容中所占比重过小。高等医学教育区别于其他类型高等教育的突出特点就是，它需要的投入大，教学设备仪器、实验条件、实验材料等每一项都需要消耗。目前多数医学院校因为教学经费匮乏，导致教学条件的落后，学生实践技能的锻炼和动手能力受到影响。

2. 教育培养模式单一 长期以来，在我国医学高等教育的人才培养中，突出强调统一计划、统一大纲、统一教材、统一考试等"统一性"，重在专业知识的传授和科学素质的培养，而忽视全面知识的吸取，尤其缺少人类健康心理、行为、营养保健、社会和法律等方面的社会人文素质教育。国外医学院校教育内容基本是由自然科学、社会人文科学、医学三大类组成。其中人文课程在美国、德国占总课程的20%～25%，英国、日本占10%～15%，而我国仅约8%，这样培养出来的医师可能出现沟通社交能力差、法律意识淡漠、人文关怀差，甚至会出现职业道德缺失。

3. 管理体制僵化 现在大多数医学院校的教学管理工作循规蹈矩，不能灵活适应现代教育发展的要求，表现在教学计划和课程设置上缺乏多样性，很少考虑外部环境变化和学生的实际需求，某些课程严重重复，内容没有得到及时更新。

4. 临床思维培养欠缺 临床思维能力是临床医生运用医学科学、自然科学、人文社会科学和行为科学知识，结合患者实际情况进行正确决策的能力。临床思维不是先天就有的，而是在临床实践中通过不断积累得来的。近年来很多医院在招聘时明确要求是硕士、博士，考虑到未来发展，大部分医学生在临床实习过程中忙于考研，忽视临床培训实习。在研究生培养期间，重实验室研究，忙于发表论文毕业，临床基本理论、基本功训练不足，基本临床思维难以建立。

5. 住院医师规范化培训管理尚不完善 住院医师规范化培训旨在培养医学卫生人才的岗位胜任能力。目前存在的问题主要有：主管部门管理职权不清晰，管理不到位，医院人事部、医务部、科教部三家同时在不同方面对住院医师进行管理，各部门管理不协调、不统一、不规范，且无详细的监督、考核评估机制，致使执行力度不够。另外在培训基地建设、住院医师培训网络建设方面尚有很多不完善之处。

6. 继续医学教育管理问题突出 继续医学教育相关制度建设尚不够健全，教学内容不够丰富，学习达不到"三性"（先进性、针对性、实用性）、"四新"（新理论、新知识、新技术、新方法）的要求，流于形式，培训手段过于传统，缺乏配套的规章制度和健全有效的评价机制。

（三）医学教育改革方向

1. 深化医学教育体制改革 逐步建立政府统筹规划宏观管理，学校面向社会自主办学的体制。根据我国国情，可采用多种体制办学，形成综合性大学医学院与独立设置的医学院校并存的管理与办学体制；既要充分发挥综合性、多学科性大学的学科优势，形成文、理、医结合的模式，又要注意保持医学教育的特点。

医学高等专科学校一部分通过合并或联合办学改制为本科院校，一部分仍保留现有格局，在压缩中等卫生学校规模的同时，应大力推进中等医学教育资源的优化组合，建立与区域卫生规划相适应的学校布局。根据不同地区的实际情况和学校具备的条件，可保留部分中等卫生学校，一些条件较好的中等卫生学校可在并入高校或独立升格后，举办普通高等医学专科教育或高等职业技术教育，形成具有中国特色的医学普通专业教育与医学职业技术教育并举，分工明确，互相沟通，彼此衔接的医学人才培养体系。

2. 加强医学教育过程中文、理、医渗透和多学科交叉融合 在医学教育中，要根据自然科学、人文与社会科学、医药科学的发展趋势与卫生服务的需求，积极改革课程体系、教学内容、教学方法，确立以基础理论、基本知识、基本技能为重点的教学内容，积极吸纳反映医学模式、卫生服务模式转变所必需的各种新概念、新知识、新技能，注重课程体系的整体优化。同时，医学是一门实践性很强的学科，要注重实践性教学环节，将校内教学与基地教学、社区教学相结合，强化基本技能训练，提高分析问题和解决问题的能力；医学院校教学、科研和医疗卫生服务的职能是相辅相成的，教育中应注重教师在服务中教，学生在服务中学，培养学生的服务意识与奉献精神，把医德与医术的培养结合起来。

3. 规范办学，确保医学教育教学质量 应建立各级各类医学教育专业设置标准，严格审批制度；建立健全医学教育评价制度，对医学教育单位的办学条件、教学工作及教育质量进行评估；按照《中华人民共和国执业医师法》规定和医药卫生人员准入标准，规范自学考试与成人教育。

4. 增强对医学生临床思维能力的培养 国际医学教育专门委员会制定了本科医学教育全球最低基本要求，提出全球医学院校培养的医生都必须具备七个方面的基本素质，即职业价值、态度行为和伦理，医学科学基础知识，交流沟通技能，临床技能，群体健康和卫生系统，信息管理能力，批判性思维和研究。在医学生中加强临床思维能力的培养，是一个系统工程，不仅仅是在后期临床实习中注重培养，在早期基础课及临床课教学中就要循序渐进地培养学生良好的思维习惯，正确的临床思维是医生正确诊断的必备条件，同时也为未来成为以"临床问题为主导"的应用型人才打下坚实的基础。医学教育者应从全球医学教育"最低基本要求"出发，使学生具备运用坚实的理论基础知识，解决临床实际问题的能力，注重培养学生独立思考，创新思维和能力，增强学生运用临床思维和方法分析问题和解决问题的能力。

5. 以具有中国特色、时代特征和中医药教育特点的思想、观念，推动高等中医药教育事业的改革和发展 高等中医药教育是我国高等医药教育的特色和优势。在深化高等中医药教育人才培养模式、课程体系、教学内容、教学方法改革时，既要认真继承中医药的特色和优势，又要善于吸收现代科学技术和知识，努力培养高层次中医药人才，造就一批新一代名中医，同时还应积极发展各种形式的中医药对外教育，促进中医药更广泛地走向世界，为全人类健康做出更大贡献。

第二节 卫生科技管理

一、卫生科技管理的概念

卫生科技管理就是将现代管理学原理、方法应用于卫生科技活动中，以实现卫生科技活动中各要素的最佳配合并发挥出最佳效能。

改革开放以来，在"科教兴国"战略的指导下，我国卫生科技工作为促进经济建设和社会发展做出了突出贡献，科技自身实力也得到了较大幅度的提高。但是，21世纪是科学技术日新月异、迅猛发展的世纪，以信息技术、生物技术、纳米技术为代表的高新技术及其产业的发展对卫生科技提出了严峻的挑战。同时，科技体制改革、教育体制改革和卫生体制改革的不断深化，也对卫生科技的发展提出了更高的要求。提高卫生科技管理人员的管理水平，加强卫生科技管理在技术创新，发展高科技，推进临床新技术的推广应用是卫生科技管理的重要内容。

二、卫生科技工作面临机遇和挑战

在我国经济产值增长中，科技进步的贡献率只占10%～20%，而工业发达国家已达60%以上，大力依靠科技进步推进经济发展刻不容缓。医疗卫生是高科技智力密集型服务行业，在世界经济步入知识经济时代的背景下，中国的卫生发展应该建立在科技进步的基础上，以使我国卫生事业的发展进入以科技进步和技术创新为强大推动力的阶段，迅速缩短与发达国家之间的差距。

（一）卫生科技工作面临的机遇

1. 卫生科技工作战略意义日益凸显　医疗与健康关系着社会和谐、经济发展与政治稳定，各国政府均着力发展医学科技，以解决重要疾病防治难题，实现人人享有卫生保健为目标。健康水平的提升成为衡量和评价各国社会发展状况的重要指标之一，众多国家已经启动健康战略并正在实施，医学科研投入经费比重日益加强。美国国立卫生研究院研究经费约占美国非国防领域科研经费的三分之一以上，2010年达到312亿美元，并保持持续增长的趋势。无论是投入经费总量还是科技经费的比例，我国医学科技投入与发达国家相比还存在较大差距。进一步加大医学领域的科技投入，加快医学科技的发展，具有重大战略意义。

2. 健康需求快速增长　健康是人类自身最普遍、最根本的需求。现阶段我国健康需求的主要特点是起点低、总量大，居民整体健康状况相对较差。随着经济条件、教育程度、科学技术、产业发展等各要素水平的不断提高，广大公众健康需求快速释放，人们越来越重视防病治病，拉动了医疗服务业以及包括药品和医疗器械在内的生物医药产业的快速发展，也导致我国医疗资源紧缺的问题越来越突出。同时，伴随着广大公众健康意识的不断提高，家庭医疗、康复保健、个人健康等产品逐步成为新的市场增长点，医疗保健消费支出在个人消费支出中所占比例逐步提高，现代健康服务业快速增长。医学科技的目的已不仅仅是解除病痛，更要为满足人们健康水平提高和生活质量提升等多层次需求提供更好的健康服务。

3. 科技创新高度活跃　认识生命现象和解决健康问题带来的内生动力以及以生命科学为主的多学科理论和方法的不断进步，促进了医学研究的深度和广度不断拓展。分子、细胞、组织、器官、系统及整体等层面的研究不断深入，推动医学向预测、预防和个体化诊疗等新的方向加速发展；医学影像、分子诊断、基因治疗、细胞治疗、微创手术、组织工程、生物医用材料、靶向药物治疗、无创检测、实时监测、数字化医疗、远程医疗、移动医疗等新技术不断发展，疾病防治手段和医疗服务水平不断进步；传统医药的健康观念、医疗实践与现代医学的结合日趋紧密，中西医融合发展已经成为我国医学科技发展的显著特色；多学科的交叉渗透融合日益广泛，医学逐步成为促进生物、材料、信息、工程等学科领域集成融合应用的重要引擎，医学科技发展进入了重要的战略机遇期。

（二）卫生科技工作面临挑战

1. 封闭循环，管理机制须创新　国内目前卫生科研力量主要是集中在医学院校及其附属医院，各个大学之间人才流动、科研平台共享等方面运行不畅，一定程度上存在封闭循环、重复建设现象。部分医疗机构是一种小作坊式科研模式。在卫生体系内部，目前普遍存在"重医轻防"，医疗与预防、康复、护理相对割裂的现象。医学作为一个整体，这种割裂不利于卫生资源的集约化、精细化管理。要充分利用医疗资源，必须创建有效机制，促进卫生资源的纵向联合和横向流动，达到卫生资源科技研究的效益最大化。

2. 资金投入不足　尽管近年来国家对于科研项目和人才培养的投入在不断增加，但科研投入与 GDP 的比值以及人均科研项目经费仍处于较低水平。

3. 社会使命感缺失　在现行管理制度导向下，考量医务工作者的科研指标主要是学术论文和科研课题，这样必然在一定程度上会出现科研和临床相脱离，出现单纯"为科研而科研"的现象。部分科研人员不能从临床需要、从患者的需求，从维护人们的健康作为科研的出发点，而是为了自身升职称、拿奖项，不能将个人的职业生涯规划和卫生改革大方向有机结合，这样取得的科研成果很难为人类的健康事业做出贡献。

三、医学科技管理存在的问题与改革方向

（一）医学科技管理存在的问题

1. 基础和临床科研严重脱节　我国基础和临床研究的严重脱节现象普遍存在。这就会导致资源的严重浪费。从事基础研究的，无论是科研院所，还是医科院校（包括生命科学院）的基础教研室都比从事临床研究的单位具有许多资源上的优势，比如实验室条件、科研人员的素质、研究经费、研究经验等。同时，临床研究者也有其独特的优势，比如病人标本的采集和来源、医务人员对临床迫切需要解决的问题的知晓程度、应用成果在临床上的验证和使用、临床研究者提出的科研方向和思路的实用价值等。如果临床和基础研究结合起来，就可以实现资源的高效利用和共享。

2. 片面追求科研论文数量，忽视内在质量　工作业绩和科研水平与论文发表数在很大程度上不成正比。考核科研水平的最重要的因素应是：发表论文数和影响因子，科研成果的数量和质量，以及成果的转化或产业化水平。过分强调发表的论文数量并以此作为业绩考评依据会导致伪劣论文纷纷出笼，容易滋生不正当的竞争。

3. 基金和成果评审机制不完善　在专家评审委员会成员的资格审定、评审程序的安排、确保评审过程的公正等方面都有一整套政策和法规来把关，但是，在实际操作过程中可能存在很大漏洞。"堵漏防腐"任重道远，需要治理的环节很多。在成果上造假、在评审中"互帮互助"、违规使用经费开支等一些败坏科研神圣和尊严事件的发生，要求基金和成果评审机制工作必须完善。

（二）医学科技管理改革方向

1. 解放思想，积极转变政府职能　政府应充分发挥宏观调控、社会管理职能，抓规划、准入、监管、政策调控、信息公开、营造平等有序的竞争环境，从"管"字当头的控制型政府管理方式向立足于服务和监督的服务型政府管理方式转变。

医学科研管理首先要抓科技发展规划的制订和落实，制订长期科技发展战略，占领制高点；其二要研究和制定为实现规划提出的目标所采取的政策措施；其三要强化对临床新技术、新方法的准入，采取积极措施加速临床适宜技术的推广应用；其四要加强对知识产权保护；其五要从直接抓科研项目、直接干预科研机构运作等科研管理模式中解放出来，通过政策导向，引导科研发展的方向以及对社会科技资源进行合理配置，如政府拨款开展科学研究可逐步向政府投资购买社会科技成果转化，也可以通过专科学会和行业协会等机构进行重大攻关课题的招投标，重点解决政府所关注的重要卫生问题。

2. 加强横向沟通机制，构筑科技发展战略同盟　医学研究具有高度的复杂性，有效的系统整合是医学科技发展的内在需求。传统的条块分割、各自为战的研究模式，严重制约着医学科技的发展。要加强医学科技工作的统筹协调，加强有效的横向沟通，促进全社会医学科技资源优化配置、综合集成和高效利用。通过政府引导，在各地区不同医疗集团之间建立常态化横向合作机制，形成科技交流与合作的协同效应和叠加效应，充分显示规模化集团化的优势，使卫生科技资源利用获得最大化；建立临床研究人员与基础医学研究人员间信息沟通和学术交流的机制和平台，着力引导将基础研究成果尽快转化为可以产生临床效益的技术和产品；注重学科领域整合，以交叉学科研究中心等方式促进医学科技的快速发展，以期在基础性、原创性研究方面取得新突破。

3. 加大科技管理工作力度　医学科技管理工作在坚持常规管理和经验管理的基础上，还要加强创新研究，进行科学管理。要解决当前医学科技工作中的矛盾和问题，适应新形势的发展，其根本的出路在于改革和创新，重点是搞好科技管理过程中的改革和创新。

4. 积极推进临床新技术的推广应用　医学科技的根本落脚点是有效解决临床实际问题和切实提高公众健康水平。当前，基础医学、前沿技术的快速发展与实际应用脱节的问题非常突出。有效解决基础研究、临床应用、产业发展之间缺乏有效合作机制等问题，在基础研究与临床应用之间建立更直接的联系，缩短从科学发现到技术应用的时间，尽快将研究成果快速转化为可应用的技术、产品、方法、方案或指南并应用于临床实践，同时采取积极的政策措施，加速新技术、新方法以及适宜技术的推广应用，使广大群众受益。

5. 完善人才培养和科研激励 要推动卫生科技持续发展，必须加大有效投入，做好人才培养工作。通过建立科学的人才培养制度，继续推进建立人才高地战略，做好科研、临床、护理、预防等各方面从基础人才到精英人才的培养工作；夯实卫生科技发展的基础，进一步完善住院医师规范化培训体系，稳步推进专科医师规范化培养，将医学院校教育、毕业后教育与继续医学教育无缝连接；构建从基础到临床，从预防到诊疗，从治疗到护理，环环相扣、相互衔接的人才培养机制。注意加强对中青年优秀医学人才培养，提高卫生研究人才的创新能力和实践能力，形成高素质人才团队储备。加大科研项目的投入力度，建立科研投资多元化体系，鼓励和引导社会资本进入卫生科技领域，完善科技奖励激励制度，保护医学科技工作者热情和自主创新主体利益，实现有限资金的科学高效配置，进一步提高科技成果转化率和科技进步贡献率。

6. 加大科研经费的筹措力度 医学科技管理工作仅靠吃皇粮是远远不够的，必须破除等、靠、要的思想，要解放思想，改革创新，多方位多途径地筹措科研经费。要依据自身优势和特色，从国家、省、市科研部门争取项目和经费，多方筹措，以弥补科研经费的不足。要积极依靠医院、科研院所和医学院校等大单位的科研力量，获取研究经费，完成科研课题，取得科研成果。同时，除纵向课题外，还要与企事业相关单位加强交流合作，积极开拓横向课题合作，充分发挥自身的技术优势和科研优势，利用对方的经费优势和设备优势，实行共同研究，共同开发，利益共享。

7. 完善绩效评估 注重科技投入的产出效益。随着医疗卫生体制改革的深化，科研绩效评估的重要性愈显突出。通过绩效评估，能够准确跟踪和监测现有的优势学科、优秀人才以及在建科研项目的工作状况和成果，能够有效地引导医学科技投入的重点和方向。因此，在认真研究科研绩效评估的理论和方法同时，更要在实践中积极探索，使医学科技的投入与提升医疗卫生事业的发展更加紧密地结合起来。

小　　结

1. 医学教育管理是对医学教育资源进行合理组合，使之有效运转，以实现医学教育管理目标的协调活动过程，主要管理基础医学教育、毕业后医学教育和继续医学教育三个阶段的医学教育工作及各种形式的医学教育活动。

2. 我国医学教育尽管取得较大进步，但在教学条件、培养模式、管理体制以及临床思维培养等教育管理上存在很多问题。未来的改革必须转变教育思想，更新教育观念，加强文、理、医渗透和多学科交叉融合，把医德与医术的培养结合起来，丰富、完善教学管理手段，逐步建立政府统筹规划宏观管理，学校面向社会自主办学的体制。

3. 21世纪卫生科技工作面临发展的机遇和严峻的挑战。目前医学科技管理还存在基础和临床科研严重脱节、片面追求科研论文数量、忽视内在质量、基金和成果评审机制不完善等问题，还需要解放思想，改革创新，加大科技管理工作力度，加大有效卫生科技投入，完善人才培养和科研激励，积极推进临床新技术的推广应用，进一步提高科技成果转化率和科技进步贡献率。

思 考 题

1. 我国医学教育管理存在哪些问题?
2. 卫生科技工作面临的机遇和挑战有哪些?
3. 医学科技管理的改革方向是什么?

【案例】

英国大学医学教育的特色

1. 注重沟通

英国医疗系统普遍重视临床医患沟通。这一方面是受强调个人地位的新自由主义政治风气的影响,另一方面,临床沟通技巧在医患之间与医疗过程中起到重要作用,有报告表明英国 70% 的医疗官司是由于医患之间存在不同程度的沟通不当。英国进入老龄化社会后医患沟通显得更为重要,在目前医疗条件下部分老年病人缺乏有效的治疗手段,医生良好的沟通技巧可使病人在心理上得到一定程度缓解,从而达到提高生活质量的目的。

英国医学教育中临床沟通技能的培养既重视如何获取病人病史的问诊部分,又强调医生与患者的情感交流及与同行的信息沟通。因此,大部分英国医学院校将临床沟通技能课设为医学生教育课程的核心课程。为了推进临床沟通课程的标准化,英国特别成立了两个专业协会:医学问诊教学协会与本科医学教育沟通技能教学委员会。

2. 采用 PBL 教学模式

英国医学院校 PBL 教学模式,通常以学习小组为基本单位,每个学习小组含 8 ~ 10 名学生。课堂围绕一个特定的医学问题,从各个学科和不同方向共同探讨学习,其侧重培养学生的自学能力与鼓励学生参与教学互动;医学问题提出后,学生需独自完成相应资料的收集、整理与学习,在授课时教师或医生指导学生从病因、病理、诊断、治疗等各方面开展广泛讨论,总结相关疾病的发病机制并提出解决方案。基于系统的基础医学与临床医学间的纵向整合,以及人体不同系统间或者医学知识与其他学科知识间的横向整合并螺旋式推进是 PBL 模式的最大特点。

3. 关注医学人文素质教育

医学人文素质教育是英国医学人才培养计划的重要组成部分。英国流行的新自由主义对注重大众利益的旧式政策提出挑战,使得英国社会更注重保护个人权利,在这种氛围下,医生在诊治中的"服务"意识明显提高,医疗行业的发展方向更趋向于服务业,成为一种提供"医疗服务"和注重病人对服务"满意度"的机构;而且随着网络的兴起,病人可以搜索和学习相关的医学信息,具有更积极参与治疗方案制订的诉求,面对这种近乎等化的医患关系和向服务业靠拢的医疗形势,医学人文素质教育成为英国医生教育的重点之一。

在经过完善的医学人文素质教育后,英国临床医生更懂得如何处理患者疾病以外的其他问题，而提供服务的意识使得英国医生与患者的关系更为融洽，良好医患关系与医患信任使得医生的决策更容易得到病人的认可与支持，治疗过程变得更为和谐和顺利。

[资料来源：莫明树，陈代娣，李熠．英国医学人才培养模式对我国医学教育改革的启示．西北医学教育，2012，20（6）：1071－1072]

讨论：

英国医学教育对我国医学教育改革有哪些启示？

主要参考文献

［1］景琳．卫生管理学．第 2 版．北京：中国中医药出版社，2009

［2］郭岩．卫生事业管理．第 2 版．北京：北京大学医学出版社，2011

［3］周三多．管理学——原理与方法．上海：复旦大学出版社，1997

［4］郝模．卫生政策学．北京：人民卫生出版社，2008

［5］斯蒂芬．P．罗宾斯，蒂莫西．A．贾奇．组织行为学．第 12 版．北京：中国人民大学出版社，2008

［6］王明旭．卫生事业管理学．北京：北京大学医学出版社，2011

［7］梁万年．卫生事业管理学．第 3 版．北京：人民卫生出版社，2012

［8］李鲁．卫生事业管理．第 2 版．北京：中国人民大学出版社，2012

［9］陈家应，金鑫．卫生事业管理学．北京：科学出版社，2006

［10］姚卫光．卫生事业管理学．广州：中山大学出版社，2012

［11］方小衡，李正直．卫生事业管理学（案例版）．北京：科学出版社，2008

［12］杨土保，现代卫生管理学．北京：化学工业出版社，2006

［13］黎东生．卫生经济学．北京：中国中医药出版社，2010

［14］程晓明．卫生经济学．第 2 版．北京：人民卫生出版社，2007

［15］姚卫光．卫生事业管理学．广州：中山大学出版社，2012

［16］杨敬宇，丁国武．卫生经济学．第 3 版．兰州：兰州大学出版社，2014

［17］罗爱静．卫生信息管理学．北京：人民卫生出版社，2008

［18］赵玉虹，李后卿．卫生信息资源．北京：高等教育出版社，2007

［19］郑雪倩．医院管理学——医院法律事务分册．北京：人民卫生出版社，2011

［20］曹荣桂．医院管理新编．北京：北京大学出版社，2009

［21］周立．公共卫生事业管理．重庆：重庆大学出版社，2010

［22］吴群红，杨维中．卫生应急管理．北京：人民卫生出版社，2013

［23］崔树起，杨文秀．社区卫生服务管理．第 2 版．北京：人民卫生出版社，2006

［24］杨秉辉．全科医学概论．北京：人民卫生出版社，2004

［25］杜玉开．妇幼卫生管理学．北京：人民卫生出版社，2006

［26］梁命会，章笠中，许美芳．国际医院评审（JCI）实战必读——信息化解读 JCI 评审捷径．浙江：浙江大学出版社，2010

［27］万崇华，姜润生．卫生资源配置与区域卫生规划的理论与实践．北京：科学出版社，2013

［28］健康中国 2020 战略研究报告编委会．健康中国 2020 战略研究报告．北京：人民卫生出版

社，2012

[29] 中共中央，国务院. 国务院关于印发卫生事业发展"十二五"规划的通知.（国发［2012］57 号）

[30] 国家中医药管理局规划财务司. 2012 年全国中医药统计摘编

[31] 《药品生产质量管理规范》2010 年修订，卫生部令第 79 号

[32] 《医疗器械监督管理条例》2014 年 2 月修订，国务院令第 650 号

[33] 教育部. 国家中长期教育改革和发展规划纲要（2010—2020 年）